普通高等院校大光电学科及技术类系列教材

微光与红外成像技术

冷 雪 宋鸿飞 孟 颖 徐东明 等编著

国防工业出版社

·北京·

内 容 简 介

本书系统地介绍了微光与红外成像系统的基本原理、结构及应用。全书共分9章，内容包括夜视技术概论、视觉特性探测和识别模型、微光夜视系统、热辐射的基本规律、红外辐射源、红外辐射在大气中的传输、红外成像系统、微光与红外图像融合、红外技术应用。

本书内容翔实、理论充分、涵盖面广，不仅可作为高等学校兵器类专业本科生教材，也可兼作其他专业的选修课教学参考书，还可作为微光与红外技术等方面科技工作者的参考书。

图书在版编目(CIP)数据

微光与红外成像技术/冷雪等编著. --北京:国防工业出版社,2024.8. -- ISBN 978-7-118-13360-8

Ⅰ. TN223;TN216

中国国家版本馆 CIP 数据核字第 202495B3K7 号

※

国防工业出版社出版发行
(北京市海淀区紫竹院南路23号　邮政编码100048)
三河市天利华印刷装订有限公司印刷
新华书店经售

*

开本 787×1092　1/16　印张 16¼　字数 366 千字
2024 年 8 月第 1 版第 1 次印刷　印数 1—1500 册　定价 58.00 元

(本书如有印装错误,我社负责调换)

国防书店:(010)88540777　　书店传真:(010)88540776
发行业务:(010)88540717　　发行传真:(010)88540762

前言

现代光学技术的发展日新月异,并广泛涉及微光夜视技术、红外技术、视觉与信息融合技术等诸多方面,而综合介绍这些技术及其应用的书籍目前并不多。《微光与红外成像技术》教材是依照新形势下教材改革的精神,结合微光技术与红外技术发展现状及长春理工大学兵器类专业(信息对抗技术、探测制导与控制技术)课程改革情况编写而成的。本书是在参考国内外微光及红外成像技术理论与应用发展的基础上,遵循"理论够用,重在应用"的原则,为面向应用型高等学校学生编写的专业基础课程教材,同时可作为相关专业高校学生及从事相关工作和研究的技术人员的参考教材。

微光与红外成像技术以微光图像的增强及红外辐射图像的探测与处理为核心内容,广泛涉及光辐射的接收、传输、存储、处理及显示等内容。本书从教学的角度出发,系统地介绍了微光成像技术与红外成像技术方面的基础知识、基本原理及典型应用。全书共9章,具体内容:第1章夜视技术,第2章视觉特性探测和视觉模型,第3章微光夜视系统,第4章热辐射的基本规律,第5章红外辐射源,第6章红外辐射在大气中的传输,第7章红外成像系统,第8章微光与红外图像融合,第9章红外技术应用。

通过学习,实现以下目标。

知识目标:(1)熟悉人眼基本结构与图像视觉的基本要求。

(2)领会图像形成的基本环节、质量影响因素和基本参数。

(3)领会各类成像器件的结构和工作原理,分析主要性能参数。

能力目标:(1)可以根据典型的景物反射与辐射特性、大气传输特性,利用现有的成像系统性能评价理论与方法,解决直视成像器件、电视成像器件、光学系统核心技术参数的选择和成像估算的问题。

(2)拥有针对各种实际需求给出相应微光及红外成像系统解决方案,并分析影响成像系统性能因素的能力。

素质目标:理论联系实际,培养学生解决复杂问题的工程思维。树立科技强军、人才强军的意识。

本书力图尽可能多地为读者提供微光与红外成像技术方面的信息、素材和思路,但因编者学识水平有限,加上编写时间紧迫,难免存在不足之处,敬请读者批评指正。

编者

目 录

第1章 夜视技术概论 ··· 001

- 1.1 引言 ·· 001
- 1.2 夜视技术 ·· 002
  - 1.2.1 微光夜视技术 ·· 004
  - 1.2.2 红外夜视技术 ·· 005
- 1.3 夜视技术的发展 ··· 007
  - 1.3.1 微光夜视技术的发展 ··· 007
  - 1.3.2 红外成像技术的发展 ··· 008
  - 1.3.3 微光图像和红外图像的融合 ·· 012
- 习题及小组讨论 ·· 013

第2章 视觉特性探测和识别模型 ··· 015

- 2.1 人眼的构造 ··· 015
- 2.2 人眼的视觉特性 ··· 017
  - 2.2.1 视觉的适应性 ·· 017
  - 2.2.2 人眼的绝对视觉阈 ·· 018
  - 2.2.3 人眼的阈值对比度 ·· 018
  - 2.2.4 人眼的光谱灵敏度 ·· 019
  - 2.2.5 眼睛的分辨力 ·· 020
  - 2.2.6 视系统的调制传递函数(MTF) ··· 022
- 2.3 微光下的视觉探测 ·· 024
  - 2.3.1 理想探测器的罗斯方程 ·· 025
  - 2.3.2 夏根(Schagn)方程 ··· 026
  - 2.3.3 弗利斯-罗斯定律 ··· 027
- 2.4 目标的探测和识别 ·· 028
  - 2.4.1 目标搜索的一般原理 ··· 028

  2.4.2 人眼目视搜索时的运动 ·············· 030
  2.4.3 目标探测 – 识别模型 ·············· 030
  2.4.4 约翰逊(Johnson)准则 ·············· 034
习题及小组讨论 ·············· 035

第3章 微光夜视系统 ·············· 037

3.1 夜天辐射 ·············· 037
  3.1.1 自然辐射源 ·············· 037
  3.1.2 夜天辐射特点 ·············· 041
  3.1.3 夜天光辐照下的景物亮度 ·············· 042
3.2 微光夜视仪 ·············· 042
  3.2.1 微光夜视仪概论 ·············· 042
  3.2.2 微光夜视仪的分类 ·············· 045
  3.2.3 微光夜视仪的静态性能 ·············· 050
  3.2.4 微光夜视仪的总体设计与视距估算 ·············· 054
3.3 微光电视 ·············· 059
  3.3.1 基本组成 ·············· 059
  3.3.2 微光电视摄像机 ·············· 060
  3.3.3 摄像的基本原理 ·············· 060
  3.3.4 微光电视的应用与特点 ·············· 061
  3.3.5 微光电视系统的静态性能 ·············· 062
  3.3.6 微光电视系统的视距 ·············· 068
习题及小组讨论 ·············· 071

第4章 热辐射的基本规律 ·············· 072

4.1 普雷夫定则 ·············· 072
4.2 基尔霍夫定律 ·············· 073
4.3 黑体及其辐射定律 ·············· 074
  4.3.1 黑体 ·············· 074
  4.3.2 普朗克公式 ·············· 075
  4.3.3 维恩位移定律 ·············· 077
  4.3.4 斯特藩 – 玻耳兹曼定律 ·············· 077
4.4 黑体辐射的计算 ·············· 078
  4.4.1 黑体辐射函数表 ·············· 078

4.4.2　计算举例 ··· 083
4.5　发射率和实际物体的辐射 ··· 084
　　4.5.1　半球发射率 ··· 084
　　4.5.2　方向发射率 ··· 085
　　4.5.3　热辐射体的分类 ·· 087
习题及小组讨论 ··· 088

第 5 章　红外辐射源 ··· 090

5.1　黑体型辐射源 ·· 090
　　5.1.1　古费理论 ··· 091
　　5.1.2　德法斯理论 ··· 095
　　5.1.3　黑体型辐射源 ··· 101
5.2　实验室常用红外辐射源 ·· 105
5.3　人工目标的红外辐射 ·· 107
　　5.3.1　火箭的红外辐射 ·· 107
　　5.3.2　飞机的红外辐射 ·· 108
　　5.3.3　坦克的红外辐射 ·· 111
　　5.3.4　火炮的红外辐射 ·· 112
　　5.3.5　红外诱饵的辐射 ·· 114
　　5.3.6　人体的红外辐射 ·· 114
习题及小组讨论 ··· 114

第 6 章　红外辐射在大气中的传输 ··· 116

6.1　大气组成 ··· 116
　　6.1.1　大气的基本组成 ·· 116
　　6.1.2　大气的气象条件 ·· 117
6.2　大气吸收 ··· 118
　　6.2.1　水蒸气吸收 ··· 118
　　6.2.2　二氧化碳吸收 ··· 122
　　6.2.3　臭氧及其他成分吸收 ·· 123
6.3　大气中的散射粒子 ·· 124
　　6.3.1　散射粒子的尺寸 ·· 124
　　6.3.2　散射粒子的浓度和分布 ·· 125
　　6.3.3　散射的种类 ··· 128

6.4 大气对红外辐射的散射 …………………………………………………………… 128
　　6.4.1 散射的一般方程 ………………………………………………………… 128
　　6.4.2 瑞利散射、米氏散射和分子散射 ……………………………………… 129
习题及小组讨论 ……………………………………………………………………… 131

第7章　红外成像系统 …………………………………………………………… 133

7.1 主动红外成像系统 ………………………………………………………………… 133
　　7.1.1 主动红外夜视仪组成及工作原理 ……………………………………… 133
　　7.1.2 红外变像管 ……………………………………………………………… 135
　　7.1.3 红外探照灯 ……………………………………………………………… 135
　　7.1.4 主动红外夜视系统的光学系统 ………………………………………… 137
　　7.1.5 直流高压电源 …………………………………………………………… 137
　　7.1.6 大气后向散射和选通原理 ……………………………………………… 139
　　7.1.7 视距估算 ………………………………………………………………… 140
7.2 被动红外成像系统 ………………………………………………………………… 141
　　7.2.1 被动红外成像系统工作原理与结构 …………………………………… 142
　　7.2.2 被动红外成像系统的基本参数 ………………………………………… 144
7.3 红外光学系统 ……………………………………………………………………… 145
　　7.3.1 红外物镜系统 …………………………………………………………… 145
　　7.3.2 光机扫描系统 …………………………………………………………… 147
7.4 红外探测器 ………………………………………………………………………… 149
　　7.4.1 红外探测器的用途及类型 ……………………………………………… 149
　　7.4.2 红外探测器的特性参数 ………………………………………………… 150
　　7.4.3 常用红外探测器 ………………………………………………………… 153
　　7.4.4 红外焦平面阵列器件 …………………………………………………… 154
　　7.4.5 量子阱红外探测器 ……………………………………………………… 158
　　7.4.6 量子点红外探测器 ……………………………………………………… 163
7.5 红外成像中的信号处理 …………………………………………………………… 167
　　7.5.1 前置放大器 ……………………………………………………………… 167
　　7.5.2 直流恢复 ………………………………………………………………… 167
　　7.5.3 多路转换技术 …………………………………………………………… 169
　　7.5.4 通频带选择 ……………………………………………………………… 169
　　7.5.5 温度信号的线性化 ……………………………………………………… 170
　　7.5.6 中心温度与温度范围的选择 …………………………………………… 170
7.6 红外图像增强 ……………………………………………………………………… 170
　　7.6.1 直方图 …………………………………………………………………… 171

  7.6.2 自适应分段线性变换 172
 7.7 红外成像系统的综合特性 173
  7.7.1 调制传递函数(MTF) 174
  7.7.2 噪声等效温差 179
  7.7.3 最小可分辨温差 180
  7.7.4 最小可探测温差 181
 习题及小组讨论 181

第8章　微光与红外图像融合 183

 8.1 夜视图像特征 183
  8.1.1 微光图像特征 183
  8.1.2 红外图像特征 185
  8.1.3 红外与微光图像比较 186
 8.2 图像融合基本概念 187
  8.2.1 图像融合的概念 187
  8.2.2 图像融合的层次 187
 8.3 图像融合预处理 190
  8.3.1 图像增强 190
  8.3.2 图像去噪 195
  8.3.3 图像配准 196
 8.4 图像融合效果评价 203
 8.5 常用图像融合方法 208
  8.5.1 常用的基于空间域的图像融合算法 208
  8.5.2 常用基于变换域的图像融合算法 210
 8.6 图像融合应用 220
 习题及小组讨论 220

第9章　红外技术应用 222

 9.1 红外成像技术应用 222
  9.1.1 红外成像技术在煤矿中的应用 222
  9.1.2 红外成像技术在安防领域的应用 225
  9.1.3 红外热成像系统在军事领域中的应用 227
  9.1.4 红外成像技术在设备故障诊断中的应用 229
  9.1.5 红外成像技术在医学诊断中的应用 231

9.2 成像跟踪系统 ………………………………………………………………… 233
 9.2.1 成像跟踪系统的组成结构 ……………………………………………… 233
 9.2.2 成像跟踪系统的工作原理 ……………………………………………… 234
9.3 红外制导 ……………………………………………………………………… 240
 9.3.1 红外制导原理 …………………………………………………………… 240
 9.3.2 红外末敏制导 …………………………………………………………… 240
 9.3.3 红外成像制导 …………………………………………………………… 241
9.4 红外对抗 ……………………………………………………………………… 242
 9.4.1 红外有源干扰 …………………………………………………………… 243
 9.4.2 红外无源干扰 …………………………………………………………… 244
习题及小组讨论 …………………………………………………………………… 246

参考文献 ………………………………………………………………………… 247

第 1 章

夜视技术概论

本章教学目标

知识目标:(1)熟悉夜视技术的发展及应用。
(2)领会微光夜视技术及红外夜视技术特点。
能力目标:能够从学科和技术发展角度,分析夜视技术。
素质目标:激励学生对夜视技术及应用产生兴趣,树立学生科技报国、科技强军的信念。

本章引言

俗话说:看得见才能打得着,看得准才能打得狠。视是一切军事行为的基础和出发点,而夜视技术正是提高夜战能力、减少战斗消耗、提高打击能力、掌握战场主动权的重要手段。本章从现代战争的军事需求出发,介绍夜视技术的分类及基本概念,着重讨论微光夜视技术与红外热成像技术的发展及应用。

1.1 引言

在我们生活的世界中,光不只是生命赖以繁衍生息的主要能源,也是人类认识客观世界的重要信息源。人类通过自身的眼、耳、鼻、舌、身(触觉)去认识自然界,其中,通过人眼视觉给出的图像信息所占的比例最大。曾有人做过统计,在人类获得的信息中由视觉获取的信息占60%,由听觉获取的信息占20%,触觉占15%,味觉占3%,嗅觉占2%。而在当今飞速发展的信息时代,利用电视、互联网、卫星通信等光电技术手段,使得视觉信息在人类认识世界的过程中所起的作用早已超过90%。可以想象,如果没有光,没有各种先进的光电技术手段,人类就不会有今天这种绚烂多彩、盛况空前的文明。

但应该注意到,现今光电技术中所论述的光,就其物理本质而言,包括了从高能粒子

(α、β、γ射线)、X射线、紫外线、可见光、红外线,以至短波、中波和长波的无线电波等所构成的整个波谱的电磁辐射。产生或反射这些电磁波以供人眼观察的景物信息的光谱、强度、速度以及时空分布会千差万别,很显然,单靠人的裸眼,无法直接感知上述全部光信息。这是因为尽管人眼结构精巧、功能齐全,是任何其他单一光学或光电仪器所无法比拟的,然而就整体而言,人眼却天生地具有有限的空间、时间、光谱和能量的分辨能力。为了克服人眼的上述缺陷,人类先后发明了各种光学和光电仪器。例如,我国古代天文学家利用简单的"窥管",斩除四周杂散光,改善了观察星体的视觉分辨率;望远镜、显微镜的发明,又把人眼的视野扩展到了遥远的星空和物质的微观世界。科学技术的飞速发展创造了近代的高度文明,给人类提供了更为有效、动态范围更宽和光谱适应性更强的各类光电观察、瞄准、显示仪器,如各种激光、微光、红外仪器。

各类成像技术的发展离不开社会需求,尤其是军事需求的牵引和相关基础技术进步的推动。作为光电子技术重要组成部分的光电子成像技术发展的强大推动力是军用夜视、夜瞄装备的迫切需求。出其不意、攻其不备是军事上出奇制胜的策略之一,而夜间或其他能见度不良的天气条件是实现上述作战方针的最佳时机,因此,作为指战员耳目的各类夜视器材的发展自然会受到各国高度重视。夜视技术在现代战争中具有重要的地位,装备夜视器材的武器装备可遍及海陆空作战平台,应用于大中小型武器装备,因此,掌握先进的夜视技术对于控制战场形势具有至关重要的意义。顺应这种强烈需求,自第一次世界大战后,尤其是近几十年来,迅速发展起微光夜视和红外成像这两类光电子成像领域的主体技术。

按照传统划分方法,夜视技术主要分为微光夜视和红外成像技术两大类。

微光成像技术,按国内外文献的约定,习惯上被理解为真空光电子成像技术的总称,它以光子—光电子为景物图像的信息载体,基于器件的外光电效应、电子倍增和电光转换等原理,对夜天微弱光或其他非可见光照明下的景物进行图像摄取、转换和增强,最后显示为人眼可见的图像;而红外成像技术是利用景物自身的红外辐射空间分布,以红外光子、光生载流子(电子和空穴)为景物图像信息载体,通过红外探测器的内光电效应(光电导效应或光生伏特效应)及特定扫描读出和 TV 显示等原理,再现被观察的景物为可见光图像。

微光成像和红外热成像是军用夜视观瞄仪器的两大支撑技术,两者各有特色,相互竞争又互为补充。相比较而言,微光夜视仪器体积小、重量轻、成本低、操作方便、维护容易,微光直视仪器夜天光下视距几百至几千米;微光电视仪器视距可达 $10\sim20\text{km}$;红外热成像仪器作用距离远,全天候、防伪装能力强,易于实现远程武器精确制导、目标跟踪和多波段多频谱探测功能。两类夜视观瞄器材先后在第一、第二次世界大战,朝鲜战争和 20 世纪 90 年代海湾战争中,发挥了神奇的作用,从而促进了夜视技术装备的扩大和不断更新换代。

1.2 夜视技术

白天,我们人眼能看到自然界中的景物,是因为眼睛接收到它们表面反射太阳的直射光或散射光。夜晚，由于没有太阳光照明，人眼就看不见自然界中的景物了。但在多数夜间，仍有月光、星光、大气辉光存在，自然界中的景物表面仍然要反射这些微弱的光线，于是我们人眼还能模糊地看到近处景物、大景物的轮廓。"漆黑的夜晚"，天空仍然充满了光线，这就是"夜天辐射"。夜天辐射来自太阳、地球、月亮、星球、云层、大气等自然辐射源。只是由于其光照度太弱(低于人眼视觉阈值)，不足以引起人眼的视觉感知。解决这个问题的基本思路是：①使用大口径的望远镜，尽可能多地得到光能量；②像电子学那样，设法对微弱的光图像进行放大；③用红外线探照灯或红外照明弹对景物进行照明；④利用景物在红外波段的辐射能量实现热成像。用不同的技术解决这个问题，就形成了不同的夜视方法。

把夜间微弱光辐射增强至正常视觉所要求的程度，是微光夜视技术工作的核心任务。微光夜视技术致力于探索夜间和其他低光照度时目标图像信息的获取、转换、增强、记录和显示，它的成就集中表现为使人眼视觉在时域、空域和频域的有效扩展。就时域而言，它克服"夜盲"障碍，使人们在夜晚行动自如。就空域而言，它使人眼在低光照空间(如地下室、山洞、隧道)仍能实现正常视觉。就频域而言，它把视觉频段向长波区延伸，使人眼视觉在近红外区仍然有效。在军事上，微光夜视技术已广泛用于夜间侦察、瞄准、车辆驾驶、光电火控和其他战场作业，并可与红外、激光、雷达等技术结合，组成完整的光电侦察、测量和告警系统。微光夜视器材已成为军队武器装备中重要的组成部分，同时也广泛应用于天文、公安、航天、海洋事业等领域。

微光夜视技术是用电真空和电子光学等技术，实现光子图像—电子图像—光子图像的转换，在转换过程中，通过对电子图像的增强实现对光子图像的增强，进而达到在有微弱光线照明下的夜间观察的一种技术。微光夜视技术的核心是微光图像增强器，是一个由光电阴极、电子光学部件、荧光屏三大部分组成的光电真空器件。其工作原理是：景物反射的微弱可见光和近红外光汇聚到光电阴极上，光电阴极受激向外发射电子，在这一过程中，实现把景物的光强分布图像变成与之对应的电子数密度分布图像；在电子光学部件中，输入一个电子，可以输出成千上万个电子，因此，光电阴极的电子数密度分布图像就被成千上万倍地增强了，"微光图像增强"就是在这一过程中实现的；最后，经过倍增的大量电子轰击荧光屏，实现电子图像-光子图像的转变，得到增强微光图像供人眼观察。

在微光夜视技术发展的初期，使用的核心器件是近红外光图像变像管，可将其看成是一种电子倍增效率比较低的微光图像增强器。它利用处于高真空中的银氧铯光阴极，将红外辐射图像转换为电子图像，再通过荧光屏，使电子图像转换为人眼可观察的光学图像。这种光子—电子—光子相互转换的原理就是现代微光夜视仪的理论基础。但在使用红外变像管观察时，需要采用红外线探照灯主动照射目标，以提高观察距离，因此这种装置也称为主动红外夜视仪。在第二次世界大战和朝鲜战争中得到了初步应用。

主动式红外夜视仪成像清晰，对比度好，但由于需要红外光源照射，存在隐蔽性差、易暴露、能耗大及供电装置笨重等缺点。人们自然想到利用夜天自然微光，研究被动微光技术，使微弱照度下的目标成为可见，从而发展了微光夜视技术。

目前，采用微光夜视技术的微光夜视系统可分为两大类，即微光夜视仪(属直接观察型)和微光电视(属间接观察型)。

星空夜晚照度下正常工作。为了充分利用夜天光丰富的近红外光谱能量,提高器件的灵敏度,人们从20世纪70年代起,积极研制和开发了第三代微光夜视器件。

3) 第三代微光夜视技术

1965年砷化镓负电子亲和势(NEA)反射式光阴极理论的发展和工艺的实现,在微光夜视领域引发了一场革命。这类Ⅲ~Ⅴ族半导体光阴极的显著特点是灵敏度高,向红外波段延伸的潜力大。将透射式GaAs光阴极和带Al_2O_3离子壁垒膜的MCP引入近贴微光管中是第三代微光夜视器件的两大特色。与第二代微光夜视仪相比,第三代微光器件的灵敏度增加了4~8倍,寿命延长了3倍,对夜天光光谱利用率显著提高,在漆黑(10^{-4}lx)夜晚的目标视距延伸了50%~100%。20世纪80年代以来,很多国家军队陆续大量装备了第三代微光夜视仪器,在1983年英阿马岛战争、1991年海湾战争中使用后,取得了优于前几代微光产品的满意结果,反过来又促进了第三代微光器材的进一步扩大再生产和装备。第三代微光器件的工艺基础是超高真空、NEA表面激活、双近贴、双铟封、表面物理、表面化学和长寿命、高增益MCP技术等,又为发展新一代微光管和长波红外光阴极像增强器等高技术产品创造了良好的条件。

2. 微光电视

微光电视系统主要包括微光电视摄像机、传输通道、接收显示装置三部分。其中微光电视摄像机除具有普通电视摄像机的功能外,还突出地表现出把微光图像增强的作用。微光电视的传输通道可以是借助电缆或光缆的闭路传输方式,也可以是利用微波、超短波做空间传输的开路方式。它的接收显示装置与一般电视没有显著的区别。

在军事上,微光电视可用于以下场合:①夜间侦察、监视敌方阵地,掌握敌人集结、转移和其他夜间行动情况;②记录敌方地形、重要工事、大型装备,发现某些隐蔽的目标;③借助其远距离传送功能,把敌纵深领地的信息实时传送给决策机关;④与激光测距机、红外跟踪器(或热像仪)、计算机等组成新型光电火控系统;⑤在电子干扰或雷达受压制的条件下为火控系统提供替代的或补充手段;⑥对我方要害部门实行警戒。

目前,外军各兵种都配有微光电视装备。给歼击机、轰炸机、潜艇、坦克、侦察车、军舰等重要武器配上微光电视,则作战性能更加完备。在公安方面,可应用微光电视组成监视告警系统,对机场、银行、档案室、文物馆、重要机关、军用仓库等实施远距离夜间监视和告警。微光电视在扩展空域、延长时域、拓宽频域方面对人类视觉的贡献与微光夜视仪相似。同时,微光电视又有一些新的特色:①它使人类视觉突破了必须面对景物才能做有效观察的限制;②突破了要求人与夜视装备同在一地的束缚,实现远离仪器现场的观察;③可实施图像处理,提高可视性;④可以实时传送和记录信息,可以对重要情节多次重放、慢放、"冻结";⑤实现多用户的"资源"共享,供多人多点观察;⑥改善了观察条件;⑦可以远距离遥控摄像,隐蔽性更好。它的缺点是:①价格较高,使大批量装备部队受到限制;②耗电多,体积、重量较大;③操作、维护较复杂,影响其普及应用。

1.2.2 红外夜视技术

作为军用夜视装备主体技术之一的红外热成像器件及其系统技术是20世纪80年代

以来发展起来的。美国、英国、法国、德国和俄罗斯等国处于研究、开发和应用的领先位置。其装备包括红外观察仪、红外瞄准镜、潜望式红外热像仪、火控热像仪、红外跟踪系统、前视红外系统及红外摄像机等。这些装备的应用范围分别如下。

陆军:夜间侦察、监视、瞄准和射击、制导和防空等。

海军:监视、巡逻、观察和导弹跟踪等。

空军:侦察机、攻击机、轰炸机和直升机的导航、搜索、跟踪、识别、捕获、观察和火控等。

航天:星载系统的侦察、监视和摄影等。

民用:医疗诊断、火灾防救、炉温检测和高压工程等。

红外成像技术实质上是一种波长转换技术,即把红外辐射转换为可见光的技术,利用景物本身各部分辐射的差异获得图像的细节。通常采用 $3\sim5\mu m$ 和 $8\sim14\mu m$ 两个波段。这种热成像技术既克服了主动红外夜视仪需要人工红外辐射源,并由此带来容易自我暴露的缺点,又克服了被动微光夜视仪完全依赖于环境自然光的缺点。红外热成像系统具有一定的穿透烟、雾、霾、雪等限制以及识别伪装的能力,不受战场上强光、闪光干扰而致盲,可以实现远距离、全天候观察。这些特点使热成像系统特别适合军事应用。

红外成像技术可分为制冷和非制冷两种类型。前者有第一代、第二代和第三代之分,后者可分为热释电摄像管和热电探测器阵列两种。

1. 第一代红外热像技术

第一代热成像系统主要由红外探测器、光机扫描器、信号处理电路和视频显示器组成。红外探测器是系统的核心器件,决定了系统的主要性能。红外探测器有锑化铟(InSb)和碲镉汞(HgCdTe 或 CMT)等器件。当前广泛发展的是高性能多元 HgCdTe 探测器,器件元数已高达60元、120元和180元。20世纪80年代初,一种称为 Sprite 探测器(或称扫积型探测器)的器件在英国问世,它是由几条纵横比大于10∶1的窄条的光导型 HgCdTe 元件所组成,在正偏压下工作。Sprite 探测器除了具有信号检测功能外,还能在器件内部实现信号的延迟和积分,减少器件引线数和热负载。与多元探测器相比,杜瓦瓶结构简单,工艺难度下降,大大提高了可靠性。一个8条 Sprite 探测器相当于120元 HgCdTe 探测器的性能,但只需8个信号通道。为便于组织大批量生产,降低热像仪成本,省去重复设计和研制的费用,便于维修、保养和有效地装备部队,美英法等国都实行了热成像的通用组件化。美国热成像通用组件采用多元 HgCdTe 探测器,并扫体制,英国则采用 Sprite 探测器,串并扫体制。这两种热成像系统温度分辨力都可小于 0.1℃,图像清晰度可与像增强技术的图像相媲美。

2. 第二代红外热像技术

第二代红外热成像系统采用了红外焦平面探测器阵列(IRFPA),从而省去了光机扫描机构。这种焦平面阵列借助于集成电路的方法,将探测器装在同一块芯片上并具有信号处理的功能,利用极少量引线把每个芯片上成千上万个探测器信号读出到信号处理器中。由于去掉了光机扫描机构,这种用大规模焦平面成像的传感器又被称为凝视传感器。它的体积小、重量轻、可靠性高。在俯仰方向可有数百元以上的探测器阵列,可得到更大张角的视场,还可采用特殊的扫描机构,用比通用热像仪慢得多的扫描速度完成360°全方位扫描以保持高灵敏度。这类器件主要包括 InSb IRFPA、HgCdTe IRFPA、SBD FPA、非制冷 IRFPA 和多量子阱 IRFPA 等。

3. 第三代红外热像技术

第三代红外热像技术采用的红外焦平面探测器单元数已达到 320×240 元或更高,其性能提高了近 3 个数量级。目前,3~5μm 焦平面探测器的单元灵敏度又比 8~14μm 探测器高 2~3 倍。因而,基于 320×240 元的中波与长波热像仪的总体性能指标相差不大,所以 3~5μm 焦平面探测器在第三代焦平面热成像技术中格外重要。从长远看,高量子效率、高灵敏度、覆盖中波和长波的 HgCdTe 焦平面探测器仍是焦平面器件发展的首选。

4. 非制冷红外成像技术

由于制冷型红外探测器材料昂贵,探测器的成品率很低,导致了制冷型红外热成像系统价格昂贵;同时,制冷型红外热成像系统需要一套制冷设备,增加了系统成本,降低了系统的可靠性;此外,制冷型红外热成像系统功耗大、体积大、笨重,难以实现小型化,这些都限制了制冷型红外热成像系统的广泛应用。

非制冷红外焦平面探测器阵列具有室温工作、无需制冷、光谱响应与波长无关、制备工艺相对简单、成本低、体积小巧、易于使用、维护和可靠性好等优点,因此形成了一个新的富有生命力的发展方向,其目的是以更低的成本、更小的尺寸和更轻的重量来获得极好的红外成像性能。近年来,已研制成功 3 种不同类型的非制冷红外焦平面探测器阵列,这 3 种不同类型的非制冷红外焦平面探测器阵列工作的物理机理分别如下。

(1)热电堆:根据塞贝克效应检测热端和冷端之间的温度梯度,信号形式是电压。

(2)测辐射热计:探测温度变化引起载流子浓度和迁移率的变化,信号形式是电阻。

(3)热释电:探测温度变化引起介电常数和自发极化强度的变化,信号形式是电荷。

在这 3 种不同类型的非制冷红外焦平面探测器阵列器件中,测辐射热计阵列的发展最为迅速,并且取得了令人瞩目的成就。它采用类似于硅工艺的硅微机械加工技术进行制作,为了实现有效的热绝缘,一般采用桥式结构。探测器与硅读出电路之间通过两条支撑腿实现电互连。测辐射热计的灵敏度主要取决于它与周围介质的热绝缘,即热阻,热阻越大,可获得的灵敏度就越高。目前,测辐射热计阵列的温度分辨力可达 0.1K。非制冷测辐射热计阵列技术是红外成像技术在过去 20 年取得的最重要的进展。2000 年,Sofradir 公司生产出了他们的第一只非制冷焦平面红外探测器,探测器阵列规模 320×240,像元中心距 45μm,填充因子大于 80%,噪声等效温差(NETD)达到 100mK(典型值),器件的性能指标达到了当今世界先进水平。

1.3 夜视技术的发展

1.3.1 微光夜视技术的发展

微光夜视器件的研究方向是致力于提高已有的几代产品的性能,降低成本,扩大装备;进一步延伸新一代产品的红外响应和提高器件的灵敏度。

1. 超二代微光夜视技术

超二代微光管采用与第三代微光近贴管结构大体相同的技术,主要技术特点是将高灵敏度的多碱光电阴极引入到第二代微光管中,并借用第三代微光 MCP、管结构、集成电源以及结晶学、半导体本体特性等机理和工艺研究成果,其成像质量大幅度提高,由于工艺相对简单,价格相对较低,因而成为目前的主流产品。

2. 第四代微光夜视技术

近来,微光管的设计者从 MCP 中去除离子壁垒膜以得到无膜的微光管,同时增加1个自动门开关电源,以控制光电阴极电压的开关速度,并且改进了低晕成像技术,有助于增强在强光下的视觉性能。1998 年,Litton 公司首先研制成功无膜 MCP 的成像管,在目标探测距离和分辨力上有很大的提高,尤其是在极低照度条件下。其关键技术涉及新型高性能无膜 MCP、光电阴极与 MCP 间采用的自动脉冲门控电源及无晕成像技术等。这种无膜的 BCG – MCPIV 代微光管技术虽然刚刚起步,但良好的性能使其必然成为本世纪微光像增强技术领域的新热点。

随着微光夜视技术的发展,微光夜视装备越来越体现出集成化的趋势,一方面表现在将微光夜视功能直接集成到武器、观测设备上;另一方面体现在夜视装备本身功能集成上。对于前者来说,主要体现在夜视瞄准器的发展上。另外,一些光学观测器材,如测距仪也将夜视仪集成进去,成为昼夜观测器材,其中比较有代表性的是 Vectronix 公司的 LEICA BIG – 35,这个设备可以昼夜工作,测量远方目标的距离、方位角,测量远处两个目标之间距离、方位角,还可以通过自身携带的 GPS 定位远方敌人的坐标,大大提高了侦察员的侦察效率。

对于夜视装备本身,除了向更小型化、紧凑化发展外,应该向现代战争的 C^4I 系统靠拢,不仅应具备数字连接接口,更应成为单兵信息系统的显示终端。以 BIM4 型夜视仪为例,该设备的夜视图像中可以加入多种单兵信息如方向北、指挥员指令、电子地图、战场示意图等,成为未来单兵作战系统的核心部件之一。

总的来说,夜视技术的发展是紧紧跟随现代战争科技发展趋势的,不仅仅是夜视能力本身的提高,更加趋向于与未来战争的信息化系统融于一体。

1.3.2 红外成像技术的发展

1. 红外技术的发展趋势

红外技术的发展以红外探测器的发展为标志,可以从红外探测器的发展来推断其发展趋势。

(1)红外焦平面器件发展到高密度、快响应、高像元数的大规模集成器件,由二维向三维多层次结构发展,在应用上就可以实现高清晰度热像仪,极大地缩小整机体积,增强功能。

(2)双色、多色红外器件的发展使整机可同时实现不同波长的多光谱成像探测,成倍扩大系统信息量,成为目标识别和光电对抗的有效手段。

(3)探测器在焦平面上实现神经网络功能,按程序进行逻辑处理,使红外整机实现智能化。

(4)提高探测器工作温度,高性能室温红外探测器和焦平面器件是发展重点之一,不需要制冷器,将会使整机更精巧、更可靠,从而实现全固体化。

(5)提高成品率,降低价格。

目前的红外成像技术没有充分利用红外辐射的各种特性。随着探测技术和传感器技术的发展,红外探测的精度和灵敏度越来越高,人们对于记录和再现现实环境的要求越来越高,要求探测技术达到对环境的全面监测。随着对于环境空间参数准确性的要求不断提高,拓展空间距离信息,寻找适当的实时准确的三维空间信息获取手段,已经变得越来越重要。因此,人们试图找到一些新方法来提高目标与背景信号的信噪比,改善特定环境的应用场合下对特定目标的检测准确度和清晰度,获取更加丰富的目标信息,这就是科学家们不断探索新型红外成像机理的原动力。科学家们从红外信号的不同频段、幅度、相位和偏振等特性寻求新的成像方法,一些新型红外成像技术不断研究出来。

2. 太赫兹成像

太赫兹辐射是指频率在0.1~10 THz范围内的远红外电磁辐射。太赫兹成像是1995年由Hu Binbinm等首先提出的,其原理是利用已知波形的太赫兹波作为成像射线,透过成像样品的太赫兹波的强度和相位包含了样品复介电常数的空间分布;将透射的太赫兹波的强度和相位的二维信息记录下来,并经过适当的数字处理和频谱分析,就能得到样品的太赫兹波的三维图像。太赫兹波成像的一个显著特点是信息量大,每一像源对应一个太赫兹时域谱,通过对时域谱进行傅里叶变换又可得到每一点的太赫兹频率谱。由于太赫兹探测器阵列目前还十分昂贵,典型的太赫兹成像是用单元探测器进行光栅扫描来实现的。太赫兹成像系统示意图如图1-1所示。

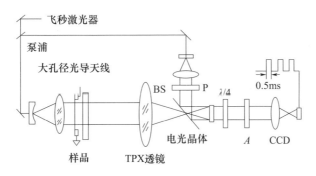

图1-1 太赫兹成像系统示意图

由于太赫兹的频率很高,所以其空间分辨率很高,又由于太赫兹脉冲很短,它具有很高的时间分辨率;另外,太赫兹的能量很少,不会对物质产生破坏作用,所以与X射线相比,它又有很大的优势。太赫兹成像的一些主要优点包括:太赫兹辐射能以很小的衰减穿透如陶瓷、脂肪、布料、塑料等物质,还可无损穿透墙壁、烟雾;太赫兹的时域频谱信噪比很高,因此太赫兹非常适合成像应用。

太赫兹成像的主要瓶颈在于产生足够强的有效信号,除自由电子激光外,目前大多数太赫兹辐射源功率都很低;太赫兹成像所需的许多元器件还未开发出来;太赫兹成像距离短,目前的太赫兹成像要求目标在太赫兹辐射源的数十厘米范围内;太赫兹成像数据采集的时间长。

3. 红外偏振成像

1）红外偏振成像机理

众所周知,光是具有偏振性的,同样作为电磁波的热辐射同光波一样也是具有偏振性的。电磁波的偏振由两个正交的偏振向量组成,它们都与波前的传播方向垂直。如果波前的传播方向为z,电场的两个偏振分量的方向就是x、y方向,位移(z)和时间(t)的函数可以写成下面的形式：

$$E_x(z,t) = E_{ox}\cos(kz - \tilde{\omega}t)x \quad (1-1)$$

$$E_y(z,t) = E_{oy}\cos(kz - \tilde{\omega}t + \varepsilon)y \quad (1-2)$$

式中：E_{ox},E_{oy}是电场在x、y方向的振幅;k,$\tilde{\omega}$分别为空间频率和时间频率;ε为y方向电场的偏振向量对于x方向的相位延迟。所有与偏振有关的信息都可以由邦加球上4个向量(s_0、s_1、s_2、s_3)表示。其关系表示为

$$s_1 = s_0\cos(2x)\cos(2\psi) \quad (1-3)$$

$$s_2 = s_0\cos(2x)\sin(2\psi) \quad (1-4)$$

$$s_3 = s_0\sin(2x) \quad (1-5)$$

用这种方法所有偏振光都可以用邦加球上一点来表示,偏振度定义为

$$\text{DOP} = \frac{\sqrt{s_1^2 + s_2^2 + s_3^2}}{s_0} \quad (1-6)$$

自然界中的电磁波由许多偏振度不同的电磁波组成。这种现象在反射和辐射都有表现,从紫外到红外波段都有,各个自然物体有着不同的偏振度。红外偏振成像就是利用红外偏振的特性将本来难以识别的杂乱背景和目标区分开来,红外偏振成像系统示意图如图1-2所示。

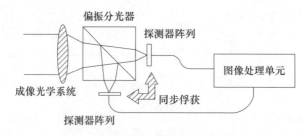

图1-2 红外偏振成像系统示意图

通常,人造物比自然物表现出更高的偏振度,尤其是在那些绝缘材料上的反射和辐射。这个现象可以用来提高目标或背景信号与杂乱的噪声信号的比率,提高红外成像质量和探测范围,降低误报率。

2) 红外偏振成像的特点

红外偏振成像与红外热成像比较,其优势主要有:①偏振成像无需准确的辐射量校准就可以达到相当高的精度,这是由于偏振度是辐射值之比,在传统的红外热成像中,定标对于红外热成像的测量准确度至关重要;②红外偏振成像识别地物背景中的车辆目标具有明显的优势,研究表明,自然环境中地物背景的红外偏振度非常小,而金属材料的红外偏振度相对较大,因此以金属为主体的军用车辆的偏振度和地物背景的偏振度差别较大,这有利于提高目标与背景的对比度;③军事上的红外防护的主要方法是制造复杂背景,使红外系统无法从背景中区别目标,但是这种杂乱的热源和目标的偏振特性存在差异,因此这种形式的防护对于红外偏振成像侦察就会失效;④对于辐射强度相同的目标和背景,红外成像无法区别,而红外偏振成像可以很好地区别。

但是红外成像中加入偏振以后接收到的辐射量减少了50%以上。在一些情况下,减少了接收的红外辐射能量会破坏成像质量,这就要研究哪些条件下使用偏振会改善成像效果,哪些情况下不能,这些条件包括大气条件、各种材料和环境的红外辐射的偏振特性等一些因素。通常,当偏振图像号的信噪比在 10 以上时,就很有必要用偏振成像了。

3) 红外偏振成像研究现状及应用展望

红外偏振成像在军事上有很大的应用价值,国外进行了热偏振成像的理论和大量的实验研究。以色列的 B. Ben 等对各种背景的偏振度进行研究得出结论:绿色植被的偏振度大约为 0.5%,岩石土的偏振度为 0.5% ~ 1.5%,沥青混凝土公路的偏振度为 1.7% ~ 3.4%,水面、海面的偏振度为 1% ~ 2%。美国的 Cooper 等进行了舰船目标和海背景的成像试验,得出结论:目标与背景的水平偏振度的对比在长波红外波段远强于中红外波段。Aron 等将红外偏振成像应用到了红外前视中,提高了前视仪的信噪比,降低了误报率。他对车辆和帐篷进行了野外实验,红外成像与红外偏振成像效果的比较如图 1 – 3 所示。

(a) 红外图像

(b) 红外偏振成像

图 1 – 3　红外成像与红外偏振成像效果的比较

从图中可以看出汽车和帐篷都有线性偏振,而背景没有。红外偏振成像的信噪比提高到 30 倍。在大多数有杂乱波干扰的情况下,红外偏振成像比普通红外成像能探测到波长范围更广的目标。在所有的波长范围,误报率大约保持在 2% 以下。红外偏振成像除了可应用于军事目标的搜索与跟踪,基于组织对入射光和背光散射的偏振特性,还可以非侵入快速诊断早期皮肤癌,因此,红外偏振成像在军事及生物医学上都具有广泛的应用前景。

4. 红外相位成像

1) 红外相位成像机理

现有的红外成像主要利用红外辐射的幅度信息,而红外相位热成像的基本原理是通过对接收目标辐射信号进行分析,建立目标红外辐射的相位信息算法模型及目标与探测器之间的距离算法模型,获取目标的距离图像,与二维图像结合,得到探测目标的立体图像。红外相位热成像突破了以往单一利用红外辐射的幅度信息的思路,利用红外辐射的相位特性来成像,是一种新的红外成像机理。相位与距离关系如图1-4所示。

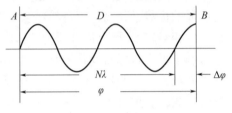

图1-4 相位与距离关系

距离和相位之间的关系可由以下关系推导出:

$$D = ct \tag{1-7}$$

$$t = \left(N + \frac{\Delta\varphi}{2\pi}\right)/f \tag{1-8}$$

由以上两式可得

$$\Delta\varphi = 2\pi \times \left(\frac{D}{\lambda} - N\right) \tag{1-9}$$

式中:N 为光波全行程中的整周期数;$\Delta\varphi$ 为不足一周期的相位值,若波长 λ 已知,即可找到距离与相位之间的关系。红外相位成像就是利用这一原理获得红外图像的距离信息,与红外目标的二维信息结合重建成三维图像。

2) 红外相位成像的特点

红外相位成像与传统的红外成像相比具有以下特点:首先,红外相位成像可以得到更多的目标空间信息,合成立体图像。特别是对于生物学样本,相位成像可获得更加丰富的样本信息。其次,军事目标中的伪装可以通过红外相位成像辨别,由于要伪装目标的某一面特征相对容易,而要伪装目标的体形特征就十分困难。另外,红外相位成像应用于集成电路芯片线宽测量可减少结果对基片厚度的敏感。红外相位成像的不足是目前红外辐射的相位信息算法模型及目标与探测器之间的距离算法模型还不完善,算法和重建三维图像的计算量大,红外相位成像的相关器件还有待于开发。

1.3.3 微光图像和红外图像的融合

由于工作原理不同,红外成像技术与微光成像技术各有利弊。

(1)红外热成像系统不像微光夜视仪那样借助夜光,而是靠目标与背景的辐射产生景物图像,因此红外热成像系统能24h全天候工作。

(2)随着计算机技术的发展,很多红外热成像系统具有完整的软件系统以实现图像处理、图像运算等功能,图像质量大大改善。

(3)红外辐射比微光的光辐射具有更强的穿透雾、霾、雨、雪的能力,因而红外热成像系统的作用距离更远。

（4）红外热成像能透过伪装，探测出隐蔽的热目标，甚至能识别出刚离去的飞机和坦克等所留下的热迹轮廓。

（5）微光夜视仪图像清晰、体积小、重量轻、价格低、使用和维修方便、不易被电子侦察和干扰，所以应用范围广。

（6）微光夜视仪的响应速度快，利用光电阴极像管可实现高速摄影。

（7）微光夜视频谱响应向短波范围扩展的潜力大，包括高能离子、X射线、紫外线、蓝绿光景物的探测成像基本上都是基于外光电转换、增强、处理、显示等微光成像技术原理。

从学科和技术发展的角度看，红外技术有一定优势。可见光的存在是有条件的，而任何物体都是红外源，都在不停地辐射红外线，所以红外技术的应用将无处不在。目前，在近距离夜视方面，由于微光夜视仪价格低廉，图像质量也较好，所以仍然占据主要地位。随着红外器件价格的降低，红外热像仪必将大有作为。而在远距离夜视方面，红外热像仪的作用更为突出。

在微光与红外技术各自不断进展的时期，考虑到二者的互补性，在不增加现有技术难度的基础上，如何将微光图像与红外图像融合以获取更好的观察效果，成为当前夜视技术发展的热点研究之一。

微光图像的对比度差，灰度级有限，瞬间动态范围差，高增益时有闪烁，只敏感于目标场景的反射，与目标场景的热对比无关。而红外图像的对比度差，动态范围大，但其只敏感于目标场景的辐射，而对场景的亮度变化不敏感。二者均存在不足之处。随着微光与红外成像技术的发展，综合和发掘微光与红外图像的特征信息，使其融合成更全面的图像已发展成为一种有效的技术手段。夜视图像融合能增强场景理解、突出目标，有利于在隐藏、伪装和迷惑的军用背景下更快更精确地探测目标。将融合图像显示成适合人眼观察的自然形式，可明显改善人眼的识别性能，减少操作者的疲劳感。

习题及小组讨论

1-1 名词解释

微光、红外辐射、微光夜视技术

1-2 填空题

（1）夜视技术主要分为_____技术和_____技术两大类。

（2）把夜间_____增强至_____所要求的程度，是微光夜视技术工作的核心任务。

（3）微光夜视技术的成就表现为使人眼视觉在_____、_____和_____的有效扩展。

1-3 问答题

(1) 简述夜视系统分类及应用领域。

(2) 从学科和技术发展的角度对比微光夜视技术和红外热成像技术。

1-4 知识总结及小组讨论

(1) 回顾、总结本章知识点,画出思维导图。

(2) 谈谈你所了解的夜视技术,结合我国军事发展战略,分析夜视技术对军事武器的贡献。

第 2 章

视觉特性探测和识别模型

本 章 教 学 目 标 >>>

知识目标：(1) 熟悉人眼基本结构与图像视觉的基本要求。
(2) 领会人眼的视觉特性、理想探测器的罗斯方程。
(3) 领会目标探测-识别模型。
能力目标：能够利用探测-识别模型预估成像系统的性能。
素质目标：培养学生实事求是、求真务实的科学精神和态度。

本 章 引 言 >>>

各种成像装置是人们用以改善和扩展视觉能力的辅助工具，人眼借助这些装置获得肉眼不能直接得到的图像信息。这说明成像系统的性能与人眼的视觉特性密切相关。本章从人眼的基本构造出发，介绍人眼的视觉特性，讨论微光下的视觉探测特性，最后给出人眼对目标的探测和识别模型。

2.1 人眼的构造

人的眼睛是一个非常灵敏和完善的视觉器官，它的基本构造如图 2-1 所示。

人眼作为一个完整的视觉系统，由 3 个部分构成：一是由角膜、虹膜、晶状体、睫状体和玻璃体组成的光学系统；二是作为敏感和信号处理部分的带有盲点和黄斑的视网膜；三是作为信号传输和显示系统的视神经与大脑。其中视网膜是构成人眼视觉的关键部分。

视网膜结构复杂，是多层的网络结构，如图 2-2 所示。与玻璃体相接触的部分是神经纤维层，这些神经的末端为神经细胞——神经元。光线经玻璃体射入视网膜，视网膜中有两类感光细胞,即锥状细胞和杆状细胞。感光细胞中含有光敏物质,在光的作用下,这些物质强烈吸收光的同时发生化学分解作用,从而引起视觉刺激。这些刺激以电信号形式经内、外网丛层和神经节细胞层后,在视神经汇合传至大脑信息处理系统,产生视觉。视网膜的最后面为不透明的色素上皮层,它呈褐色,能吸收通过前面各层而未被吸收的全部入射光,不使这些光产生散射,并能保护感光细胞不受强光的过度刺激。

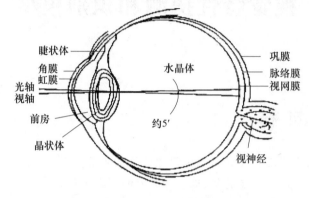

图 2-1　人眼的构造

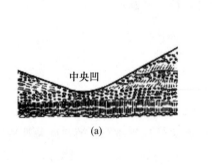
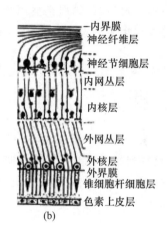

图 2-2　视网膜的结构

视网膜上的感光细胞超过一亿个,约一亿一千万个,其中约有 700 万个锥状细胞。这两类细胞不仅数量上差异很大,分布也是不均匀的,如图 2-3 所示。在视神经进入眼内腔的黄斑部分,既无锥状细胞,又无杆状细胞,是不感光的盲区,而在黄斑中心凹处有最高的视觉分辨力。在这个区域完全没有杆状细胞。从黄斑向视网膜边缘移动,锥状细胞的密度越来越小,直径也越来越粗,而且成簇地与视神经联系(在边缘大约 250 条结合成一簇),在这些区域锥状细胞和杆状细胞混合在一起。杆状细胞比锥状细胞小得多,而且没有独立的视神经联系,而是合成一簇(多数达 500 条一簇),这对于产生高灵敏度视觉至关重要。到视网膜边缘就几乎全是杆状细胞了。这两类细胞对视觉的贡献有很大差异,锥状细胞具有高分辨力和分辨颜色的能力;杆状细胞的视觉灵敏度比锥状细胞高数千倍,但不能辨别颜色。

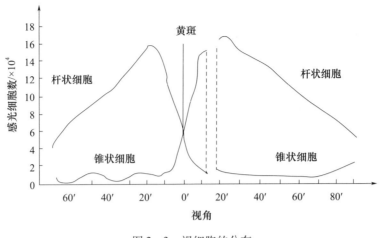

图 2-3 视细胞的分布

2.2 人眼的视觉特性

和通常的光电成像系统一样,人眼具有一系列重要特性。

2.2.1 视觉的适应性

人眼能在一个相当大的视场亮度范围内适应,这个范围可达十个数量级。随着外界视场亮度的变化,人眼视觉响应可分为 3 类。

(1) 明视觉人眼响应。当人眼对小于或等于 $3 cd \cdot m^{-2}$ 的视觉亮度适应之后,视觉就会靠锥状细胞起作用。

(2) 暗视觉人眼响应。当人眼对小于或等于 $3 \times 10^{-5} cd \cdot m^{-2}$ 的视场亮度适应之后,视觉只由杆状细胞起作用。由于杆状细胞没有分辨颜色的能力,所以夜间人眼观察景物呈灰白色。

(3) 中介视觉人眼响应。随着视场亮度从 $3 cd \cdot m^{-2}$ 降至 $3 \times 10^{-5} cd \cdot m^{-2}$,人眼响应逐渐由明视觉转向暗视觉,这种效应是由视场亮度的改变而引起锥状细胞和杆状细胞对视觉作用发生交替的结果。

当视场亮度发生突变时,人眼要处于突变后的正常视觉状态需要经历一段时间,人眼的这种特性称为"适应"。这种适应由两个方面来调节。

(1) 调节瞳孔的大小,以改变进入人眼的光通量。眼瞳的大小是随视场亮度而自动调节的,在各种视场亮度水平下,瞳孔直径及其面积的平均值如表 2-1 所列。

(2) 视细胞感光机制的适应。这种适应是由视细胞中的色素在光的刺激下,产生化学反应而引起的。

表 2-1　不同视场亮度下人眼瞳孔直径和面积

适应视场亮度 /(cd·m^{-2})	瞳孔直径 /mm	瞳孔面积 /mm^2	视网膜上照度 /lx
10^{-5}	8.17	52.2	2.2×10^{-6}
10^{-3}	7.80	47.8	2.0×10^{-4}
10^{-2}	7.44	43.4	1.8×10^{-3}
10^{-1}	6.72	35.4	1.5×10^{-2}
1	5.66	25.1	10×10^{-1}
10	4.32	14.6	0.6
10^2	3.04	7.25	3.0
10^3	2.32	4.23	17.6
2×10^4	2.24	3.94	109.9

人眼的视觉适应分为亮适应和暗适应。对视场亮度由暗突然到亮的适应,称为亮适应,亮适应大约需要 2~3min;对视场亮度由亮突然到暗的适应,称为暗适应,暗适应需要 45min,充分暗适应则需要一个多小时。

2.2.2　人眼的绝对视觉阈

在充分暗适应的状态下,全黑视场中,人眼感觉到的最小光刺激值,称为人眼的绝对视觉阈。以入射到人眼瞳孔上最小照度值表示时,人眼的绝对视觉阈值在 10^{-9}lx 数量级。以量子阈值表示时,最小可探测的视觉刺激是 58~145 个蓝绿光(波长为 $0.5\mu m$)的光轰击角膜引起的。据估算,这一刺激只有 5~14 个光子实际到达并作用于视网膜上。

对于点光源来说,天文学家认为正常视力的眼睛能看到六等星,六等星在眼睛上形成的照度近似为 8.5×10^{-9}lx。用"人工星点"在实验室内测定的视觉阈值要小些,为 2.44×10^{-9}lx。

2.2.3　人眼的阈值对比度

通常,人眼的视觉探测是在一定的背景中把目标鉴别出来。此时,人眼的视觉敏锐程度与背景的亮度和目标在背景中的衬度有关。

目标的衬度以对比度值来表示。对比度定义为

$$c = \frac{L_T - L_B}{L_B} \quad (2-1)$$

式中,L_T,L_B 分别为目标和背景的亮度。

背景亮度 L_B,对比度 c 和人眼所能探测的目标张角 α 三者之间具有下述关系。

$$L_B \cdot c^2 \cdot \alpha^x = \text{const} \quad (2-2)$$

此关系式最早由沃尔特(Wald)确定,被称为沃尔特定律。公式中 x 值在 0~2 之间变化。

对于小目标 $\alpha < 7'$, $x = 2$, 此时式(2-2)变为

$$L_B \cdot c^2 \cdot \alpha^2 = \text{const} \tag{2-3}$$

这就是罗斯(Rose)定律。若 $\alpha < 1$ 时，就很难观察到目标了。若目标无限大，则 $x \to 0$。由式(2-3)可以看到，人眼的视觉性能与视场亮度、目标对比度和目标大小等参数密切相关。勃来克韦尔(Blackwell)在1946年用实验确定了在各种视场亮度下，不同尺寸目标的阈值对比度。实验中，采用双眼观察，时间不限，察觉概率仅取50%，探测一个亮度大于背景亮度的圆盘，其阈值对比度与背景亮度的关系如图2-4所示。图示曲线说明，当观察亮度不同的两个面时，如果亮度很低就察觉不出差别。但是，如果将两个面的亮度按比例提高，并维持其对比度不变，则到一定的亮度时，就有可能察觉出其差别。也就是说，在不同的亮度下，阈值对比度是不同的。此外，要注意到图中曲线均在 $2 \times 10^{-3} \text{cd/m}^2$ 附近有间断点。这一点正表明人眼由明视觉过渡到暗视觉的转折。

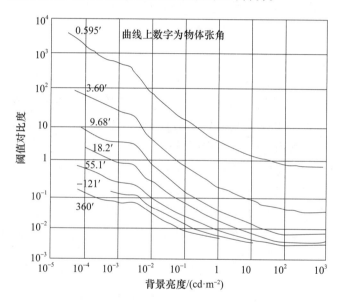

图2-4 阈值对比度随背景亮度的变化

2.2.4 人眼的光谱灵敏度

人眼对不同波长的光有不同的灵敏度(响应)，且不同人的眼睛对各波长的灵敏度也常有差异。所以，为了确定眼睛的光谱响应，可对各种波长的光引起相同亮暗感觉所需的辐射能通量进行比较，对大量具有正常视力的观察者所做的实验证明，在较明亮的环境中，人眼的视觉对波长为 $0.555\mu\text{m}$ 左右的绿色光最敏感。

如图2-5所示的光谱光视效率曲线可以清楚地表明人眼对不同波长光的敏感程度。曲线还可以表明不同的视场亮度下，人眼对同一波长的响应是有差异的。图中实线表示明视觉曲线，虚线表示暗视觉曲线。在黑暗条件下，人眼对波长 $0.512\mu\text{m}$ 的光最敏感。

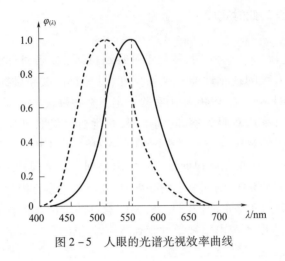

图 2-5 人眼的光谱光视效率曲线

2.2.5 眼睛的分辨力

人眼能区别两发光点的最小角距离称为极限分辨角,其倒数为眼睛的分辨力。集中于人眼视网膜中央凹的锥状细胞具有较小的直径,并且每一个圆锥细胞都具有单独向大脑传递信号的能力。杆状细胞的分布密度较稀,并且是成群地联系于公共神经的末梢,所以人眼中央凹处的分辨本领比视网膜边缘处高。人眼(右眼)的分辨力与视角的关系曲线如图 2-6 所示,图中纵坐标表示分辨力,以中央凹处的分辨力为单位,横坐标表示被观察线与视轴的夹角,阴影部分对应于盲点的位置。由图可见,中央凹处人眼的分辨力最高,因此人眼在观察物体时,总是在不断地运动着,以促使各个被观察的物体依次地落在中央凹处,使被观察物体看得最清楚。

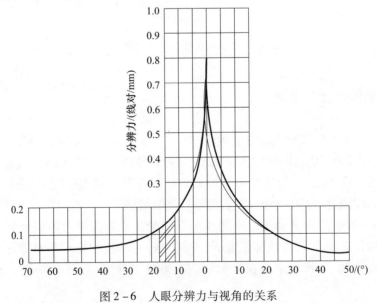

图 2-6 人眼分辨力与视角的关系

若将眼睛当作一个理想的光学系统考虑,可依照物理光学中的圆孔衍射理论公式计算极限分辨角。如取人眼在白天的瞳孔直径为2mm,计算出其极限分辨角为0.7′。若两个相邻发光点同时引起同一视神经细胞的刺激(一个锥状细胞的刺激),这时会感到是一个发光点,而0.7′的极限分辨角在视网膜上的大小相于5～6μm,在黄斑上的锥状细胞大小为4.5μm,这样看来,视网膜的结构可以满足人眼光学系统分辨力的要求。实际上,在较好的照明条件下,眼睛的极限分辨角的平均值在1′左右。当瞳孔增大到3mm时,该值还可以稍微减小些,若瞳孔直径再增大时,由于眼睛光学系统像差也随之增大,极限分辨角反而会增大。

眼睛的分辨力和很多因素有关,从内因分析,与眼睛的构造有关,此处不再讨论。而外因中,主要是决定于目标的亮度与对比度,但眼睛会随外界条件的不同,自动进行适应,因而可以得到不同的极限分辨角。表2-2所列数据是在白光下,双目观察白色背景上带有方形缺口,且具有不同对比度的黑环,观察时间受限制的情况下测得的。

由表2-2可见,当背景亮度降低或对比度减小时,人眼的分辨力显著降低。

表2-3所列数据是用同样的环,在白光照射下,人眼分别适应各个照度以后,观察时间不受限制情况下测得的。由表2-3可见,照度的变化对分辨力有很大的影响,若在无月光的晴朗夜晚,照度等于0.0001lx,此时人眼的分辨角为50′,而白天的照度为500lx时,分辨角为0.7′,因此夜间的分辨力比白天约小70倍。在实际工作中,人眼的分辨角θ可按以下经验公式估算。

$$\theta = \frac{1}{0.618 - 0.13/d} \tag{2-4}$$

式中:d为瞳孔直径(mm)。

表2-2 人眼的极限分辨角(′)

对比度c /%	白背景的亮度$L/(cd \cdot m^{-2})$							
	4.46×10^{-4}	3.37×10^{-3}	0.0341	0.0634	0.151	0.344	1.069	3.438
92.9	18	2.8	3.0	2.2	1.6	1.4	1.2	1.0
76.2	23	11	3.7	2.5	2.0	1.5	1.4	1.2
39.4	33	18	5.2	3.8	2.7	2.3	1.9	1.6
28.4	44	24	7.6	5.1	3.4	2.8	2.2	1.7
15.5		40	14	9.5	6.3	5.1	3.9	3.0
9.6			25	16	8.8	8.0	6.2	4.9
6.3			29	19	12	8.4	7.2	5.4
2.98				28	26	21	17	12
1.77					36	30	22	14

表2-3 人眼的分辨角随照度的变化

照度/lx	分辨角/(′)	照度/lx	分辨角/(′)
0.0001	50	0.5	2
0.0005	30	1	1.5
0.001	17	5	1.2
0.005	11	10	0.9
0.01	9	100	0.8
0.05	4	500	0.7
0.1	3	1000	0.7

2.2.6 视系统的调制传递函数(MTF)

1. 视力与MTF

人眼的分辨力表征眼睛分辨两点或两线的能力,就是通常讲的视力。必须注意,在进行视力检查时,随着视力表图案性质的不同,例如形状和亮度、周围的对比度、视距、光的波长等其他物理刺激条件的变化,即使是同一受试者也会得到不同的结果。当然,已知这些变化对于分析视功能及作出推论就有了线索,但是就表示视力这一点而言,还缺少普遍性,而且这些值本身所具有的基本意义也还了解得很肤浅。这种状况与为了评价照相物镜,用各种图案来进行分辨力试验时所发生的问题十分相似。总之,这样的检查并不是测定普遍性的某种基本物理量,而仅仅是在某种特定条件下,对某种特定的能力作比较评价,有很大的局限性。

为了克服这一缺点,引进了光学领域中调制传递函数的概念,这样就能对图像传递、复现的性能作出更正确的评价。

具有任意形状和亮度分布的图像,实际上都可以看作是由基本空间频率以适当的比例组合而成(称为原图像的频率分量或频谱)。如果用一块MTF已知的透镜成像,那么像的情况就可由计算而得。与分辨力或视力不同,MTF不只是特定条件下的某种阈值,从MTF也可获得成像的情况,这就包含了更多的信息,因而是一种普遍的表示法。

用MTF评价视觉特性的优点可叙述如下。

(1)从MTF曲线的形状可推断由单纯视力测定不可能了解的视觉功能,例如推断弱视眼的特性。

(2)可以对视网膜、信息处理系统的特征性作统一的数学处理。

(3)若承认傅里叶变换的可行性,也就有可能按MTF推断各种图像的像质特性、知觉特性等。

(4)由采用最新的激光干涉技术,有可能把眼球的成像系统和视网膜之后的大脑处理系统加以分离并作出评价,这将是非常重要的。

2. 人眼的MTF

按信息传递的顺序,特别是按其功能,视觉过程大致可分为以下几个阶段。

(1)眼球光学系统把外界的三维信息传递到视网膜,形成二维图像。

(2)视细胞检测光,并进行光电转换,以及视网膜的图像信息处理。

(3)大脑枕叶视皮层的信号处理与大脑中枢的辨识。

当然,每一个阶段并不是完全独立的,彼此有相互作用,有反馈回路等复杂地交错在一起。目前,对视觉过程的功能正在用电生理学及其他先进方法进行研究。

1)眼球光学系统的MTF

眼球光学系统MTF测试的基本方法如图2-7所示,把很细狭缝像投影到视网膜上,测定反射像的宽度。在只有眼睛光学系统的情况下,近似满足线性条件,故可用傅里叶变换求得MTF。

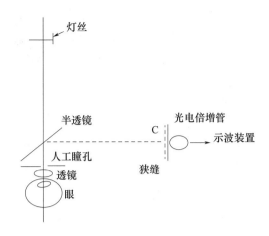

图 2-7　测定眼球 MTF 的装置简图

采用激光双光束直接在眼底视网膜上产生干涉条纹的方法,求得视网膜之后的 MTF。如图 2-8 所示,以相干激光作为光源,把光分成两束,在被试者入射瞳孔上形成两个小光点。这两束不受眼球成像系统像差等影响的光直接在视网膜上产生强度呈正弦变化的干涉条纹。入射瞳孔上滑光点的间隔可由平面镜 M 的移动而变化,这一变化并不改变调制度,但可改变视网膜上干涉条纹的空间频率。另一方面,由光源引入与此光成正交偏振的光束。如果旋转置于受试者眼前的偏光片,则干涉条纹的对比度也改变,这样即可求出相应于各频率的阈值。如果与视系统的 MTF 之比已求出,就可以得到单纯眼球光学系统的 MTF 值。

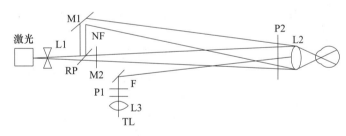

图 2-8　激光双光束干涉法测定装置

L1,L2,L3—透镜;RP—半反半透镜;M1,M2—平面镜;
P1,P2—偏振片;NF—窄滤光片;F—滤光片;TL—接收装置。

2) 视网膜的 MTF

与眼球成像系统不同,视网膜并无成像作用。视网膜像在信息处理中,以视细胞作光敏传感器进行光电变换,对变换后的电信号进行处理,从而形成视觉。视网膜是倒转的,光在到达视细胞之前通过神经细胞层,这些细胞层起着类似于光学弥散板的作用。此外,由于视细胞内部的折射比比其周围稍高,因此视细胞也可能具有与光学纤维相似的光学特征。实际上,在抽提视细胞进行实验的结果表明,光在视细胞内通过时,情况和在光纤内的传播很相似。因此,由于弥散板和光学纤维束在光学上的作用,输入像在受到调制后才成为信息处理系统的输入。

实际上,若把正弦波图案照射在分离的视网膜上,在另一个端面分析其对比,可以看到,在视网膜上增益有相当程度的降低。图 2-9 所示为离体视网膜测定的结果,A、C 分别为 57 岁和 71 岁的男性,B 为 72 岁的女性(因病摘出眼球)。因为这些人在患病前视力为正常,所以中心凹的中心区 MTF 为最大,稍偏离中心,MTF 便降低很多。这是因为神经节细胞层厚度的变化,光散射效应的影响增大所致,把视细胞与相同大小的玻璃光纤束的 MTF 进行比较得到了相同的结论。

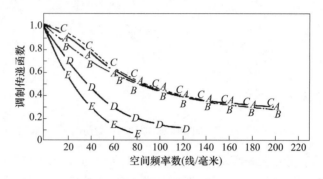

图 2-9 人眼分离视网膜的 MTF

视系统总的 MTF 是由眼球光学构成的,视系统各部分的 MTF 如图 2-10 所示。曲线 C 是由激光干涉在网膜上产生干涉条纹所测得的 MTF。

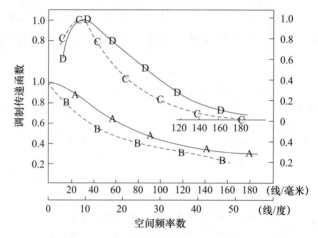

图 2-10 视系统各部分 MTF 的比较
A—分离视网膜中央凹处;B—角膜加晶状体;
C—视网膜加处理系(视神经,大脑);D—处理系(视神经加大脑)。

2.3 微光下的视觉探测

在微光下(通常指照度低于满月夜空的照度 10^{-1} lx),人眼所能接收的光量很少。这时光的量子起伏对人眼视觉有着重要影响。

辐射的发射是一个不连续的分立过程,而辐射的光能量是由光子携带的。辐射的光子速率是瞬时变化的,这一瞬时和那一瞬时所辐射的光子数是不同的,就是说,光子发射随时间而起伏。通常所说的在单位时间内接收的光子数,只是这些随时间而起伏的光子数的平均值。瞬时值 n 与统计平均值 N 的偏差称为"涨落",用均方根偏差表示。由概率论可知按泊松分布的光子发射概率,其均方根涨落值等于 $\sqrt{N}$。

在微光下人眼的视觉,是眼睛在一定时间间隔(积累时间)内视网膜吸收光子的结果。显然,这是一个取决于辐射起伏的过程。人眼在积累时间内接收到达的光子数平均值,在此平均值上存在着"涨落"。这个"涨落"值降低了眼睛探测目标上相邻像元之间的光子数差值的能力。或者说,在微光下人眼视觉受到了光子涨落的限制。从这一观点出发形成了视觉探测统计理论,它已成为用于确定目标的探测或对光电成像系统显示图像探测能力的基础。

微光下的视觉探测理论最初由弗利斯(Vries)和罗斯(Rose)在20世纪40年代初提出后逐步发展起来的。它的概念和模型比较简单,即假设眼睛在积累时间内,平均从场景上吸收 N 个光子,则围绕这个平均值的"涨落"为 $\sqrt{N}$。这时,眼睛探测到 N 值的最小变化量 ΔN 的能力受 $\sqrt{N}$ 的限制,则有

$$\Delta N \propto N^{1/2}$$

或

$$\Delta N = K N^{1/2} \tag{2-5}$$

式中:ΔN 为眼睛所能探测的光子数变化量,即为探测的信号;光子"涨落"值 $N^{1/2}$ 干扰着人眼的视觉探测,称为光子噪声;比例系数 K 则称为信噪比,$K = \Delta N / N^{1/2}$。只有当 K 值大于阈值信噪比时,信号才能被探测到,阈值信噪比由实验确定。

2.3.1 理想探测器的罗斯方程

罗斯令仅受光子噪声限制的理想探测器在一定时间内从边长为 h 的景物上接收到的光子平均数为 N,显然景物的亮度 L 正比于 N/h^2,即

$$L \propto \frac{N}{h^2} \tag{2-6}$$

令阈值对比度

$$c_{\mathrm{T}} = \frac{\Delta L}{L} \times 100\% = \frac{\Delta N}{N} \times 100\% \tag{2-7}$$

考虑到 $\Delta N \propto N^{1/2}$,则

$$c_{\mathrm{T}} \propto \frac{1}{N^{1/2}} \tag{2-8}$$

联立式(2-6)~式(2-8),得

$$L \propto \frac{1}{h^2 c_{\mathrm{T}}^2} \propto \frac{1}{\alpha^2 c_{\mathrm{T}}^2}$$

或

$$L \propto k \frac{1}{\alpha^2 c_T^2} \tag{2-9}$$

式中:k 为比例常数;α 为边长是 h 的景物对人眼的张角。于是又得到

$$Lc_T^2\alpha^2 = k = \text{const} \tag{2-10}$$

这就是罗斯的理想探测器的特性方程。进一步展开此方程,得

$$Lc_T^2\alpha^2 = \frac{5 \times 10^7 \times K^2}{D^2 t\theta} = \text{const} \tag{2-11}$$

式中:D 为物镜的孔径;t 为探测器(或人眼)的积累时间;θ 为光敏面的量子效率;K 为信噪比。

2.3.2 夏根(Schagn)方程

现在用与罗斯稍有差别的夏根公式展开理想探测器的特性方程。

考虑在场景中的一个物体元,其亮度为 L,那么由物镜系统每秒钟捕获的光子数为

$$n = \pi L d^2 P \tau \sin^2\phi \tag{2-12}$$

式中:d 为物体元的尺寸;P 为 1lx 光通量的每秒光子数(取决于光谱分布);τ 为物镜的透射比;$\sin^2\phi$ 为系统的物镜孔径对该物体元张的立体角值。

如果物体元为朗伯体,则 $\sin^2\phi \approx (r/l)^2$,其中 r 为物镜孔径的半径,l 为物体元至系统间的距离,此时式(2-12)可改写为

$$n = \pi L P \tau r^2 \left(\frac{d}{l}\right)^2 = \pi L P \tau r^2 \alpha^2 \tag{2-13}$$

其中:α 为物体元对系统的张角。

现在进一步考虑具有不同亮度 L_1 和 L_2 的两个相邻的物体元。若探测器的量子效率为 θ,积累时间为 t,则在 t 时间内探测器从两个相邻物体元吸收的光子数分别为

$$n_1 = \pi L_1 \alpha^2 r^2 \tau t \theta P$$

$$n_2 = \pi L_2 \alpha^2 r^2 \tau t \theta P$$

探测器所接收到的两物体元之间的光子数差即为探测图像细节的"信号",其值为

$$S = n_1 - n_2 = \pi(L_1 - L_2)\alpha^2 r^2 \tau t \theta P \tag{2-14}$$

而伴随信号的光子噪声为

$$N = (n_1 + n_2)^{1/2} = \pi[(L_1 + L_2)\alpha^2 r^2 \tau t \theta P]^{1/2} \tag{2-15}$$

于是信噪比为

$$\frac{S}{N} = \left[\pi \alpha^2 r^2 \tau t \theta P \frac{(L_1 - L_2)^2}{L_1 + L_2}\right]^{1/2} \tag{2-16}$$

这里采用了光学中通用的对比度定义 $c = (L_1 - L_2)/(L_1 + L_2)$,令平均亮度 $L_m = (L_1 + L_2)/2$,则信噪比可写为

$$\frac{S}{N} = [\pi \alpha^2 r^2 \tau t \theta P \times 2L_m c^2]^{1/2} \tag{2-17}$$

当信噪比低于阈值信噪比时,系统就不能辨别出两个物体元了。以 K 代替 S/N,并用物镜孔径 D 代替 $2r$,则上式为

$$L_m \alpha^2 c^2 = \frac{2K^2}{\pi D^2 \tau t \theta P} \qquad (2-18)$$

由于 $\theta P = s/e$，这里 s 为光阴极灵敏度，e 为电子的电荷量，则

$$L_m \alpha^2 c^2 = \frac{2eK^2}{\pi D^2 \tau t s} \qquad (2-19)$$

2.3.3 弗利斯-罗斯定律

当采用人视觉中的对比度定义 $c = (L_0 - L)/L_0$ 时，式（2-19）变为

$$L_0 \alpha^2 c^2 = \frac{4K^2(2-c)e}{\pi D^2 \tau s t} \qquad (2-20)$$

这就是理想探测器的特性方程，一般称为弗利斯-罗斯定律。探测图像细节所需的阈值信噪比 K 值由实验确定，其值与所用图形和探测概率有关。勃来克韦尔 1946 年所作的实验，一个圆盘短时地出现在屏幕上 8 个位置的任意位置，要求观察者回答的可靠率为 50%，在这种情况下，所得到的阈值信噪比为 $K_{50\%} = 1.5$。在采用兰道尔特（Landolt）C 环作为实验物体时，要求观察者回答 C 环的缺口处于上、下、左、右 4 个位置中的哪一个，并且要求回答 4 次中有 3 次正确，在这种情况下得到的 $K_{75\%} = 1.9$。当确定具有黑白线条间隔图案的光学系统能分辨的最高频率时，所需的阈值信噪比值约为 1。

需要指出的是，理想探测器特性方程所描述的受光子噪声限制的性能的限制，图像细节的调制传递结果使图像对比度下降。图像探测器的典型性能如图 2-11 所示。图中曲线在小视角 α 下偏离 $L_m \alpha^2 c^2 = \text{const}$ 的直线，说明在观察较小的物体时，受 MTF 的限制。

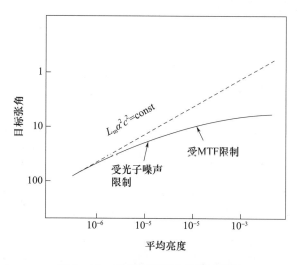

图 2-11　图像探测器的探测特性图

人眼作为图像探测器，其性能和具有相同尺寸限制的理想探测器的特性相类似。勃来克韦尔等对微光下暗适应眼的视觉锐度的研究证实了这一点，如图 2-12 所示给出了所测得的曲线。

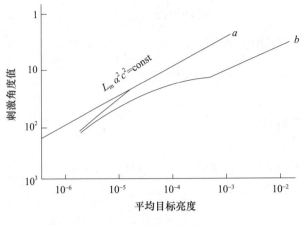

图 2-12 人眼的探测特性

曲线 a 是在黑的背景中一个亮刺激所测得的,曲线 b 是在亮背景中的一个暗刺激所测得的。把这些曲线同理想探测器特性方程 $L_m \alpha^2 c^2 = $ const 直线进行比较,曲线 a 表明,在微光下暗适应眼的视觉敏锐度曲线与理想探测器锐度曲线相似合,都遵循弗利斯-罗斯定律。只是在目标亮度减小时,曲线 a 渐渐地落在直线下方。产生这种偏离是由于在微光下信噪比的降低。但这是以牺牲分辨力为代价的,而人眼这种空间积累能力是随着积累面积的增加而下降的。曲线 b 的情况则有所不同,由于背景是亮的,在相同的信号下,信噪比降低了。所以,曲线 b 比曲线 a 更向下偏离。

2.4 目标的探测和识别

2.4.1 目标搜索的一般原理

人眼在搜索处于一定背景中的目标或成像系统显示器上的目标像时,眼睛的连续响应分成探测(发现)、分类、识别和辨别 4 个等级,或者说,人眼搜索目标的过程由这个相互联系的步骤组成。这里,探测是指把一个目标同其所处背景或其他目标区别开来;分类是把探测出来的目标大致分类,例如是车辆还是飞机;识别是把分类的目标再细分,例如是坦克还是汽车;辨别是对自己识别的目标,进行辨认,例如是 M-60 坦克还是 T-72 坦克,这时可以看出目标的具体细节。

在对目标探测、分类、识别和辨别中,经历着人的主观判断,因而在目标搜索中存在着搜索概率问题。而搜索概率的大小,在一定程度上提供了对光电成像系统性能的估价。当然,搜索概率还与观察人员的状态有关。搜索概率又是和一定的搜索任务相联系的,例如是探测还是识别。一般来说,搜索概率可以写成下面各条件概率的乘积,规定的各项条件意义如下:

符号	意义
In	在搜索视场内出现目标
Look	观察人员扫视到目标
Det	观察人员探测到目标
Clas	观察人员分类的目标
Rec	观察人员识别的目标
Iden	观察人员辨别的目标

于是搜索概率可写为

$$P[\text{Acq}] = P[\text{Iden}/\text{Rec},\text{Clas},\text{Det},\text{Look},\text{In}]$$
$$\times P[\text{Rec}/\text{Clas},\text{Det},\text{Look},\text{In}]$$
$$\times P[\text{Clas}/\text{Det},\text{Look},\text{In}]$$
$$\times P[\text{Det}/\text{Look},\text{In}]$$
$$\times P[\text{Look}/\text{In}]$$
$$\times P[\text{In}] \qquad (2-21)$$

目标在视场内出现的概率,是一种复杂函数,因此人们常假设为 $P[\text{In}]=1$,即规定目标在视场内一定出现。此外还假设上述每一项都是互相独立的,即某一搜索任务的发生不影响下一个搜索任务发生的概率。因此条件概率可转换成独立事件概率的乘积。

$$P[\text{Acq}] = P[\text{Iden}] \times P[\text{Rec}] \times P[\text{Clas}] \times P[\text{Det}] \times P[\text{Look}] \qquad (2-22)$$

搜索概率是所显示的目标特征,背景特征,成像系统的特性,观察人员的状态及战术上的因素等极其复杂的函数。由此不难看到搜索过程的复杂性。许多研究者对搜索过程作过不少实验性探索和理论分析。他们都以彼此独立的几个因素来研究处理复杂的实验结果,建立目标探测—识别模型。

搜索过程是非常复杂的,为了使这种困难的情况简化,而又尽可能地接近真实的情况,建模时首先假设:在短时间内所搜索的复杂视场中的目标是已知的,或者是提示过的且熟悉的目标,目标在视场中确实存在。不考虑监视某一目标在视场中的出现或对目标结构完全无知的情况。

在上述假设下,搜索光电成像系统显示屏上目标像的过程如下。

(1)在一个完全确定的面积上谨慎地搜索。

(2)根据所搜索目标与周围景物的亮度对比进行对比度探测。

(3)根据对比度形成的外形轮廓进行识别,这是基于记忆中的目标相比较的有意识地判定过程。

通常显示的图像总是伴随着噪声出现,而噪声的存在,将干扰上述3个步骤的实施。基于各种各样的实验,可以分别导出完成上述每一步骤的概率和噪声衰减因子。根据上述目标搜索的一般原理,目标的识别概率为

$$P_R = P_1 P_2 P_3 \eta \qquad (2-23)$$

式中:P_R 为显示器上目标将被识别的概率;P_1 为搜索一个确定的包含有目标的面积,扫视到目标的概率;P_2 为探测到的目标被识别的概率;η 为总的噪声引起的衰减因子。

2.4.2 人眼目视搜索时的运动

这里不考虑表观对比度很高或者尺寸很大的目标,因为这样一些目标极易被探测到,而且一旦被探测到则为高度可见。实际上,军事目标很少具有这种特性。为了能在短时间内发现目标,需要利用分辨力很高的视网膜中心凹进行相当系统和周密的搜索。人眼在搜索过程中的运动有两个重要特征。

(1)在搜索中,人眼注视一点然后迅速地移到另一点进行注视,这一过程称为飞快地扫视。固定的注视称为凝视,被凝视的点称为凝视中心。根据实验,通常认为人眼大约以每秒三点间断地移动,单一凝视时间,或称一个瞥见时间,约为 1/3s。

(2)有经验的观察者利用移动的表观孔径(由中心凹的视觉范围确定)以相当有规则的图形在有关面积上搜索。搜索过程中,人眼自动地对目标特性(表现尺寸和对比度)及周围景物的性质(结构复杂性和密集程度)两者引起响应,以调整平均凝视点之间的距离。因此,这里有一重要概念,就是有效扫描孔径,或称为瞥见孔径,以对应的面积 A_g 表示。这个量与目标特性,景物性质的关系为

$$A_g = kA_T \qquad (2-24)$$

式中:A_T 为目标面积;k 为与景物密集程度有关的参数,通常在 10~100 之间,有时也可在 1~1000 之间变化。

2.4.3 目标探测-识别模型

这里介绍美国兰德(Rand)公司提出的目标探测-识别模型,见式(2-23)。下面就模型中的各项分别作一些分析,找出以有限个可测量的参量为函数的定量解析表达式。

1. P_1 项

设被搜索面积为 A_s,为了覆盖住 A_s 所需的瞥见数则为 A_s/A_g,这里 A_g 为瞥见孔径。由于一个瞥见时间为 1/3s,因而在允许的搜索时间 t 内可得到的瞥见数为 $3t$。

在完善的系统的自由搜索中,即相继的瞥见不重叠,且又不重复地将瞥见周期地全部显示出来,扫视到目标的瞥见数只能是 $a=1$,而失去目标的瞥见数为 $b=A_s/A_g-1$,因而在可得到的瞥见数 $n=3t$ 中,扫视到目标,即在瞥见孔径内包含目标的概率可按如下方式求得。

一次瞥见中扫视到目标的概率 $P=a/(a+b)=A_g/A_s$,失误概率 $q=b/(a+b)=1-A_g/A_s$。由于扫视到目标只有一种可能成功的结果,故可用二项式分布来描述。在 n 次瞥见中扫视到目标的概率为

$$P = 1 - C_n^n P^0 q^n = 1 - (1 - A_g/A_s)^n \approx 1 - (1 - nA_g/A_s) = \frac{3t}{A_s/A_g} \qquad (2-25)$$

因此,扫视到目标的概率 P 正好是可得到的瞥见数与所需的瞥见数之比。

但是,自由搜索既不能重复又不能固定地凝视,因此只有部分优选的搜索效果,以致在扫视到目标时也未必能探测出来。因而有人假设了一种随机的搜索方式,即假设搜索

是随机的,并假设在一次瞥见中扫视到目标的概率为 P_{sg} 那么在 n 次瞥见中扫视到目标的概率为

$$P = 1 - (1 - P_{sg})^n = 1 - \exp[n\ln(1 - P_{sg})]$$
$$= 1 - \exp[t\ln(1 - P_{sg})/t_g] = 1 - \exp(-mt) \qquad (2-26)$$

式中:t_g 为一个瞥见时间,而 $m = -\ln(1 - P_{sg})t_g$。

上式表明在纯随机搜索过程中,扫视到目标的概率有随时间 t 指数增长的形式。

兰德公司的模型认为,实际的搜索是介于自由搜索和纯随机搜索之间的某种方式,它采用了后一种表达式,即

$$P_1 = 1 - \exp[-K \cdot 3t/(A_s/kA_T)] \qquad (2-27)$$

式中:K 为常数,其值可作如下考虑。式(2-27)中的指数可看成是 K 倍的可接受的搜索率($3kA_T/s$)对所需要的搜索率(A_T/t)之比值。定义可接受搜索率为具有 $P_1 = 0.9$ 时的值,即在该搜索率下,有90%的成功概率,因而当需要的搜索率等于这个可接受的搜索率时,有 $P_1 = 1 - \exp(-k) = 0.9$,因此 $K = 2.3$。

K 值已于前述,但为方便起见写成 $K = K_0/G$,这里 K_0 称为 K 的标称值,其值为 100。G 称为密集因子,在标称情况下 $G = 1$,根据景物密集程度,G 的可能值在 1~10 之间选取。

在考虑 $K = 2.3$ 和 $K = K_0/G$ 后,式(2-27)可表示为

$$P_1 = 1 - \exp\{-[(700/G)(A_T/A_s)t]\} \qquad (2-28)$$

在利用该式计算 P_1 时,只要求使用者选择一个因子 G 即可。当然,选择密集因子 G 是相当困难的,但总比没有任何界限好。

2. P_2 项

当目标对其相邻背景的对比度大于阈值对比度时,目标就有一定的被探测的概率。因此 P_2 项涉及人眼视觉系统对比度探测的基本过程,P_2 项可以称为对比度探测项。

勃来克韦尔所做的有关的经典实验提供了这方面的基本数据,在图 2-4 中已给出了不同照明条件下,具有50%探测率时,得到的阈值对比度曲线。但应该指出,在实际的目标对比度探测中,阈值对比度比图 2-4 中给出的值高若干倍,因此在该模型中使用时必须加以修正。根据前面讨论的搜索过程,以下面的条件作为修正的出发点,目标曝光时间为 1/3s,相当于单一凝视时间,以及利用中心凹视觉探测。在勃来克韦尔的试验中,要求观察者在8个可能的目标位置上选择,称为强迫选择。而在搜索显示器上的目标时,观察要在整个搜索面积上的任何位置上选择,这称为自由选择。勃来克韦尔建议:它们之间所需要的阈值对比度值,自由选择要比强迫选择大 2.4 倍。考虑到目标出现的位置和时间的不确定性,他建议再提高 1.5 倍。另外一些人的试验提出了阈值对比度的提高在 2.5~3.5 倍之间,如果进一步考虑到系统振动使图像模糊等因素,目标探测-识别模型中采用把阈值对比度曲线向上调整 5.5 倍的值。于是得到应用于该模型中的,具有50%探测率的,不同目标尺寸下的阈值对比度特性曲线,如图 2-13 所示。

图中给出了作为目标尺寸函数的阈值对比度 c_T。用双曲线近似为

$$\log(c_T + 2)\log(\alpha + 0.5) = 1 \qquad (2-29)$$

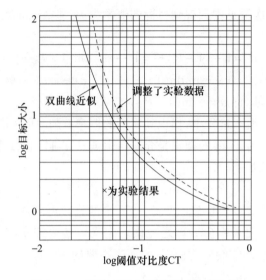

图 2-13 调整后的人眼阈值对比度特性

根据这种近似处理,即可从上式中对不同目标张角 α 找到 50% 探测率的阈值对比度。

一些学者指出,在阈值对比度 c_T 时的探测率为 50%,在其他观察对比度 c 时的探测率仅仅与 c/c_T 的值有关,而且证明探测率与对比度的关系呈正态分布形式,可写为

$$P_2 = \frac{1}{\sqrt{2\pi}} \int_{-\infty}^{[(c/c_T-1)/\sigma]} e^{-u^2/2} du \qquad (2-30)$$

其中标准偏差 σ 值为 0.39。对于 $c/c_T = 1.5$,由该式得到 $P_2 = 0.9$。考虑到上式能适用计算机计算,可写为

$$P_2 = \frac{1}{2} \pm \frac{1}{2} \{1 - e^{-4.2[(c/c_T-1)^2]}\}^{1/2} \qquad (2-31)$$

当 $c < c_T$ 时,公式采用负号。c 为固有对比度 c_0 的目标在显示器上的显示对比度,即考虑大气效应和成像系统调制传递特性后,人眼可利用的实际观察对比度。c_T 值可按目标像对人眼的张角 α,从式(2-29)中计算出来。

3. P_3 项

P_3 项需要涉及图像具体形式,由于所考虑的是对已知的或提示过且熟悉的目标形状的识别。因此,识别过程是把它的形状与记忆中的形状相比较,进而识别。它要求探测到的目标有足够的细节,以便从其他景物中把目标识别出来。

一些研究提供了足够的数据来证实识别概率 P_3 对参数 N_r 的关系,在兰德公司提出的模型中采用了如下的解析式

$$\begin{cases} P_3 = 1 - \exp\left[-\left(\frac{N_r}{2}-1\right)\right], & N_r \geqslant 2 \\ P_3 = 0, & N_r < 2 \end{cases} \qquad (2-32)$$

当 $N_r = 5$ 时,由该式得 $P_3 = 0.9$;而当 $N_r < 2$ 时,$P_3 = 0$。后者只相当于约翰逊准则的探测标准,即没有形状的识别。

解析式中的 N_r 是由目标临界尺寸中所包含的独立可探测点确定,可用下述方法进行适当计算。首先根据式(2-29)或图2-13,确定在目标观察对比度下,能被人眼看见的最小(斑点)尺寸,然后把这些点由50%探测率校正为具有90%的探测率。这里,90%的探测率是人为规定的,因为按图2-13所示确定的50%探测率对于识别来说显然是太低了。最后由这些包含在目标临界尺寸中的,探测率为90%的独立可探测的点(斑)就可给出 N_r 值。具体计算 N_r 值可利用图2-14所示进行。

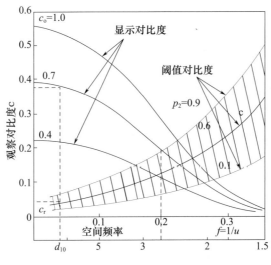

图2-14 最小可探测点的计算图

图中标注有 c_0 值的3条曲线是显示器上目标的显示对比度与显示器上目标像对人眼的张角 α(或空间频率 $f=1/2\alpha$)的关系曲线。显示对比度分别相应于目标的固有对比度 $c_0=1.0, 0.7$ 和 1.4 的情况。有阴影的3条曲线是张角为 α 的显示目标为人眼所探测的阈值对比度曲线。不同 α 下的阈值对比度值可从式(2-29)中确定。进一步利用式(2-30)可以得到如图2-14中给出的 $0.1 \leqslant P_2 \leqslant 0.9$(相当于 $0.5 \leqslant c/c_T \leqslant 1.5$)范围内的阈值对比度曲线。

利用图2-14可计算出所需的 N_r 值。步骤如下。

(1)计算实际目标像对人眼的平均张角 α',在显示对比度曲线上得到观察对比度 c' 值。

(2)找到该显示对比度曲线与 $P_2=0.9$ 的阈值对比度曲线的交点相应的张角 α',它表示在显示器能被探测的最小目标张角,即独立可探测点的最小尺寸。

(3)在目标像的张角 α'' 中所包含的具有90%探测率的可探测的最小目标张角 α' 数目即为可分辨力 N_r。将 N_r 值代入式(2-32)就可求出 P_3 值。

4. η 项

在实际的光电成像系统中,显示的图像总是存在着噪声的。这种噪声包括两个方面,一是系统所产生的噪声,如探测器噪声、放大器噪声、荧光屏的颗粒噪声等;二是与信号本身有关的噪声,如光子噪声。这些噪声的存在以各种方式影响着图像识别。如增加了图像中景物密集因子 G 而降低了 P_1,增加了点探测所需的阈值对比度 c_T 而降低了 P_2,由于对比度边界的变形或者对比度梯度的降低,相应地降低了 N_r 值而使 P_3 减小。在这个探测-识别模型中,没有考虑噪声对 P_1、P_2 和 P_3 的具体影响,而以总的噪声因子 η 来估算识别概率。噪声因子 η 的表达式为

$$\begin{cases} \eta = 1 - \exp\left[-\left(\dfrac{S}{N}-1\right)\right], & \dfrac{S}{N} > 1 \\ \eta = 0, & \dfrac{S}{N} < 1 \end{cases} \quad (2-33)$$

式中:$\dfrac{S}{N}$ 为输出显示的信噪比。这方面的实验数据还比较少,但做过一些实验表明,其结果与该式拟合较好。

目标的探测和识别,是受多种因素影响的复杂问题。这里所讨论的模型中,采用了变量分离的方法,使每一项表示成为少数几个参数的函数,并且单独处理噪声项,从而使问题得到相当大的简化。模型中的每一项均以实验为基础得出定量的解析表达式。尽管模型还没得到总的实验证实,但在短时间内搜索复杂视场中的已知和存在的目标那种场合下,模型能够来预估成像系统的性能。

2.4.4 约翰逊(Johnson)准则

目标搜索过程的不同阶段对应不同的探测水平,探测水平是将系统性能与人眼视觉相结合的一种视觉能力的评价方法,它需要通过视觉心理实验来完成。国外在这方面做了大量工作,约翰逊根据实验把目标的探测问题与等效条带图案探测问题联系起来。许多研究表明,有可能在不考虑目标本质和图像缺陷的情况下,用目标等效条带图案可分辨力来确定成像系统对目标的识别能力。图 2-15 所示描述了这种等效条带图案的概念。

图 2-15 等效条带图案

目标的等效条带图案是一组黑白间隔相等的条带状图案,其总高度为基本上能被识别的目标临界尺寸,即目标的最小投影尺寸,条带长度为垂直于临界尺寸方向的横跨目标的尺寸。等效条带图案可分辨力是目标临界尺寸中所包含的可分辨的条带数,通常以"周/临界尺寸"来表示。约翰逊论证了等效条带图案可分辨力能用来预测目标的探测识别。他对 8 辆军用车辆和 1 个站立的人做实验。如图 2-16 所示为实验方案的简图,确定了各类目标的探测识别准则,如表 2-4 所列。通常称该准则为约翰逊准则。

表 2-4 约翰逊准则

探测水平	定义	50%概率时的可分辨力/周期
探测（发现）	在视场内发现一个目标	1.0±0.25
定向	可大致区分目标是否对称及方位	1.4±0.35
识别	可将目标分类（如坦克、卡车、人等）	4.0±0.8
辨别	可区分出目标型号及其他特征（如T-72坦克、豹Ⅱ坦克等）	6.4±1.5

由于上述各种探测水平所需条带周期数 N 均是在50%的概率下得到的。因此，对其他概率下对应的条带周期数 N_r 要作相应的修正。由实验得出的探测概率与目标所包含的等效条带数的关系如图2-17所示。

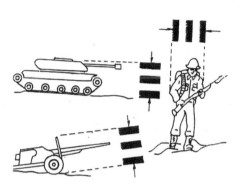 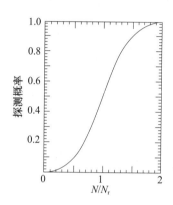

图 2-16 约翰逊准则实验方案简图　　图 2-17 等效条带图案与探测概率的关系

习题及小组讨论

2-1 名词解释

人眼的绝对视觉阈、极限分辨角

2-2 填空题

（1）人眼作为一个完整的视觉系统，由三部分构成：一是_____、二是_____、三是_____。

（2）在较明亮的环境中，人眼的视觉对波长为_____的光最敏感。在黑暗条件下，人眼对波长_____的光最敏感。

（3）锥状细胞具有_____和分辨_____的能力；杆状细胞的_____比锥状细胞高数千倍，但不能辨别_____。

（4）人眼的分辨力表征眼睛分辨_____或_____的能力。

（5）在微光下光的_____对人眼视觉有着重要影响。

2-3 问答题

(1) 当视场亮度发生突变时,人眼要处于突变后的正常视觉状态需要经历一段时间,人眼的这种特性称为"适应"。试分析人眼视觉的适应性。

(2) 分析用调制传递函数评价视觉特性的优点。

(3) 试述人眼分辨力的定义及其特点。

2-4 知识总结及小组讨论

(1) 回顾、总结本章知识点,画出思维导图。

(2) 讨论目标探测和识别在军事上的重要意义及对未来战争的影响。

第 3 章

微光夜视系统

知识目标：(1) 领会夜天辐射及其特点。
(2) 分析微光夜视系统结构及工作原理。
(3) 领会微光夜视仪的总体设计及视距估算。
能力目标：能够根据技术指标要求设计微光夜视仪。
素质目标：培养学生解决复杂问题的工程思维。

本章引言

夜视技术是人类为了拓展自身的人眼视觉机能,更好地满足夜战需求孕育而生的技术。本章从分析夜天辐射出发,着重介绍微光夜视系统结构、工作原理、总体设计及视距估算,讨论夜视系统的静态性能,总结夜视系统特点。

3.1 夜天辐射

夜天空的辐射是由各种自然辐射源的辐射综合形成的。月光、星光、大气辉光以及太阳光、月光和星光的散射光是造成夜间天空自然光的主要来源。这些夜间自然光统称为夜天光,除可见光外,还包含有近红外辐射。这一光谱区域是微光成像技术所关心和利用的区域。

3.1.1 自然辐射源

1. 太阳辐射

太阳是一个直径达 1391200km 的炽热球体,每时每刻向宇宙空间放出巨大的能量。

实测表明,太阳辐射与色温为5900K的黑体辐射极为相似。如图3-1所示为平均地-日距离上太阳的光谱辐照度 E_λ 曲线。图中还给出了5900K黑体辐射曲线予以比较。

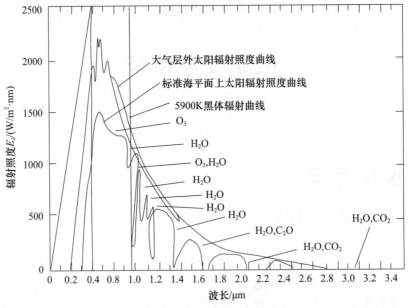

图3-1 在平均地-日距离上太阳的光谱分布

由于大气的吸收和散射,太阳辐射中到达地球表面的能量绝大部分位于 $0.3 \sim 4\mu m$ 光谱区域,其中尤以 $0.38 \sim 0.76\mu m$ 的可见光区域最为突出。这个事实表明,人眼视觉的光谱范围是人类长期适应自然界的结果。由此也可看到太阳辐射对人类生活的重要性,它不但是日间光源,并且极大程度影响着夜天辐射。

太阳辐射刚好在地球大气层外所产生的积分辐照度的年平均值称为"太阳常数 E_0",其值为:$E_0 = 1.35 \times 10^3 \text{W/m}^2$。

太阳辐射在地球表面上产生的照度,取决于太阳在地平线上的高度角、观察者所在的海拔高度、空中尘埃及云雾等因素,如表3-1所列。测量表明,当天空晴朗且太阳位于天顶时,对地面形成的照度为 $E = 1.24 \times 10^5 \text{lx}$。

表3-1 太阳对地球表面的照度

太阳中心的实际高度角/(°)	地球表面的照度/10^3lx		
	无云 太阳下	无云 阴影处	密云 阴天
-5(日出或日落)	10^{-2}	—	—
0	0.7	—	—
5	4	3	2
10	9	4	3
20	23	7	6
30	39	9	9
50	76	14	15
60	102	—	—
90	124	—	—

2. 月球辐射

来自月球的辐射包括两部分：一是月球反射的太阳辐射，称为月光，这是夜间地面光照的主要来源，其光谱分布与太阳辐射十分相近，峰值波长约在 $0.5\mu m$；二是月球自身的辐射，其峰值波长位于 $7.24\mu m$。月球自身的辐射与 400K 的绝对黑体辐射相似。图 3-2 给出了两者的光谱分布。

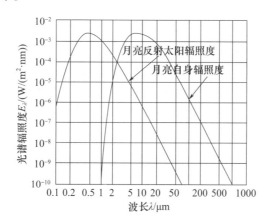

图 3-2　月球自身辐射和反射太阳辐射的光谱分布

月球对地面形成的照度受下列因素影响。

（1）月亮的位相，简称月相，如图 3-3 所示。由于月球、地球和太阳三者相对位置的改变，从地球上看来，月球便有盈亏的变化。当月球恰好在地球和太阳之间的时候，月球以黑暗半球对着我们，因此看不见它。这时的月相叫"新月"。当月球在太阳东面 90°时，可看见月球西边明亮的半球，这时的月相叫"上弦月"。月球和太阳在相反的方向，便可看见整个月面，这时的月相叫"望月"或"满月"。当月球在太阳西面 90°时，可看见月球东边的半圆，这时的月相叫"下弦月"。

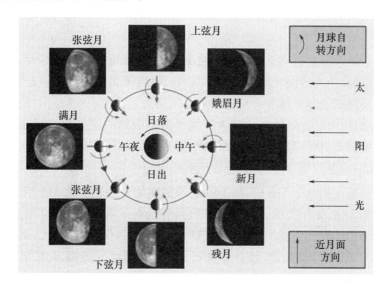

图 3-3　月相变化

月相可用距角 ϕ_e 表示。ϕ_e 是月球中心相对于太阳的角距离。以地球为观察点,新月时 $\phi_e = 0°$,上弦月时 $\phi_e = 90°$,满月时 $\phi_e = 180°$,下弦月时 $\phi_e = 270°$。ϕ_e 影响从月球反射到地球的光量。

(2) 地-月距离的变化。此影响所引起的地面照度变化量约为 26%。

(3) 受太阳照射的月球表面各部位上反射比的差异。由于月球表面反射比的差别,致使其上弦月(前半个月)约比下弦月(后半个月)亮 20%。

(4) 月球中心的高度角和大气层的影响。

月球在地平线上的高度角对地面照度影响很大,其相对变化量达两三个数量级。由于云层的遮蔽,月光亮度在几分钟之内就有很明显的变化。

表 3-2 列出了月球在不同高度角以及在各种月相情况下地平面上所得到的照度值。这些值是在假设天空相当晴朗,取平均地-月距离,并按上弦月和下弦月取平均值的情况下得到的。

表 3-2 月光所形成的地面照度

地球中心的实际高度角/(°)	不同距角 ϕ_e 下地平面照度 E/lx			
	$\phi_e = 180°$ (满月)	$\phi_e = 120°$	$\phi_e = 90°$ (上弦月或下弦月)	$\phi_e = 60°$
-0.8°(月出或月落)	9.74×10^{-4}	2.73×10^{-4}	1.17×10^{-4}	3.12×10^{-5}
0°	1.57×10^{-3}	4.40×10^{-4}	1.88×10^{-4}	5.02×10^{-5}
10°	2.34×10^{-2}	6.55×10^{-3}	2.81×10^{-3}	7.49×10^{-4}
20°	5.87×10^{-2}	1.64×10^{-2}	7.04×10^{-3}	1.88×10^{-3}
30°	0.101	2.83×10^{-2}	1.21×10^{-2}	3.23×10^{-3}
40°	0.143	4.00×10^{-2}	1.72×10^{-2}	4.58×10^{-3}
50°	0.183	5.12×10^{-2}	2.20×10^{-2}	5.86×10^{-3}
60°	0.219	6.13×10^{-2}	2.63×10^{-2}	—
70°	0.243	6.80×10^{-2}	2.92×10^{-2}	—
80°	0.258	7.22×10^{-2}	3.10×10^{-2}	—
90°	0.267	7.48×10^{-2}		

3. 星球辐射

星球辐射对地面照度也有贡献。相比之下,这种贡献所占的份额不大。例如,在晴朗的夜晚,星球在地面产生的照度约为 $2.2 \times 10^{-4} \text{lx}$,相当于无月夜空实际光量的 1/4 左右。而且这种辐射还随时间和星球在天空的位置不断变化。

星球亮度用星等来表示,以在地球大气层外所接收到的星光辐射照度来衡量。星等差五等刚好照度相差 100 倍为准,所以相邻等星的照度比值为

$$r_E = \sqrt[5]{100} = 2.512 \quad (3-1)$$

即相邻两等星的照度相差 2.512 倍,如 1 等星的照度为 2 等星的 2.512 倍,2 等星的照度为 3 等星的 2.512 倍,依此类推,1 等星的照度恰好是 6 等星照度的 100 倍。

星等是区分星体亮度强弱的等级。星体的星等数字越小,照度越大,则星体越亮。比零等星还亮的星,其星等是负数,且星等数字不一定是整数。例如,天狼星、金星、太阳的星等依次为 -1.42,-4.3,-26.73。

星等照度计算如下。

若两颗星的星等分别为 m、n，且 $n>m$，则两颗星的照度比为

$$\frac{E_m}{E_n} = (2.512)^{n-m}$$

$$\lg E_m - \lg E_n = 0.4(n-m) \qquad (3-2)$$

零等星的照度规定为 2.65×10^{-6} lx，作为计算各星等照度的基准。

4. 大气辉光

地球上空的大气辉光是夜天光的重要组成部分，约占无月夜天光的 40%。

大气辉光产生在地球上空 70~100km 高度的大气层中。阳光中的紫外辐射在高层大气中激发原子，并与分子发生低概率碰撞，这是产生大气辉光的主要原因。表现为原子钠、原子氢、分子氧、氢氧根离子等成分的发射。其中波长为 0.75~2.5μm 的红外辐射主要来自氢氧根的辐射，这种气辉比其他已知的气辉发射约强 1000 倍。

图 3-4 所示为满月月光和大气辉光的光谱辐射亮度曲线。由图可见，大气辉光在近红外区域上升很快，以至在 1.5~1.7μm 范围超过满月月光。

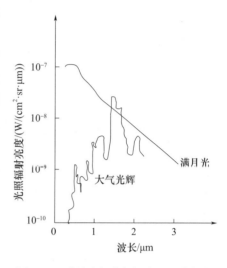

图 3-4 满月光与大气辉光的光谱亮度

3.1.2 夜天辐射特点

夜天辐射是上述各自然辐射源辐射的总和，其光谱分布如图 3-5 所示，并具有下列特点。

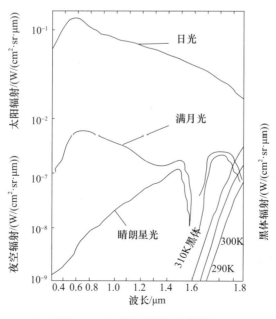

图 3-5 夜天空辐射的光谱分布

(1) 夜天辐射除可见光之外,还包含有丰富的近红外辐射。而且无月夜空的近红外辐射急剧增加,甚至远远超过可见光辐射。这就要求微光成像器件(像增强器、微光摄像管等)的光谱响应向近红外方向延伸,充分利用 $1.3\mu m$ 附近的近红外辐射。

(2) 夜天辐射的光谱分布在有月和无月情况下差异很大。有月时,月光是夜天光的主要来源,满月光的强度约比星光强 100 倍,此时夜天光的光谱分布取决于月光,具有与太阳光相似的光谱分布。无月时夜天光各种辐射的比例如下。

  直射星光及其散射光 30%
  银河光 5%
  黄道光 15%
  大气辉光 40%
  上述后三项的散射光 10%

3.1.3 夜天光辐照下的景物亮度

在夜天光辐照下,地面景物亮度可依据夜天光对景物的照度和景物反射率计算。若景物为漫反射体,则其光出射度为

$$M = \rho E = \pi L \tag{3-3}$$

$$L = \rho E/\pi (\text{cd/mm}) \tag{3-4}$$

式中:M 为景物的光出射度;E 为景物照度;L 为景物亮度;ρ 为景物反射率。

表 3-3 列出了不同天气情况下地面景物照度。

表 3-3 不同自然条件下的地面景物照度

天气条件	景物照度/lx	天气条件	景物照度/lx
无月浓云	2×10^{-4}	满月晴朗	2×10^{-1}
无月中等云	5×10^{-4}	微明	1
无月晴朗(星光)	1×10^{-3}	黎明	10
1/4 月晴朗	1×10^{-2}	黄昏	1×10^{2}
半月晴朗	1×10^{-1}	阴天	1×10^{3}
满月浓云	$(2 \sim 8) \times 10^{-2}$	晴天	1×10^{4}
满月薄云	$(7 \sim 15) \times 10^{-2}$		

3.2 微光夜视仪

3.2.1 微光夜视仪概论

以像增强器为核心部件的微光夜视器材称为微光夜视仪。由于其光增强过程的功能,使人类能在极低照度(10^{-5} lx)条件下有效地获取景物图像信息。

1. 组成和原理

微光夜视仪包括4个主要部件,即强光力物镜、像增强器、目镜、电源。从光学原理而言,微光夜视仪是带有像增强器的特殊望远镜。

微弱自然光经由目标表面反射,进入夜视仪;在强光力物镜作用下聚焦于像增强器的光阴极面(与物镜后焦面重合),激发出光电子;光电子在像增强器内部电子光学系统的作用下被加速、聚焦、成像,以极高速度轰击像增强器的荧光屏,激发出足够强的可见光,从而把一个被微弱自然光照明的远方目标变成适合人眼观察的可见光图像,经过目镜的进一步放大,实现更有效的目视观察。

以上过程包含了由光学图像到电子图像再到光学图像的两次转换。

2. 对各部件的技术要求

1) 物镜

(1) 为使像面有足够的照度,物镜应具有尽可能大的相对孔径。这是因为,对远方目标成像时,像面中心照度 E_0 与相对孔径平方成正比,即

$$E_0 = \frac{\pi}{4} L \tau_0 \left(\frac{D}{f_0'}\right)^2 \tag{3-5}$$

式中:L 为目标亮度;τ_0 为物镜的透过率;D、f_0' 分别为物镜的入瞳口径和焦距。

(2) 为了像增强器阴极面上目标图像照度均匀,轴外物点的光线应尽量多地参与成像,从而要求物镜的渐晕系数尽可能大。这是因为,轴外像点照度 E_ω 随视场角增大而迅速下降,即

$$E_\omega = k E_0 (\cos\omega')^4 \tag{3-6}$$

式中:E_0 同上;ω' 是与视场角 ω 对应的像方视角;k 为面渐晕系数(斜光束通过光面积与轴向光束通光面积之比)。

(3) 由于一般像增强器极限空间分辨力不高,为 30~40lp/mm,故要求物镜具有很好的低通滤波性能。例如希望其在 12.5lp/mm、25 lp/mm 频率上分别具有 MTF≥0.75、MTF≥0.55 的对比传递特性。

2) 像增强器

(1) 为了把光阴极面接收到的微弱光照度增强至荧光屏上适合观察的图像亮度,首先要求像增强器具有足够高的亮度增益 G_L。

亮度增益 G_L 的定义是:像增强器荧光屏在法线方向输出的亮度 $L(\text{cd}\cdot\text{m}^{-2})$ 与其光电阴极接收到的输入光照度 $E(\text{lx})$ 之比,即

$$G_L = L/E (\text{cd}\cdot\text{lm}^{-1}) \tag{3-7}$$

G_L 是有量纲的。有时,为了计算和测试的方便,也采用"光增益"的概念,其定义式为

$$G = M/E \tag{3-8}$$

式中:G 为光增益;M 为像增强器输出的光出射度($\text{lm}\cdot\text{m}^{-2}$);$E$ 的含义同上。显然,G 是无量纲的,可以理解为"倍数"。

通常荧光屏具有朗伯(Lambret)发光体的特性,其发光亮度与方向无关,即在各方向的亮度相同。由朗伯余弦定律可导出其光出射度 M 与亮度 L 的关系为

$$M = \pi L \tag{3-9}$$

于是得到光增益 G 与亮度增益 G_L 的关系为

$$G = \pi G_L \tag{3-10}$$

就是说,像增强器光增益在数值上是其亮度增益的 π 倍。

因像增强器输出的光子是经过目镜而入人眼,若目镜倍率为 β,焦距为 f';人眼暗适应的瞳孔直径 $D = 7.6$,其暗适应时量子效率为 η(观察标准光源图像时 $\eta = 0.01$;对 $0.507\mu m$ 单色光,η 达最大值 0.09),则要求像管最小光增益为

$$G_m = \frac{1}{\eta}\left(\frac{2f'}{D}\right)^2 \approx 4.33 \times 10^3 \frac{1}{\eta\beta^2} \tag{3-11}$$

(2)作为弱光照度条件下工作的一种光探测器,像增强器响应度应尽量高。

通常以单位入射光功率所产生的光电流表示像增强器光阴极的响应度 $R(A \cdot W^{-1})$,即

$$R = \frac{\int_0^\infty R_\lambda \phi_\lambda d\lambda}{\int_0^\infty \phi_\lambda d\lambda} \tag{3-12}$$

式中:R_λ 为光阴极的单色辐射灵敏度;ϕ_λ 为入射至光阴极的单色辐射通量。$R(A \cdot W^{-1})$ 也称为光阴极的辐射灵敏度。

(3)良好的光谱匹配是像增强器能有效工作的必要条件。这种匹配包括:光阴极光谱响应与自然微光辐射光谱的匹配;荧光屏辐射光谱与人眼光谱相应的匹配;级联式像增强器中前一级荧屏与后一级光阴极的光谱匹配等。

(4)由于光阴极的自发热发射等因素,像增强器总会产生噪声。噪声在荧光屏上产生与之相应的背景亮度,这就是限制了像增强器可探测的最小光照度值——当入射光照度低于此值时,目标信号就被淹没在噪声之中。这个最小光照度称为等效背景照度(EBI)。

显然,等效背景照度应尽量小些,它通常为 10^{-7} lx 数量级。可以认为,它是探测器噪声等效功率(NEP)概念在像增强器中的体现。

(5)频率传递性能应尽量好。作为一种低通滤波器,像增强器对空间频率的传递特性 MTF 用曲线来描述。由目标到人眼看到的图像,其间要经过物镜像、增强器、目镜等单元,各单元 MTF_i 之乘积便是夜视仪系统的总 MTF。显然,系统总的 MTF 比系统中最低的单元 MTF_i 还小,即

$$MTF < \min\{MTF_i\} \tag{3-13}$$

作为夜视仪的主要单元之一,像增强器应具有较高的调制传递函数值。

频率传递性能自然也包含了对光阴极中央区域空间分辨力的要求。

(6)其他要求。光阴极的有效面积、放大倍率、极限分辨力、时间响应、图像畸变等要求将在后面阐述。

3)电源

夜视仪的电源不仅要维持供电,还应具有自动调控荧光屏图像亮度的功能。当目标照度提高时,电源自动降低荧光屏上所加的电压,使像增强器亮度增益变小,从而维持荧光屏输出图像亮度不致太高,反之亦然。这种自动控制荧光屏图像亮度的电源电路常被

简称为 ABC 电路,其反应时间通常约为 0.1s。

4) 目镜

和一般目视成像系统一样,微光夜视仪的目镜是为了把荧光屏上的目标图像进一步放大,以适应较长时间的连续观察。

微光夜视仪工作在微弱光照条件下,故特别要求其目镜出瞳直径与人眼夜间瞳孔的直径(5~7.6mm)一致。显然,这个数值比一般目视系统的目镜出瞳大。

对目镜的其他技术要求(如放大率、视场角、出瞳距离、工作距离等)与一般目视成像仪器是一样的。

3.2.2 微光夜视仪的分类

通常按所用的像增强器的类型对微光夜视仪分类,有第一代、第二代、第三代微光夜视仪之称。它们分别是级联式像增强器、带微通道板的像增强器、带负电子亲和势光阴极的像增强器。为了阐述方便,本书采用这种分类方法。

1. 第一代微光夜视仪

1) 组成

第一代微光夜视仪由强光力物镜(折射式或折反式)、三级级联式像增强器、目镜和高压供电装置组成,如图 3-6 所示。其中的高压供电部分常使用含有自动亮度控制(ABC)电路或自动防闪光电路的倍压整流系统,以提供高达 36kV 左右的直流电压;有的还包含自动补偿畸变的电路、电池电压下降自动补偿电路。制作时选用超小型元件,呈环形安装在像增强器周围,用硅橡胶灌封成一体。

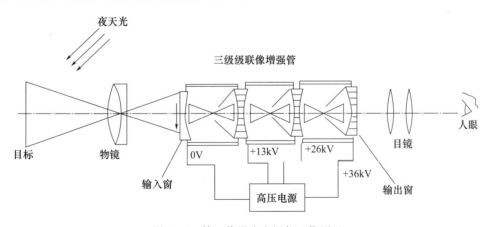

图 3-6 第一代微光夜视仪工作原理

2) 性能特点

第一代强光夜视仪已经用于装甲车辆、起重武器的微光观察、瞄准和远距离夜视。一般来说,其光电阴极灵敏度约为 $300\mu A \cdot lm^{-1}$;在 850nm 波长处辐射灵敏度为 $20mA \cdot lm^{-1}$;亮度增益为 $(2~3) \times 10^4 cd \cdot lx^{-1}$;鉴别率约为 $35lp \cdot mm^{-1}$;作用距离为 1.5~3km;尤其在 1km 以内的夜间观察中取得了良好效果。目前考虑对其像增强器畸变的校正,即在阳极与荧屏之间插入一个低电位甚至负电位的电极,使电子更强地趋于轴向偏折,达到校正畸变目的。增益高、成像清晰是第一代微光夜视仪的优点。

这代夜视仪的缺点是有明显的余辉,在光照较强时,有图像模糊现象,重量较大,体积显得较笨,分辨率不太高。它们虽在部队形成了一定数量的装备,但大有被第二代、三代产品取代的趋势。

2. 第二代微光夜视仪

第二代微光夜视仪与第一代的根本区别在于它采用的是带微通道板(MCP)的像增强器。由于像增强器更迭,电源也相应变化。至于系统的物镜、目镜与第一代微光夜视仪没有差别。因此,本节将重点讨论其微通道板像增强器。

1) 微通道板像增强器

作为第二代像增强器,微通道板像增强器与第一代像增强器的显著差异是,它是以微通道板的二次电子倍增效应作为图像增强的主要手段;而在第一代像增强器中,图像增强主要是靠高强度的静电场来提高光电子的动能。目前,一般微通道板的电子增益为 $10^3 \sim 10^4$ 量级,一只微通道板像增强器的图像增强效果即可达到三级级联像增强器同样的水平。这就大大减小了仪器的体积和重量。

由于微通道板是水平平面形状,故它与荧光屏之间取近贴结构,但它与光电阴极之间,可取静电聚焦倒像结构或近贴结构。前者称为倒像管,后者称为近贴管。图 3-7 表示了这两种结构。

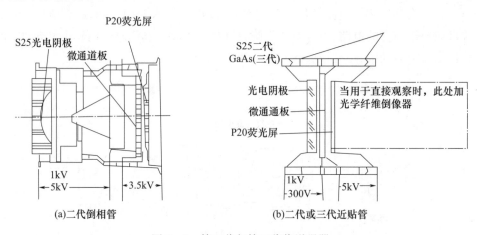

图 3-7 第二代与第三代像增强器

微通道板以通道入口端对着光电阴极,且位于电子光学系统的像面上;出口端对着荧光屏。两端面电极上施加工作电压形成电场。高速光电子进入通道后与内壁碰撞,激发出二次电子。因内壁具有很好的二次电子倍增特性,故能形成加强的二次电子束流,这些二次电子又会在通道内电场的加速下再次撞击通道内壁,产生更多的二次电子……如此重复,直至从通道出口端射出。

设想取每次碰撞的二次倍增益系数为 $\delta = 2$,总碰撞次数累计为 10,则通道的电子数增益为 $2^{10} \approx 10^3$,可见通道电子流增强效能非常高。因各通道彼此独立,故一定面积的微通道板可将二维分布的电子束流各自对应放大,即实现电子图像增强。

2) 微通道板

微通道板能对二维空间分布的电子束流实现电子数倍增。它增益高、噪声低、频带宽、功效小、寿命长、分辨率高且具有自饱和效应。

微通道板一般由含铅、铋等氧化物的硅酸盐玻璃制成,是厚度为零点几毫米到毫米量级(取决于其微通道直径和长径比)的介质薄板。其内密布着数以百万计的平行微小通道,通孔径直径为 $6\sim45\mu m$(按空间分辨率要求确定);孔间距应尽量小(例如,当孔径为 $10\sim12\mu m$ 时,孔中心距 $12\sim15\mu m$),以减小非通孔端面,因为只有通孔内壁才有显著的电子倍增功效。一般应使横断面上通孔面积占总截面的 50%~80%。通道长度与孔径直径之比(长径比)典型值为 40~50。微通道板两端面镀有镍层,以作输入和输出电极,板外缘带有加固环。为防止离子反馈轰击光电阴极,有时在微通道板输入端面镀三氧化二铝薄膜,通常膜厚约 3nm,它允许动能大于 120eV 的电子穿透,而阻止离子通过。这样,光电阴极就不会遭受离子轰击而得到了保护。图 3-8 所示为微通道板的剖面示意图。

通常微通道板的通道并不与端面垂直,而是形成 7°~15°的倾角。这有两个好处:①使尽可能多的电子成为掠射电子,以求取得最好的二次电子发射效果;②防止正离子反馈穿过微通道轰击光电阴极。

当高速电子入射到固体表层时,不断与固体内的电子碰撞,使电子受激而逸出固体表面。这一过程称为二次电子发射。其出射电子与入射电子数之比称为二次电子发射系数,或称电子倍增系数。

微通道板就是借助二次电子发射实现电子倍增,从而达到图像增强的目的。为使微通道内壁具有良好的二次电子发射特性,通常进行烧氢处理——高温下被氢还原的铅原子分散在铅玻璃表层,通道内壁的这一表层具有半导电性能和较高的二次电子发射系数。图 3-9 所示为一个通道内电子倍增的示意图。

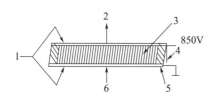

图 3-8 微通道板的剖面示意图
1—镍电极;2—输出电子;3—微通道面阵;4—通道斜角;
5—加固环;6—输入电子。

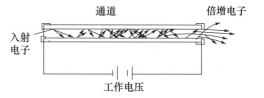

图 3-9 微通道中电子倍增的示意图

3) 性能特点

第二代微光夜视仪发展很快,正在逐步取代第一代微光夜视仪。目前实用的微通道板像增强器,一只管子的增益即与三级级联式第一代像增强器水平相当,但体积和重量却大大减小,长度减小到只有原来的 1/5~1/3。从光学性能来说,第二代微光夜视仪成像畸变小,空间分辨率高,图像可视性好。尤其是它们具有自动防强光性能和观察距离远等特点,使之表现出良好的实用优势,现在已大量用于武器瞄准镜和各种观察仪,是装备量最大的微光夜视器材。

3. 第三代微光夜视仪

与第一、第二代微光夜视仪相比,第三代微光夜视仪的突出标志是以第三代像增强器为核心部件。这种像增强器采用某种具有负电子亲和势的光电阴极取代前面已阐述的多碱电阴极。这一取代使像增强器的性能及第三代微光夜视仪的性能发生了更新换代的变化。为了充分发挥第三代像增强器的性能优势,与之配套的光学系统也表现出了若干新的构思,比如采用非球面面形、引入便于制造和更换的光学塑料透镜组件、应用光学全系透镜等。本节主要阐述第三代像增强器。

1) 关于光电子发射

在频率为 ν 的光辐照作用下,处于真空或其他介质中的物质吸收光子能量 $h\nu$,其电子动能增加。在向表面运动的电子中有一部分能量较大,除在途中因与晶格或其他电子碰撞而损失部分能量外,还有足够能量克服物质表面的逸出功 W_e,离开表面进入真空或其他介质中。这就是光电子发射效应,所发射的光电子其最大动能随入射光频率提高而线性增加,且与材料表面逸出功密切相关,即有爱因斯坦定律:

$$\frac{1}{2}m\nu_m^2 = h\nu - W_e \qquad (3-14)$$

式中: m 为电子质量; ν_m 为光电子离开发射体表面的最大速度; W_e 为材料表面的逸出功。

半导体材料表面的光电逸出功由两部分组成:一是电子从发射中心激发到导带所需的最低能量;二是电子从导带底逸出所需的最低能量(电子亲和势 E_A)。因此,不论哪种发射中心,其光电子的初动能都与电子亲和势 E_A 紧密相关,因而光电发射与 E_A 紧密相关。

若半导体表面吸附有其他元素的分子、原子或离子,则可形成束缚能级(称为表面态)。若吸附层有一定厚度,就在表层形成施主或受主能级,从而出现异质结。这些情况都会引起半导体的能带在表面区域发生变化,于是也相应地影响电子逸出情况。

有一类半导体在经特殊的表面处理后,异质结区能带发生弯曲,有可能使其导带底的能级 E_c 高于真空能级 E_0。在这种材料内,激发至导带的电子如果在其到达激活表面未被复合,就可能从材料表面逸出。这对光电发射十分有利,这种构思开创了研制负电子亲和势(NEA)光电阴极的新天地。

为了方便,常把能带弯曲所得到的由导带底到真空能级之间的能量差值称为有效电子亲和势 E_{Aef},以区别于电子亲和势 E_A,即

$$E_{Aef} = E_0 - E_c \qquad (3-15)$$

下面将会看到,半导体光电逸出功因表面能带弯曲而出现的变化,并非是因为表面电子亲和势 E_A 有何变化,而是体内导带底部与真空能级之间的能量差值发生了变化,即 E_{Aef} 变化。正是这种改变,有效地影响了半导体的光电逸出功,即改变了其光电子发射状况,故 E_{Aef} 被称为有效电子亲和势。

2) NEA 光电阴极

1963 年 Simom 提出负电子亲和势光电阴极理论,而后 Vanlaar 和 J. J. Scheer 报道其利用砷化镓单晶半导体材料的高掺杂结合表面吸附铯层以降低表面势垒的研究;接着,Ecans 等对 GaAs 表面实施 Cs 和 O_2 的交替激活,得到了负电子亲和势光电阴极。

现成的负电子亲和势半导体材料有两类,其一是元素周期表中Ⅲ、Ⅴ族元素的化合物

单晶半导体;其二是硅单晶半导体。二者都是通过吸收铯氧的表面层来形成负电子亲和势。最具有代表性的负电子亲和势光电阴极是 GaAs:Cs₂O/AlGaAs 阴极,其投射式工作阴极的组成为:窗口玻璃/Si₃N₄/AlGaAs/GaAs:Cs₂O。由真空界面看去,其层次依序为①单分子 Cs₂O,②GaAs 外延单晶体,③AlGaAs 单晶层。其中②构成光电发射体;③为生成良好的单晶态 GaAs 层设置基底。AlGaAs 与 GaAs 之间有良好的晶格匹配,从而有效地减少了光电阴极后界面处受激电子复合速率,有利于保证光电发射性能,现以这种光电阴极为例说明其机理。

GaAs 通过重掺杂构成 p 型半导体,先在其表面蒸积单原子铯层,再吸附 Cs₂O 层,而 Cs₂O 是 n 型半导体,其禁带宽度(带隙)为 2eV,逸出功约 0.6eV,电子亲和势约 0.4eV。于是,当 GaAs+Cs 与 Cs₂O 接触形成异质结,其中 p 型 GaAs 的禁带宽度约 1.4eV,逸出功约 4.7eV。图 3-10 所示为这种异质结的能带变化。在接触前,左侧 GaAs+Cs 与右侧 Cs₂O 真空能级应处于相同高度。接触后,按 p-n 结理论,在界面处会由于隧道效应而发生电荷迁移,以达到新的平衡。达到平衡状态后,两边的费米能级高度一致。由于空间电荷的存在,p 型 GaAs 在界面处能带向下弯曲,而 n 型 Cs₂O 在界面处能带向上弯曲,如图 3-10(b)所示,这是因为 Cs₂O 的逸出功远小于 GaAs 逸出功的缘故。由图可见,虽然两者各自的电子亲和势都大于零,但是 GaAs:Cs₂O 的有效电子亲和势 E_{Aef} 却小于零。这样,GaAs 体内处于导带底部的电子在穿越 p-n 结进入 Cs₂O 层之后,还可以发射逸出到真空中去。

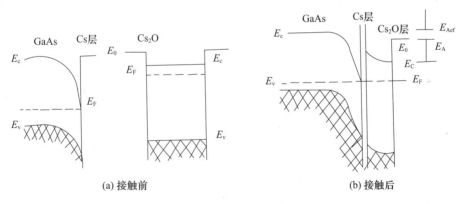

图 3-10 GaAs:Cs₂O 的异质结构

图 3-10 比较了异质结构形成前后的情况。图中 E_0 为真空能级,E_F 为费米能级,E_c 为导带能级,E_v 为价带能级。

3) 第三代像增强器

以负电子亲和势光电阴极为核心部件,同时利用微通道板的二次电子倍增效应,构成第三代像增强器的基本特征。由于砷化镓光电阴极结构的限制,入射端玻璃窗必须是平板形式,故第三代像增强器目前还只能取双近贴结构,其总体构成如图 3-7(b)所示,它包括负电子亲和势光电阴极、微通道板、P20 荧光屏、铟封电极和电源。

量子效率高、光谱响应宽是这种像增强器的特殊优点。实测表明,透射式砷化镓光电阴极比锑钾钠铯光电阴极的灵敏度高 3 倍多,且使用寿命明显延长。量子效率也高得多。

这些情况如图 3-11 所示,由图看出,它的光谱响应波段宽,而且向长波区明显延伸,这就更能有效地应用夜天辐射特性。

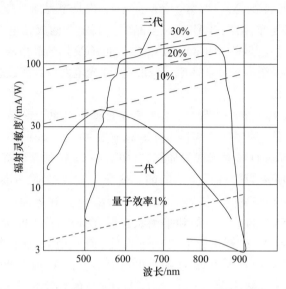

图 3-11　第二代 S25 与第三代砷化镓光电阴极的光谱响应

值得指出,负电子亲和势光电阴极的受激电子向表面迁移的过程与一般光电阴极不同。一般正电子亲和势光电阴极中只有过热电子迁移至表面才能形成光电发射,而过热电子的寿命只有 $10^{-14} \sim 10^{-12}$ s,在此时间内受激电子以 $10^7 \sim 10^8$ cm·s^{-1} 平均速度做随机迁移运动,并产生晶格散射,所能进行的有效距离只有 10~20nm。而负电子亲和势光电阴极中全部受激电子都可参与光电发射,哪怕是处于导带底部的电子,只要在没被复合之前扩散到表面,就可能逸出。由于受激电子的寿命长达 10^{-8} s 量级,在寿命时限内其扩散至表面的有效逸出深度可达 1μm,故它的量子效率显著提高。况且,它形成光电发射的电子大多处于导带底部,由爱因斯坦的光电发射定律可知,它的光电子出射初动能分布比较集中;另外,由于其逸出深度较大,故光电子出射角散布较小,且大都集中在平面光电阴极的法线方向近旁;加之它暗电流小,这都有利于降低电子光学系统的像差。同时,也有效地提高了像增强器的分辨力和系统的视距(观察距离可比第二代仪器提高 1.5 倍以上)。

除上述 GaAs:Cs$_2$O 这种二元Ⅲ、Ⅴ族元素负电子亲和势光电阴极外,还有多元(如三元、四元)Ⅲ、Ⅴ族光电阴极(如铟镓砷、铟砷磷等),它们对红外光敏感,其长波阈值可延伸至 1.58~1.65μm,这就能更充分地利用夜天光的辐射能,提高仪器的作用距离;还可与 1.06μm 波长工作的激光器配合,制成主动-被动合一的夜视仪器,使系统向多功能方向发展。

第三代像增强器内也有微通道板,因而也具有自动防强光损害能力。

3.2.3　微光夜视仪的静态性能

1. 像增强器的主要特性及性能水平

除了亮度增益、等效背景照度、响应度等特性之外,像增强器的放大倍率、分辨力、极限分辨特性和光阴极的有效直径也是直接影响微光夜视仪整体性能的重要参数。

像增强器的光谱特性主要取决于光阴极材料、输入窗口材料,除了实测的光谱特性曲线(阴极灵敏度与波长关系曲线)之外,它还可用光阴极与标准 A 光源(2856K)的匹配系数来描述。

光阴极的有效直径决定了像增强器的有效探测面积,是一个重要的特性参量,它常和荧光屏的有效直径同时标出。

像增强器的放大倍率是荧光屏中心附近线段与光阴极上相应线段长度之比。

像增强器的分辨力一般是指在分辨力图案板适当照明且黑白条纹对比度为 1 时,人眼由仪器目方所观察到的折算至光阴极面上的最高分辨力。

像增强器的极限分辨力是表征像增强器的综合极限参量。当图案对比度为 c 的标准测试靶在光阴极面形成不同照度时所测的最高分辨力曲线,就是该对比度条件下的极限分辨力曲线,如图 3-12 所示($c=1$)。

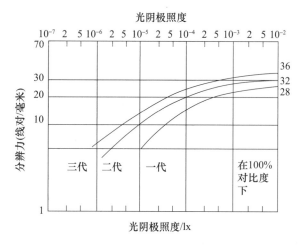

图 3-12　各代像增强器典型极限分辨力曲线

标准测试靶通常以不同对比度的图案形成一个系列,可以测试各不同对比度条件下极限分辨力曲线,形成以对比度为参量的曲线簇,如图 3-13 所示。

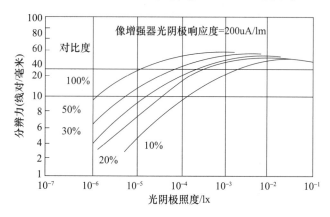

图 3-13　不同对比度条件下的像增强器极限分辨力曲线

实验和计算都表明,当图案对比度由 $c_0 = 1$ 降至 $c < 1$ 时,若希望极限分辨力不变,则要求光阴极面的照度由 E_0 增加为 E,且

$$E = E_0 c^{-2} \tag{3-16}$$

根据这一点,也可由高对比条件($c_0 = 1$)的极限分辨力曲线推算得到其他对比度条件下的极限分辨力。

2. 微光夜视仪的光学性能

从实用性能而言,可把微光夜视仪当作是带有像增强器的望远镜,故它具有与普通望远镜相应的主要光学性能。

1) 视放大率 γ

γ 表示系统的视角放大性能,其定义为

$$\gamma = \tan\omega' / \tan\omega \tag{3-17}$$

式中:ω 是目标高度对物镜的视角;ω' 是与 ω 相应的由目镜观察时的视角。

若物镜焦距为 f'_0,像增强器线放大率为 β,目镜焦距为 f'_e,则有

$$(f'_0 \tan\omega)\beta = f'_e \tan\omega'$$

所以

$$\gamma = \tan\omega' / \tan\omega = \beta f'_0 / f'_e \tag{3-18}$$

2) 极限分辨角 α

若像增强器光阴极的极限分辨力为 R_c(lp·mm^{-1}),则阈值相应的系统极限分辨角 α 必须满足

$$\alpha f'_0 = 1/R_c$$

所以

$$\alpha = 1/(R_c f'_0) \tag{3-19}$$

若以圆孔衍射考虑物镜的衍射极限,则要求物镜的通光口径 D_0 满足

$$D_0 > 1.22\lambda/\alpha \tag{3-20}$$

式中:λ 为工作波长。

通常微光夜视物镜相对孔径都很大,故式(3-20)都能满足。

3) 视场角($\pm\omega$)

若像增强器光阴极有效直径为 D_c,系统物镜焦距为 f'_0,则有

$$\omega = \arctan(0.5 D_c / f'_0) \tag{3-21}$$

在做系统估算时,可近似取

$$2\omega \approx D_c / f'_0 \tag{3-22}$$

4) 物镜相对孔径 D_0/f'_0

D_0/f'_0 影响像增强器光阴极面上的照度 E_c。若目标为朗伯体,天空对它产生的照度为 E_0,目标反射比为 ρ,大气透过率为 τ_a,物镜系统透过率为 τ_0,则

$$E_c = 0.25 \rho E_0 \tau_a \tau_0 (D_0/f'_0)^2 \tag{3-23}$$

即光阴极面的照度与物镜相对孔径平方成正比。

5）目镜

目镜的选择首先要保证像增强器光阴极面的极限分辨力在目方与人眼极限分辨力相匹配。若阴极的极限分辨力是 R_c（lp·mm^{-1}），则对应于荧光屏上分辨力为 $R_s = R_c/\beta$（β 为像增强器的线放大率），与 R_s 对应的每线对的宽度是 $W_s = \beta/R_c$。假设人眼的角分辨力是 α_e，则目镜的焦距 f'_e 必须满足

$$f'_e \leqslant \beta/(R_c \alpha_e) \tag{3-24}$$

也即其倍率 γ 必须满足

$$\gamma \geqslant 250 R_c \alpha_e/\beta \tag{3-25}$$

6）出瞳直径 D'

系统出瞳直径的确定原则就是确保其眼睛瞳孔的耦合。为了尽量提高仪器的主观高度，仪器出瞳直径 D' 应不小于眼瞳直径。因为黄昏时眼瞳直径为 4～5.5mm，故一般微光夜视仪的出瞳直径都不小于 5mm，考虑颠簸时还应更大些。

7）出瞳距离 l'_z

通常希望微光夜视仪的出瞳距离 $l'_z \geqslant 20$，用于枪、炮等武器上的瞄准镜和运动载体（如坦克）上的观瞄镜、指挥镜等，则要求更长的工作距离。

3. 其他

为适应在极低照度（$10^{-4} \sim 10^{-5}$ lx）条件下工作的需要，出现了"杂交"式微光夜视仪方案。这种"杂交"主要表现在像增强器上。如以二代近贴管或三代管作为第一级，单级一代管作第二级的耦合式像增强器，其优点是增益很高，并且适当减轻微通道板所承受的增益负担，可以谋求信噪比和增益之间的最佳折中，而分辨力则比二代近贴管下降约为 10%。这就使二者充分发挥优势，扬长避短。基于此类构思，出现了一代半、二代半微光夜视仪的方案。

1）一代半微光夜视仪

在一代单级管前面耦合一只二代近贴管，形成混合级联式像增强器，它只比一代单级管略大一点，却兼有一、二代像增强器的优点。采用这种像增强器的微光夜视仪，其作用距离增大，还能自动防强光危害，更适于实战应用。Oldlft 公司的 GsbMc 型夜视仪即属此类。

2）二代半微光夜视仪

Litton 公司研制的 M909 型夜视眼镜采用了二代半像增强器。这种像增强器是采用高灵敏度三碱（Na、K、Sb）光电阴极、高性能 MCP 和以玻璃面板为输入窗的二代管。

改进传统的制作工艺，例如先形成 Na_3Sb 而非先形成 K_3Sb，再蒸发 K 和 Sb，使之形成有很强晶体结构的 Na_2KSb；并增大 $Na_2KSb(Cs)$ 光阴极中光电子的逸出长度，并且使它具有适当厚度，改善监控手段等，可使光灵敏度由 $300\mu A \cdot lm^{-1}$ 提高到 $700\mu A \cdot lm^{-1}$。增大 MCP 的开口面积比，提高首次撞击的二次发射系数及倍增过程的统计特性以降低噪声因数，在通道出端涂二次发射系数很高的材料等，都能有效地改善 MCP 的工作性能。

已制成的二代半管型号 PHILPSXX1610，其典型性能为：光灵敏度 $650\mu A \cdot lx^{-1}$，辐射灵敏度（$0.86\mu m$ 波长）$60 mA \cdot W^{-1}$，分辨力 $38 lp \cdot mm^{-1}$。

通常认为,二代半像增强器是第二代到第三代的过渡型号。

上述 M909 型夜视镜因为采用二代半器件和新型物镜,其分辨力和作用距离都有较大提高。从性能/价格比和技术可能性来看,发展第二代与第一代像增强器的杂交耦合不失为一个值得重视的方向。

实践证明,用第二代 $\phi 18/18mm$ 近贴管与第一代 $\phi 18/18mm$ 或 $\phi 18/7mm$ 单级管级联构成的杂交管,已能在极微弱照度条件下正常工作。

3.2.4 微光夜视仪的总体设计与视距估算

1. 微光夜视仪的助视作用

微光夜视仪对人类视觉性能的提高可以归纳为:①延长了时域,克服了"夜盲"障碍;②增大了空域,使人们不仅"看"得更远、更清晰,而且能在低照度空间(如防空洞内)正常视觉;③扩展了频域,把有效光谱区延伸至红外频段。之所以如此,原因可总结如下:

(1)微光夜视仪的物镜入瞳孔径比人眼瞳孔大得多,而系统所捕获的光子数按二者比值的平方规律迅速增加,这就有力地增大了信息量。

(2)像增强器阴极面的量子效率远高于人眼暗适应条件下的量子效率。

(3)系统把目标图像增强至适于人眼观察的程度,避免了人眼在弱光照条件下的一系列视觉缺陷(如分辨力急剧下降、对比度灵敏阈的增大、部分动态信息的丢失等)。

(4)利用了望远镜的助视功能,使视距增大,分辨力增强。

(5)借助光电阴极向长波段延伸的光谱响应特性,把裸眼不能感知的部分近红外辐射信息利用起来。

2. 总体设计

(1)按仪器用途、视距要求及成本造价等选择像增强器。像头盔式眼镜、车辆驾驶仪、星光镜之类,其视距要求一般为 $100\sim300m$,它们可选用第一代单级像增强器,这样既能满足成像质量要求,还保证成本低廉。另一方面,在选择像增强器有效直径(光阴极/荧光屏)时主要考虑系统对视场角的要求。例如坦克驾驶仪通常带有一定尺寸的潜望镜,其物镜焦距较长且视场角又较大(例如 30°),这就要用有效直径大的像增强器;而头盔眼镜则要求轻巧便携,故选用小尺寸的像增强器。

对车长指挥镜、炮长瞄准镜、远距离侦察仪等,其视距要求常为 $500\sim1200m$,且需要较高的像质和较高的分辨力,此时常选用三级级联式一代像增强器或第二代倒像管,其有效直径根据视场要求确定。

(2)依据初步选定的像增强器技术指标、系统要求的观察等级及视距等条件,初步拟定物镜、目镜等光学系统参数,如焦距、相对孔径、系统视场角等。

(3)全系统外形尺寸计算及整体布局设计。这一步是依据上面初步拟定的部件参数,将全系统组成一体,考察主要性能参数的耦合情况和全系统的布局、总体外形与尺寸。

(4)修改设计,使总体性能达到预期状态。

3. 总体设计实例

假设设计一微光夜视仪,要求在星光照度(约 10^{-3} lx)下识别 1000m 处高度约 2m 的坦克。仪器视场角为 12.5°,视放大率 $\gamma = 4$。

1)初选

按视距 1000m 和星光照度下识别坦克的要求,初步选用有效直径(光阴极/荧光屏)为 $\phi25/25$ 的第二代倒像管,其光阴极中心分辨力为 $25 \text{lp} \cdot \text{mm}^{-1}$。

2)确定物镜焦距 f'_0

一方面,聚焦 f'_0 须保证视场角与光阴极尺寸的匹配,即

$$f'_0 \tan\omega \leqslant 0.5 D_c \tag{3-26}$$

式中:ω 为视场半角;D_c 为光阴极有效直径,

$$f'_0 \leqslant 12.5/\tan 6.25° = 114 \tag{3-27}$$

另一方面,f'_0 的大小应保证系统具有不低于观察等级所对应的分辨力。本例要求在使用极限分辨力为 $N_c = 25 \text{lp} \cdot \text{mm}^{-1}$ 的光阴极时,对距离 $d_0 = 1000\text{m}$ 处高度约 $H = 2\text{m}$ 的目标具有识别能力。按约翰逊准则,即要求在像增强器阴极面上,目标像的高度至少占极限分辨力图案 4 对线的空间位置,这时对该目标的识别概率为 0.5。据此有

$$f'_0 \geqslant \frac{nd_0}{HN_c} \tag{3-28}$$

式中:n 为观察等级所要求的线对数。

$$f'_0 \geqslant \frac{4 \times 1000}{2 \times 25} = 80 \tag{3-29}$$

综合考虑两方面,试取 $f'_0 = 100\text{mm}$。

3)视场光阑

为了防止视场外的景物干扰观察,应针对上述 f'_0 和要求的视场角设计视场光阑,其直径为

$$D_f = 2f'_0 \tan\omega \tag{3-30}$$

以上面选定的 $f'_0 = 100\text{mm}$ 和 $\omega = 6.25°$ 代入,得

$$D_f = 21.90 \tag{3-31}$$

由于 $D_f < D_c$,故要在光阴极前设置靠近光阴极的视场光阑,其直径为 21.9mm。

4)物镜口径 D_0

考虑物镜的相对孔径要兼顾两方面:一是从提高光阴极面照度而言,希望物镜相对孔径尽量大,因为光阴极面的照度与此相对孔径平方成正比;二是从物镜设计和制造难易以及外形尺寸、体积、重量考虑,希望物镜相对孔径小些。综合两方面,参考一些已有的微光物镜,试取 $D_0/f_0 = 1/1.11$,于是 $D_0 = 90\text{mm}$。

5)目镜焦距 f'_e

因为选定的像增强器有效直径(光阴极/荧光屏)为 $\phi25/25$,又是倒像管,故其产生的线性放大率为 $\beta_1 = -1$,于是

$$f'_e = f'_0/\gamma \tag{3-32}$$

$$f'_e = 100/4 = 25\text{mm} \tag{3-33}$$

6) 目镜视场角（$\pm\omega'$）

因为

$$\tan\omega' = \gamma\tan\omega \tag{3-34}$$

所以

$$\omega' = \arctan(\gamma\tan\omega) = 23.66° \tag{3-35}$$

即目镜视场角为 47.32°。

7) 目镜工作的距离 l_F

目镜工作距离 l_F 系指由目镜第一面顶点至目镜物方焦点 F 的距离。它的大小应保证系统视度调节的需要。当要求视度调节范围为 SD 时，对应的目镜轴向移动量为

$$x = -10^{-3} \cdot f_e'^2 \cdot SD \tag{3-36}$$

式中：SD 为要求调节的视度数；x 的量纲为 mm。

8) 目镜出瞳距离

在没有特殊要求时，军用仪器出瞳距离一般应不小于 15mm。枪、炮等武器的瞄准镜以及运动载体上配置的观瞄设备应有更大的出瞳距离。

9) 目镜的出瞳直径 D_e

在普通望远镜中，系统入瞳直径与出瞳直径之比在数值上等于视放大率 γ。而在微光夜视系统中，像增强器把物镜与目镜隔开。前已述及，为了提高光阴极面的照度，物镜相对孔径一般都很大。如果目镜也要求有同样大的相对孔径，同时又要求很大的出瞳距离，则目镜就很难设计。从实际情况看，人眼所接受到的光能量多少是由眼瞳直径确定的。在暗适应条件下，眼瞳直径最大约为 7.6mm。若无特别要求，按 7~8mm 出瞳直径设计目镜是可行的。

10) 光学系统的其他问题

（1）物镜系统的渐晕。普通望远系统常允许轴外斜光束宽度小于轴上物点成像光束宽度，二者之比称为线渐晕系数。在微光夜视仪中，希望这个系数尽量趋于1，以保证光阴极面上照度尽可能地均匀。

（2）杂光抑制。杂散光会形成背景，降低目标图像的信噪比。在微光夜视系统中，由于目标信息本来就少，因此杂光的影响就更突出。为了有效地去除杂光，应依据实际光路图，选择几个截面位置设置消杂光光阑。

11) 总结方案的分析与改进

经过以上工作后，可以绘出总体方案草图。基此可以分析方案的可行性。因为总体方案主要是依据光学性能要求拟定的，故光学性能是可行的，现在只要复算以做验证。主要工作是看系统外形尺寸的大小、各部分的协调、全貌的匀称性以及重量估算等，并参考同类产品分析比较，进行必要的修改。

4. 视距估算

这里的"视距"可理解为最远观察距离（或称极限观察距离）。由于极限观察距离与观察等级密切相关，故视距估算应按指定的观察等级进行，而观察等级常以约翰逊准则的分级为准。

1) 基本公式

若在距离 d 处有高度为 H 的物体,则它对夜视仪物镜的张角为 H/d,成像在像增强器光阴极面上的高度为

$$H' = f'_0 H/d \tag{3-37}$$

式中:f'_0 为物镜焦距。

假设像增强器阴极极限分辨力为 $N_c(\text{lp} \cdot \text{mm}^{-1})$,则 H' 所占的对数为

$$n = f'_0 H N_c / d \tag{3-38}$$

于是有

$$d = f'_0 H N_c / n \tag{3-39}$$

若令 n 是某一观察等级所要求的线对数,则式中的 d 就是与该观察等级对应的极限距离。由此可知,视距与物镜焦距、像增强器阴极面极限分辨力成正比。

从增大视距而言,人们希望物镜焦距尽量长。不难知道,在物镜焦距很长的同时又要求大相对孔径,势必使物镜尺寸增大。这时,为了保证夜视仪的视放大率,目镜的外形尺寸也须相应增大。于是造成了全系统体积庞大,重量增加。可见,视距与夜视仪的体积、重量是有矛盾的。另一方面,对选定的像增强器,光阴极面的有效直径是确定的。这样,物镜焦距的增大会使系统的视场减小。因此,从这个意义上说,夜视仪视距与视场也有一定的矛盾。

视场估算是把目标及环境条件与微光夜视仪的特性参数联系起来,估算仪器的最远观察距离。大气情况直接影响视距,为了简单,先不考虑大气因素。

2) 不计大气影响时的视距估算

在不考虑大气因素的条件下,视距估算的依据为:夜天光照度 E_0,目标及背景的反射比 ρ_0、ρ_b,物镜焦距 f'_0 与相对孔径 D_0/f'_0,物镜光学系统的透过率 τ_0,光阴极的极限分辨力 N_c,目标的临界尺寸(最小成像尺寸)H_m 及观察等级要求的可分辨等效条带数 n,估算步骤是如下。

(1) 由 E_0、ρ_0、ρ_b,计算目标及背景亮度 L_0、L_b。

$$L_0 = \rho_0 E_0 / \pi \tag{3-40}$$

$$L_b = \rho_b E_0 / \pi \tag{3-41}$$

(2) 由 L_0、L_b,计算目标的对比度 c_0。

$$c_0 = (L_0 - L_b)/(L_0 + L_b) \tag{3-42}$$

(3) 计算光阴极面的照度 E_c。

$$E_c = 0.25 \rho_0 E_0 \tau_0 (D_0/f'_0)^2 \tag{3-43}$$

(4) 由 E_c、c_0 查像增强器极限分辨力曲线(图 3-12)得到相应的极限分辨力 N_c[若 c_0 与曲线簇所列对比度不符,要先用式(3-16)进行换算]。

(5) 按观察等级所要求的等效条带数 n,目标临界尺寸 H_m、阴极的极限分辨力 N_c 及物镜焦距 f'_0,由式(3-39)计算相应的视距。

下面是一估算实例。

已知 $E_0 = 2 \times 10^{-2} \text{lx}$,$\rho_0 = 0.1$,$\rho_b = 0.05$,$f'_0 = 100 \text{mm}$,$D_0/f'_0 = 1/1.5$,$\tau_0 = 0.9$,$H_m = 2\text{m}$,要求能"识别"此目标,即 $n = 4$,估算其识别距离 d_R。

1.2.1 微光夜视技术

1. 微光夜视仪

以像增强器为核心部件的微光夜视器材称为微光夜视仪。由于其光增强的功能,使人能在极低照度(10^{-5}lx)条件下有效地获取景物图像信息。

微光夜视仪包括4个主要部件,即强光力物镜、像增强器、目镜、电源。就光学原理而言,微光夜视仪是带有像增强器的特殊望远镜。微弱自然光经由目标表面反射,进入夜视仪,在强光力物镜作用下聚焦于像增强器的光阴极面(与物镜后焦面重合),激发出光电子。光电子在像增强器内部电子光学系统的作用下被加速、聚焦、成像,以极高速度轰击像增强器的荧光屏,激发出足够强的可见光,从而把一个被微弱自然光照明的远方目标变成适于人眼观察的可见光图像,然后经过目镜的进一步放大,实现更有效的目标观察。以上过程包括了由光学图像到电子图像再到光学图像的两次转换。

微光夜视仪按所用像增强器的类型,可分为第一代、第二代、第三代微光夜视仪。

1) 第一代微光夜视技术

20世纪60年代初,在多碱光阴极(Sb-Na-K-Cs)、光学纤维面板的发明和同心球电子光学系统设计理论完善的基础上,人们将这三大技术工程化,研制成第一代微光管。其单级管由一平/凹光纤面板光电阴极、同心球静电聚集系统和凹/平光纤面板荧光屏组成。一级单管可实现约50倍亮度增益,通过三级级联,增益可达$5\times10^4 \sim 5\times10^5$倍,这样就可把典型夜天光照度($10^{-3}$lx)下的景物亮度放大到$10 \sim 100$cd/m^2,接近人眼正常观察物体所需的亮度条件。用这种亮度增强方式实现被动夜视观察的理论和实践,通常被称为第一代微光夜视技术。第一代微光夜视技术属于被动观察方式,其特点是隐蔽性好、体积小、重量轻、成品率高,便于大批量生产。技术上兼顾并解决了光学系统的平像场与同心球电子光学系统要求有球面物(像)面之间的矛盾,成像质量明显提高。

第一代微光夜视仪曾在越南战争中得到装备应用,发挥了重要作用。但在使用中暴露了它的几大弱点,一是怕强光,难以在战火纷飞的条件下正常工作,有晕光现象;二是器件尺寸和重量限制了它在轻武器夜瞄镜上的大量装备和广泛应用。

2) 第二代微光夜视技术

第二代微光夜视器件的主要特色是微通道板电子倍增器(MCP)的发明并将其引入单级微光管中。这种MCP由上百万个10μm级直径的微通道的二次电子倍增器阵列组成,每一个微通道相当于一个倍增管倍增极,在900~1000V工作电压下,每块MCP电子增益可达$10^3 \sim 10^4$。这样,装有一个MCP的一级微光管就可达到$10^4 \sim 10^5$亮度增益,从而替代了原有的体积大、笨重的三级级联一代微光管;同时,MCP微通道板内壁实际上是具有固定板电阻的连续打拿极,因此,在恒定工作电压下,对强电流输入时,有恒定输出电流的自饱和效应,此效应正好克服了微光管的晕光现象;加之它的体积更小、重量更轻,所以,第二代微光夜视仪是目前国内外微光夜视装备的主体。

第一、第二代微光管用的是多碱光阴极,灵敏度为225~450μA/lm,做成的仪器可在

(1) 由式(3-40)~式(3-42),有
$$c_0 = (\rho_0 - \rho_b)/(\rho_0 + \rho_b) \tag{3-44}$$
所以 $c_0 = 0.3$

(2) 由式(3-43),有
$$E_c = 0.25 \times 0.1 \times 2 \times 10^{-2} \times 0.9 \times (1/1.5)^2 = 2 \times 10^{-4} \text{lx} \tag{3-45}$$

(3) 由 c_0、E_c 查像增强器极限分辨力曲线得到相应的 $N_c = 24\text{lp} \cdot \text{mm}^{-1}$。

(4) 识别距离为
$$d_R = f_0' H_m N_c / n_R = 100 \times 2 \times 24/4 = 1200\text{m} \tag{3-46}$$

3) 大气的影响

微光夜视仪系在可见光到近红外波段工作,而这个波段正好在大气窗口,一般在微光夜视仪的视距时,大气吸收的影响可以忽略不计,只考虑散射的危害。

散射的危害包括两个方面:其一,散射使来自目标辐射通量衰减,造成有用信息损失;其二,来自周围甚至有效视场外景物的辐射,有一部分会因散射而进入夜视仪,使有害的背景噪声增加。结果是:经过距离为 d 的传输之后,在夜视仪所在处,目标和背景所表现出的亮度 L_{od}、L_{bd} 都与各自的本来亮度 L_0、L_b 不同。通常把 L_0、L_b 分别称为目标和背景的固有亮度,而把 L_{od}、L_{bd} 分别称为目标和背景的表观亮度。显然,当目标距离为零时,表观亮度与固有亮度相同。

在不计吸收且大气被均匀照明的情况下,若不考虑大气中悬浮粒子的不均匀分布,则表观亮度与固有亮度的关系为
$$L_{od} = L_0 \tau_a + L_s(1 - \tau_a) \tag{3-47}$$
$$L_{bd} = L_b \tau_a + L_s(1 - \tau_a) \tag{3-48}$$
式中:τ_a 为大气投射率;L_s 为夜视仪所在处地平天空的辐亮度。

式(3-47)、式(3-48)表明,表观亮度可认为是由两部分叠加而成的:一部分是固有亮度(L_0,L_b)经投射衰减后的值(分别为 $L_0\tau_a$,$L_b\tau_a$);另一部分是路径上形成的辐亮度增量 $L_s(1-\tau_a)$。对微光夜视仪而言,该增量主要取决于地球外部辐射源所造成的天空亮度。

与表观亮度相对应的目标对比度称为表观对比度,即
$$c = (L_{od} - L_{bd})/(L_{od} + L_{bd}) \tag{3-49}$$
将式(3-47)、式(3-48)代入并简化,得表观对比度为
$$c = (L_0 - L_b)/[L_0 + L_b + 2L_s(\tau_a^{-1} - 1)] \tag{3-50}$$
为了区分,式(3-44)所定义的对比度 c_0 称为固有对比度。在不计大气吸收和散射时,$c = c_0$。

4) 考虑大气影响时的视距估算

对微光夜视仪来说,由于散射影响随物体距离而变,故视距估算需经过一个逐次逼近的过程,步骤如下。

(1) 同不计大气影响时视距估算第一步。

(2) 按规定的大气条件和假设的距离 d_i 计算大气透射率 τ_a 和表现对比度 c。

(3) 计算阴极面照度
$$E_c = 0.25\rho_0 E_0 \tau_a \tau_0 (D_0/f_0')^2 \tag{3-51}$$

(4) 同前例步骤(4)。
(5) 按式(3-39)试算迭代视距 d_{i+1}，并判断

$$|d_{i+1} - d_i| < \Delta d \tag{3-52}$$

(6) 若式(3-52)成立，则取视距为 d_{i+1}。若不成立，则以 d_{i+1} 取代 d_i 从步骤(2)转入下次计算。

如此反复，直至式(3-52)成立。

在进行这种估算时，首次所取的目标距离 d_1 系人为选定，目的是估算大气散射造成的影响。以后各次计算是以前一次估算出的视距来考虑这种影响。当式(3-52)成立时，即说明在考虑大气影响时所设定的目标距离与系统的视距吻合，即设想的情况符合实际。式(3-52)中的 Δd 一般可取视距值的 1%。

另外，若像增强器光谱响应曲线与夜天辐射光谱差异很大，则要对所算得的 E_c 做光谱修正。

3.3 微光电视

微光电视是工作在微弱照度条件下的电视设备和显示设备，故也称低光照度电视(LLLTV)。它是微光像增强技术、电视与图像技术相结合的产物。与一般广播电视和工业电视不同，它能在黎明前的微明时分（地面照度约为 1lx）照度水平以下正常工作，允许最低照度约 10^{-4}lx（无月黑夜）。而广播电视和一般工业电视的工作照度要求却高得多（例如要求白昼的照度，约 10^2lx）。

3.3.1 基本组成

微光电视系统主要包括微光电视摄像机、传输通道、接收显示装置三部分。如图3-14所示，其中的微光电视摄像机除了具有普通电视摄像机的功能之外，还突出地表现出把微光图像增强的作用，微光电视的传送通道可以是借助电缆或光缆闭路的传输方式，也可以是利用微波、超短波做空间传输的开路方式。它的接收显示装置与一般电视没有显著区别。

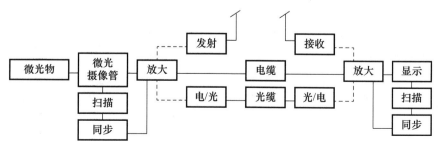

图3-14 微光电视系统框图

3.3.2 微光电视摄像机

微光电视摄像机的基本组成如图3-15所示。

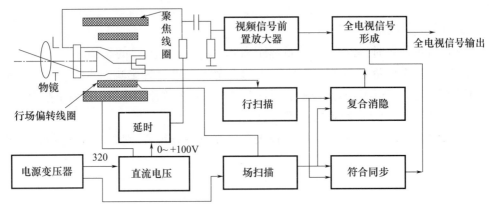

图3-15 摄像机方框图

它包括以下主要部件:
(1) 微光摄像物镜——把被摄景物成像。
(2) 微光摄像管——在低光照度条件下把上述物镜所成的光学图像转变为可用的电视信号。
(3) 扫描电路——为水平和铅垂偏转线圈提供线性良好的锯齿波形电流,对摄像管靶面做行、场扫描。
(4) 视频信号放大器——把摄像管输出的视频放大到适于传输。
(5) 电源、控制电路和防护装置等。

图中电源是通过延时电路再加到摄像管上,意在防止"过靶压"影响,因为在开机时,电子枪需要预热,此时扫描电子束未形成,靶电压过高。延时电路可保证在扫描电子束流建立后令摄像管工作正常,克服"过靶压"的危害。

3.3.3 摄像的基本原理

微光摄像机把空间二维微弱光学图像转换成适用的视频信号。此转换包括:
(1) 微光摄像物镜把微弱光照的被摄景物聚焦成像在摄像管光电阴极面上。
(2) 光电阴极做光电转换,把光学图像变成二维空间的电荷量分布。
(3) 摄像管靶板收集经过增强的电荷,在一帧时间内做连续积累。
(4) 电子枪发射空间扫描的电子束,在一帧的时间内逐点完成全靶面的二维扫描。
由于扫描电子束的着靶电荷量取决于靶面积累的电荷多少,故扫描电子束形成的电流被靶面电荷分布所调制,于是从输出端得到景物的视频信号。

在行扫描逆程中,摄像机电路自动输出"行消隐信号",中断扫描电子束。在一场扫描完成后的回扫期间,也有"场消隐信号"自动中断扫描电子束。行、场消隐信号经过复合即成为"复合消隐"脉冲信号,加到摄像管的调制板上,用以截断扫描电子束。

为了接收机的接收显示,摄像管在行扫描正程结束时,都会自动输出一个窄脉冲信号,令摄像管电子束相应地做行回扫,这个脉冲信号称为行同步信号,意在使发射与接收保持行同步。摄像管每在一场扫描结束时也输出一个窄脉冲信号,令显像管相应地做场回扫,此脉冲信号称为场同步信号。行、场同步信号复合形成"复合同步"信号。同步信号不需显示,故在消隐信号之后。

前述景物视频信号经过前置放大器放大后与复合同步信号混合,形成峰-峰值为1V的全电视信号输出。

目前,我国电视采用625行制式,其中50行处于帧扫描的逆程,实际有效扫描行为575。帧频与市电频率相同,为每秒50帧。若以隔行扫描计,则扫描总行数仍为625,有效行数575,场频为50Hz,而帧频为25Hz。场消隐信号占25行的扫描时间;场同步信号占3行扫描时间,它在场消隐信号发出之后出现。以信号电平而言,行、场同步信号为100%,消隐信号为75%。

3.3.4 微光电视的应用与特点

在军事上,微光电视可用于以下场合。
(1)夜间侦查、监视敌方阵地,掌握敌人集结、转移和其他夜间行动情况。
(2)记录敌方地形、重要工事、大型装备,发现某些隐蔽的目标。
(3)借助其远距离传送功能,把敌纵深领地的信息实时传送给决策机关。
(4)与激光测距机、红外跟踪器(或热像仪)、计算机等组成新型光电火控系统。
(5)在电子干扰或雷达受压制的条件下为火控系统提供替代或补充手段。
(6)对我方要害部门实行警戒。

给各兵种配上微光电视装备,给歼击机、轰炸机、潜艇、坦克、侦察车、军舰等重要武器配上微光电视,会使作战性能更加完备。

在公安方面,可应用微光电视组成监视告警系统,对机场、银行、档案室、文物馆、重要机关、军用仓库等实时远距离夜间监视和告警。

微光电视在扩展空域、延长时域、扩宽频域等方面对人类视觉的贡献与微光夜视仪相似。同时,微光电视又有一些新的特色。
(1)它使人类视觉突破了必须面对景物才能做有效观察的限制。
(2)突破了要求人与夜视装备同在一地的束缚,实现远离仪器现场的观察。
(3)可实施图像处理,提高可视性。
(4)可以实时传送和记录信息,可以对重要情节多次重放、慢放、"冻结"。
(5)实现多用户的"资源"共享,供多人多点观察。
(6)改善了观察条件。
(7)因为可以远距离遥控摄像,隐蔽性更好。

它的缺点如下。
(1)价格较高,使大批量装备部队受限制。

(2) 耗电多,体积、重量较大。

(3) 操作、维护较复杂,影响其普及应用。

3.3.5 微光电视系统的静态性能

1. 视场

微光电视系统的视场实际是摄像物镜的视场,它由物镜焦距 f' 和摄像管有效光敏面的高(h)、宽(b)尺寸决定。若用角度表示,则为

$$\omega_h = \arctan(0.5h/f') \quad (3-53)$$

$$\omega_b = \arctan(0.5b/f') \quad (3-54)$$

式(3-53)、式(3-54)分别为铅垂方向、水平方向的视场半角。

由于标准电视系统屏幕的高宽比为 3:4,而摄像物镜为轴对称结构,故系统实际只利用摄像管有效光敏感面的一个内接矩形,此矩形的对角线长度为有效光敏感面的直径 D_0,而高度、宽度分别为 $0.6D_0$、$0.8D_0$。

例如 1″ 的光电导摄像管,$D_0 = 16\text{mm}$,$h = 9.6\text{mm}$,$b = 12.8\text{mm}$;1.25″ 的光电导摄像管,$D_0 = 21.4\text{mm}$,$h = 12.8\text{mm}$,$b = 17.1\text{mm}$;3″ 超正析管,$D_0 = 40\text{mm}$,$h = 24\text{mm}$,$b = 32\text{mm}$。

2. 灵敏度

灵敏度是指能保证电视图像质量的景物最低照度。它主要取决于摄像管的性能,还与景物对比度、景物反射系数、观察距离、大气透过率、景物大小及摄像光学系统参数有关。有的摄像机标示了能分辨图像的极限灵敏度,即信噪比为 6dB、分辨力为 100TVL 时的照度。

3. 灰度等级

把亮度从最亮到最暗分成若干等级,这种等级称为灰度。

从理论上说,我们希望电视系统能真实地重现被摄景物各点的灰度比,即通常所说的明暗层次,这就要求电视图像上任一点的亮度都与被摄景物相应点的亮度成比例,且各对应点的这种比例系数相同,即有

$$L'(x',y') = KL(x,y) \quad (3-55)$$

式中:(x',y') 为电视图像上点的坐标;(x,y) 是与之对应的景物上点的坐标;L'、L 分别为它们的亮度;K 为比例常数。

由于实际景物多种多样,景物上各点的灰度可能有无限多,要完全准确地由电视系统重现是不可能的。通常的做法是把图像亮度从最亮到最暗划分成 10 个等级,以阶跃量化方式表现实际景物的亮度分布。毫无疑问,灰度等级越多,则电视图像越逼真,层次越丰富。经验证明,灰度等级应不少于 6 级。

电视图像与被摄景物之间的亮度关系一般可表示为

$$L'(x',y') = k_1 L^\gamma(x,y) \quad (3-56)$$

式中:k_1 是比例系数。

显然,只有当 $\gamma=1$ 时,才能正确重现景物的敏感层次,否则便有灰度失真。这种由于 $\gamma\neq1$ 而出现的失真称为非线性失真或 γ 失真。

电视系统的摄像和显像过程都可能出现 γ 失真。但实践表明,微光摄像管的 γ 近似为1,故微光电视中的 γ 失真主要来自显像管的电光转换特性(一般黑白显像管,其 $\gamma\approx2.2$,而彩色显像管, $\gamma\approx1.8$)。

γ 失真可通过电路实施校正,这种校正称为 γ 校正或灰度校正。

4. 动态范围

动态范围表明电视系统能正常工作的最高景物照度与最低景物照度范围。例如,要求微光电视系统既能在 10^{-5} lx 的极低照度条件下工作,又能在 10^5 lx 的高照度条件下工作,则其动态范围即为 $10^{10}:1$。很宽的动态范围是微光电视系统的特点之一。为保证这一性能,它设有专门的三级控制系统。

(1) 自动光通量控制。带光衰减器的自动光圈镜头和相应控制电路构成第一级控制,它根据实际景物照度,自动调节进入摄像物镜的光通量,使摄像管光敏面上的照度大体不变。

(2) 靶增益自动控制。摄像管的靶增益与加在其移像段上的高电压大小密切相关。当此电压升高时,靶增益变大,因而可实现靶增益的自动控制。当景物照度变低时,自动升高移像段上的电压,使靶增益变大,以保证摄像机输出信号幅值不明显减小。

(3) 视频放大器增益自动控制。当被摄景物照度甚低,以致上述两级控制都不能保证摄像机输出信号有足够的幅值时,作为第三级调节手段——视频放大器增益自动控制电路启动,它自动提高视频放大器的增益,使视频输出维持在可正常工作的最低水平上。

5. 非线性失真

电视图像与被摄景物之间的几何不相似性被称为非线性失真(亦称几何畸变)。

产生非线性失真的因素有:光学系统的像差、摄像管-显像管偏转电场的不均匀、扫描电流的非线性、电子透镜的像差等。

一般工业电视的非线性失真不大于 5%~10%。

6. 惰性

在摄取动态景物时,摄像管的输出信号会滞后于输入照度的变化,这种现象称为惰性。当景物快速运动或摄像机快速移动时,可见显示屏上出现瞬时视场之外的景象(重影),这就是惰性的表现。当输入照度增大时,输出信号并不即刻上升,而是有所滞后,这种滞后称为上升惰性。同样,输入照度减小时,输出信号的降低也有滞后,称为下降惰性。二者都会使图像模糊。

关于惰性的定量描述,通常是以输入光照截止后第三场残留信号所占的百分比来表示。就 25 帧的帧频而论,第三场对应的时刻是 60ms。

摄像管产生惰性的主要原因有两点:一是图像写入时的光电导惰性;二是图像读出时扫描电子束的等效电阻与靶的等效电容所构成的充电、放电惰性。

（1）光电导惰性。在有光信号输入时，光生载流子并不因光子入射而即刻达到稳态值；在光子入射被截止时，光生载流子也不会立即全部复合，这种情况必使摄像管靶面产生的电荷图像滞后于输入的景物光学图像。这就是光电导惰性。

（2）电容性惰性。在电子束扫描靶面时，靶面电位并不立即下降为零，而是逐渐下降。这个过程取决于扫描电子束的等效电阻和靶的等效电容。由此造成在电子束扫描之后，靶面仍有参与的电荷，从而出现惰性。它是因靶的电容引起的，谓之电容性惰性。

以下途径可减小电容性惰性。

（1）减小靶的等效电容。取相对介电常数较小的材料制靶、使靶呈低密度的疏松结构，都可有效减小其等效电容。

（2）对低照度景物增加背景光。实验证明，增大电子束的电流时，其等效电阻减小，摄像管惰性降低。根据这点，可在摄取低照度景物时，人为地给靶面馈送一个均匀的背景光，使输出信号电流整体抬高一个水平，以抑制电容性惰性。至于均匀背景光产生的直流分量，可由后续隔直电容滤除。

（3）降低电子束的等效电阻。在不影响电子束电流的条件下，使其等效温度变低，可有效减小电子束的等效电阻，从而降低惰性。采用层流电子枪结构可达此目的。

相对于普通电子枪而言，层流电子枪采用了长焦距电子透镜，故其阴极面场强均匀。它利用膜孔限制电子束口径，使电子速度的分布保持在发射时的状态，而没有过量的快速电子，故其电子束对应着较低的等效温度。

在普通电子枪中，由阴极、栅极、阳极形成的电子透镜把电子束会聚在交叉颈处，产生电子密集区。该区内电子相互作用概率很高，出现过量的快速电子，加剧了电子速度的分散，故对应着较高的等效温度。

测量表明，在100nA电子束电流时，普通电子枪的等效束温约为3300K，而层流电子枪等效束温约为1490K。在一般工作条件下，后者的电容惰性仅为前者的1/3，效果明显。

7. 信噪比

电视图像信号的峰-峰值与噪声均方根值之比称为信噪比。

电视摄像的主要噪声源有以下几种。

1）散粒噪声

散粒噪声起因于带电粒子的量子性，其特征是符合泊松分布定律。

带电粒子在发射或穿越势垒时，每一瞬间的个数并不恒定，而是在一个平均值上下起伏涨落。因此，光电发射、热发射、二次电子发射的电子和穿越P-N结势垒的载流子，其数量都具有符合泊松分布的涨落。这种涨落引起瞬时电流的涨落，即构成噪声。因它是由散粒载流子引起的，故称为散粒噪声。

2）热噪声

在摄像管的靶及电阻性元件等导体中，电子会不停地热运动并发生碰撞，其每次行程都产生电荷移动而构成瞬时电流。由于其方向是随机的，故其总和及其在一段时间内的平均值必然为零。但具体到某一时刻，却会表现出一个随即涨落的电流量，它对应一个随机涨落的噪声电压，此即热噪声，也称约翰逊噪声。

3) 产生-复合噪声

即使受到稳定入射光的激发,光电导摄像管靶产生的光生载流子数量也非恒定,表现出不同时刻都有随机涨落。同时,载流子的复合及被俘获的过程也是随机的。这种随机性使信号电荷相应变化,构成输出信号中的噪声成分,故将此噪声称为产生-复合噪声,这是光电导摄像管的主要噪声。

4) 电流噪声

实践证明,电流通过半导体器件时常有电流噪声。电流噪声等效电流近似与频率倒数成比例,故称 $1/f$ 噪声。电流噪声的涨落方差(电流方差)经验公式为

$$\overline{i_n^2} = \frac{BI^\alpha}{f^\beta}\Delta f \tag{3-57}$$

式中:B、α、β 等常数可由实验确定,且已证实 $\alpha \approx 2$,$\beta \approx 1$ 或 $\beta \in (0.8, 1.5)$;Δf 满足 $\Delta f \ll f$。

由于电流噪声随频率降低而升高,故低频范围需要认真考虑。

5) 前置放大器噪声

电视摄像管的输出端直接与前置放大器输入端耦合,而且对多级放大电路而言,通常第一级已具有较高的功率增益,故可认为放大器的主要噪声是由前置级引起,而后继级的噪声可以忽略不计。前置放大器噪声源主要如下。

(1) 输入电阻的热噪声。

(2) 输入级场效应管的导电沟道电阻的热噪声(或晶体管内电阻的热噪声)。

(3) 输入级场效应管的栅极电流散粒噪声(或晶体管中载流子穿越势垒的散粒噪声)。

(4) 输入级在低频段的 $1/f$ 噪声。

(5) 输入级为绝缘栅型场效应管时的介质损耗噪声。

在摄像管所输出信号的有效频段内,前 3 项是主要的。

值得说明,描述电视摄像信噪比时常有视频信噪比和显示信噪比之分。前者是指前置放大器输入端的视频信号与噪声之比,用 $(S/N)_V$ 表示;后者是以摄取方波图案时,由人眼接收到的视觉图像信噪比,用 $(S/N)_D$ 表示。其间差别在于,前者单纯表示摄像输出的视频信息质量,而后者则同时考虑了人眼的视觉特性。

设输入图像上有照度不等的两相邻像元,其产生的视频信号电流各为 I_1、I_2,同时,各噪声因素之总的噪声电流相应为 I_{n1}、I_{n2}。摄像时扫描单个像元经历时间为 t_s,则视频信噪比为

$$\left(\frac{S}{N}\right)_V = \frac{I_1 t_s - I_2 t_s}{\sqrt{I_{n1}^2 t_s + I_{n2}^2 t_s}} \tag{3-58}$$

由于视频信号已获得较高的功率增益,故可不计显示过程引入的噪声,于是

$$\left(\frac{S}{N}\right)_D = \frac{I_1 t_e - I_2 t_e}{\sqrt{I_{n1}^2 t_e + I_{n2}^2 t_e}} \tag{3-59}$$

式中:t_e 为人眼积分时间。

通常认为 $t_e = 0.02\text{s}$,即 $t_e \gg t_s$,故有

$$\left(\frac{S}{N}\right)_D \gg \left(\frac{S}{N}\right)_V \tag{3-60}$$

它表明,电视充分利用了人眼的视觉积分功能,使人眼感知的信噪比远高于视频信噪比。

当摄像输出的$(S/N)_D$小于人眼视觉所需的最低信噪比时,所摄取的图像就不能被辨认。因此,$(S/N)_D$刚好等于视觉之最低信噪比时,输入景物参数对应于摄像灵敏阈。

上述"人眼视觉所需的最低信噪比"即人眼视觉的信噪比阈值,其含义为:人眼多次观察同一目标,并恰好以0.5的概率将其分辨,此时目标图像的信噪比即为视觉信噪比阈值。

视觉信噪比阈值随目标形状而变化。实验表明,当目标是高宽比为12的矩形条纹时,此阈值为1.2。

在工程上,信噪比常以分贝(dB)表示。经验证实,当信噪比为30dB时,观察效果就比较好了,若达到40dB,则噪声可以被忽略,效果已很理想。

8. 极限分辨力

这里的极限分辨力是指每帧高度范围内所包含的可分辨电视线数目的最大值。

和普通电视一样,微光电视图像的最终接收器是人眼,故电视线数目的确定要考虑人眼的分辨力,超过此能力的要求便无实际意义。

如图3-16所示,h是电视画面高度,d是人眼能分辨的条纹宽度,θ是人眼的分辨角,l是人眼观察距离。则人眼所能分辨的条纹数为

$$m = \frac{h}{d} = \frac{3438h}{\theta l} \tag{3-61}$$

一般认为,当$l=5h$时,光差效果好。同时,因为看电视容易使眼疲劳,故取$\theta=1.5'$,于是有$m=458$。若取$\theta=1.2'$,则$m=550$。

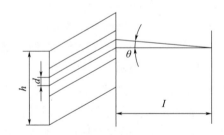

图3-16 电视扫描行数的确定

从摄像管本身来说,影响极限分辨力的因素主要有以下两个方面。

1) 靶面电荷的横向扩散

在图像写入时,景物的光学图像转换为电荷图像。由于摄像管靶面各处积累的电荷密度不同,电荷产生横向扩散,使极限分辨力降低。

电荷的横向扩散可分为表面扩散和体内扩散两类。两者是指靶面上的载流子在帧周期内沿表面的弥散,它与靶的横向电导率密切相关。可以证明,这种扩散的等效半径近似为靶的厚度d,即

$$r_s = d \tag{3-62}$$

后者是指载流子在穿越靶的过程中所产生的弥散,它与靶体内载流子的迁移率有关。

可以证明,体内扩散的等效半径 r_b 为

$$r_b \approx 0.035d \tag{3-63}$$

由式(3-62)、式(3-63)可知

$$r_b \ll r_s \tag{3-64}$$

即表面横向扩散远大于体内扩散,是影响分辨力的主要因素。

同时看出,横向扩散与靶厚密度联系,故在考虑靶厚时要顾及分辨力。

2)扫描电子束弥散

在用扫描电子束做图像读出时,由于电子枪的聚焦存在像差,使电子束在靶面产生弥散,造成摄像分辨力下降。图 3-17 所示为微光摄像管在不同对比度时的极限分辨力曲线。

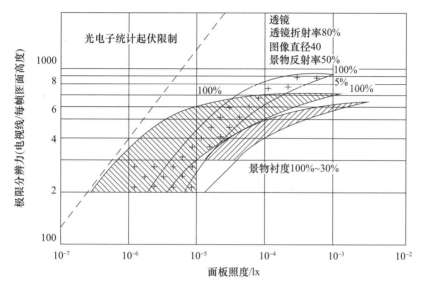

图 3-17 像增强器耦合摄像管的典型极限分辨力曲线

9. 微光电视摄像物镜的特殊性能

微光摄像物镜有折射型和折-反射型两类。前者适用于一般情况,而后者适用于视场较小、焦距很长、对光能量要求很高的场合。

除了像普通照相物镜一样,要求成像质量优质、透射率高、几何畸变小、像面照度均匀、光通量可调节以及满足一定的光学性能指标之外,对微光摄像物镜还应考虑以下特殊性能。

(1)大相对孔径和大通光孔径兼备。

(2)带自动光圈机构和相应电路。

(3)综合考虑夜天光谱分布、景物光谱反射特性及摄像管的光谱响应特性。

考虑到夜天光谱分布,要求物镜在 0.4~1.0μm 波段(尤其在 0.5~0.9μm 范围)有良好的透射率和像质特性。光学设计以 C 谱线($\lambda_0 = 0.6563 \mu m$)消单色像差,以 A'谱线($\lambda_1 = 0.7682 \mu m$)和 D 谱线($\lambda_2 = 0.5893 \mu m$)消除色差,其中也兼顾微光摄像器件的光谱响应特性,因而目前微光摄像管的光敏面主要是 S_{20}、S_{25} 等多碱光阴极。

3.3.6 微光电视系统的视距

微光电视系统的视距是恰好能够满足观察等级要求的最远距离。它与目标自身因素（形状、大小、色调、对比度、表面反射率等）、气候条件及所处环境情况（照度、背景等）密切相关。光差等级常可划分为"发现""识别""看清"3 挡，因而有 3 个不同的视距。

1. 视距性能方程

图 3-18 所示为微光电视的成像关系。图中 H 为目标高度，H' 为其像高（在摄像管光阴极面，即摄像物镜后焦面上度量）；h 为摄像管靶面的高度；w 为其宽度。

由图可知，视距 R 为

$$R = Hf'/H' \tag{3-65}$$

矩形电视画面（$h \times w$）内接于摄像管圆形有效靶面，若高度 h 范围内包含的电视线总数为 N_T，而目标图像高度所含电视线数目为 n_T，则

$$H' = hn_T/N_T \tag{3-66}$$

代入式(3-65)，得

$$R = \frac{Hf'N_T}{hn_T} \tag{3-67}$$

此即微光电视系统视距性能方程。

显然，N_T 就是射线管的极限分辨力。N_T 越大、摄像物镜的焦距越长，越有利于增加视距。

当式(3-67)中的 n_T 取各观察等级所要求的电视线数目时，就得到与之对应的视距数值。

实践表明，"发现"目标所要求的电视线数目为 $n_{TD} = 5 \sim 6$；"识别"目标、"看清"目标所要求的电视线数目为 $n_{TR} = 10 \sim 16$，$n_{TI} = 20 \sim 24$。为便于记忆和使用，这 3 个数可分别取为 5，10，20。

注意，式(3-67)中的目标尺寸 H 要取最小投影方向的数值，即取"临界尺寸"。例如，讨论对人的观察时，常取 $H = 0.4$m。

2. 摄像管极限分辨力曲线

摄像管极限分辨力是视距计算的重要依据。它是光敏面照度的函数，并与景物对比度密切相关。当景物对比度为 1 时，硅增强靶管的极限分辨力曲线如图 3-19 所示。对其他类型的摄像管，也有实验测出类似的曲线。测量选用测试卡作目标。卡上有一组对比度为 1 的黑白相间直条纹，借助物镜使其成像于摄像管光敏面上。改变测试卡上的照度，使摄像管光敏面上照度 $E_{1.0}$ 变化。测出摄像管的极限分辨力 N_T，则可绘制 $N_T - E_{1.0}$ 关系曲线。

实际景物的对比度一般都低于 1，因而使摄像管的极限分辨力曲线与上述曲线有差异。实验证明，当保持观察效果相同时，两种对比度 c_1、c_2 所要求的光敏面照度 E_1、E_2 符合

$$E_1 c_1^2 = E_2 c_2^2 \qquad (3-68)$$

上式表明,若景物对比度由 $c_1 = 1$ 降为 $c_2 = 0.3$,则要求 $E_2 = 11.11 E_1$,即照度约提高一个数量级才能达到相同的观察效果。若 $c_2 = 0.1$,则需要将照度提高两个量级。

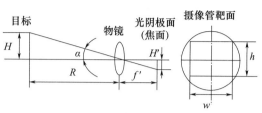
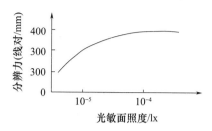

图 3-18　微光电视成像光路图　　　图 3-19　硅增强靶管的极限分辨力曲线

3. 光敏面照度计算

基于式(3-68),也可把任意对比度时的光敏面照度 E 换算成对比度为 1 时的光敏面照度,即

$$E_{1.0} = E c^2 \qquad (3-69)$$

若摄像物镜相对孔径为 D/f',透过率为 τ;大气透过率为 τ_a,景物照度为 E_0,反射比为 ρ,对比度为 c,则换算到摄像管光敏面上有

$$E_{1.0} = 0.25 E_0 \tau \tau_a \rho (D/f')^2 c^2 \qquad (3-70)$$

式中:反射比 ρ 随目标而异,如表 3-4 所列。

表 3-4　各种景物的反射比

景物	反射比	景物	反射比
石灰	0.91	淋湿的褐色土地	0.14
雪	0.87	绿草	0.11
光亮混凝土	0.32	风干的树	0.10
干草	0.31	黑土	0.08
枯黄叶	0.31	常绿的树	0.05
白沙	0.25	黑呢绒	0.03

自然界中实际景物的对比度一般为 0.2~0.5,在通常方案论证和粗略计算时,取值为 0.33 是可行的。若要做精确计算,可根据目标的实际反射比以及目标周围实际景物的反射比进行。摄像物镜的 D/f' 和 τ,在其光学设计完成后即为已知。景物照度 E_0 可由实际使用条件确定;大气透过率 τ_a 的确定比较复杂,在一般估算时可以粗略给定一个数值,例如 0.5,0.6 等。将有关数据代入式(3-70),即可计算 $E_{1.0}$。

4. 视距估算

(1) 按已知条件算 $E_{1.0}$。

(2) 由 $E_{1.0}$ 从 $N_T - E_{1.0}$ 曲线查 N_T。

(3) 由观察等级要求按式(3-67)计算 R。

注意,在摄像管选定后,其有效光敏面直径 D_0 为已知,又因为电视画面高宽比为 3:4,故式(3-67)中的 $h = 0.6 D_0$。

5. 实例

估算某微光电视系统在几种典型夜天光照度下对人和坦克的识别距离。

(1) 已知条件。

摄像物镜 $f'=90, D/f'=1, \tau=0.5$；大气透过率 $\tau_a=0.6$；目标反射比 $\rho=0.4$；景物对比度 $c=0.33$；射线管直径 $D_0=16$；目标临界尺寸取：坦克高 3m，人宽度 0.4m。

(2) 计算 $E_{1.0}$。

由式(3-70)，有

$$E_{1.0}=0.25E_0\times0.5\times0.6\times0.4\times1^2\times0.33^2=3.3\times10^{-3}E_0 \quad (3-71)$$

以晴朗星光(无月光)夜为例，地面景物照度约为 $E_0=10^{-3}$lx，于是

$$E_{1.0}=5\times10^{-6}\text{lx} \quad (3-72)$$

由 $E_{1.0}$ 查摄像管 $N_T-E_{1.0}$ 关系曲线，得 $N_T=100$。

按 $H_人=0.4$m 的临界尺寸，取 $n_T=10$ 为"识别"要求的电视线数目，且 $h=0.6, D_0=9.6$，由式(3-67)，得

$$R_人=\frac{0.4\times90\times100}{10\times9.6}\approx38\text{m} \quad (3-73)$$

若取 $n_T=16$，则 $R_人\approx23$m。

上述 $R_人$ 是识别人的视距。

对临界尺寸为 $H_坦=3$m 的坦克，在取 $n_T=10$ 时，识别距离为 $R_坦\approx280$m；取 $n_T=16$ 时，$R_坦\approx175$m。

对其他照度情况也可做同样估算，计算结果如表3-5所列。

表 3-5 视距估算实例

自然条件	景物照度 E_0/lx	光敏面上的照度 $E_{1.0}$/lx	(NT)摄像管极限分辨力/(TVL/幅)	识别人的距离/m	识别坦克的距离/m
无月，浓云	2×10^{-4}	1×10^{-6}			
无月，有云	5×10^{-4}	2.5×10^{-6}			
晴朗，星光	1×10^{-3}	5×10^{-6}	100	23~38	172~280
	3×10^{-3}	1.5×10^{-6}	150	35~56	263~420
	5×10^{-3}	2.5×10^{-5}	200	47~75	352~562
	7×10^{-3}	3.5×10^{-5}	250	59~94	443~705
1/4 月光	1×10^{-2}	5×10^{-5}	300	70~113	525~847
	2×10^{-2}	1×10^{-4}	350	82~131	615~982
	3×10^{-2}	1.5×10^{-4}	400	94~150	705~1125
半月	5×10^{-2}	2.5×10^{-4}	400	94~150	705~1125
满月	1×10^{-1}	5×10^{-4}	400	94~150	705~1125

由表可知，即使在皓月当空的情况下，这种微光电视对人的识别距离也不过是100多米，对坦克的识别距离约为1000m。这里所谓"识别"只是判定是"人"还是"树"，是"坦克"还是"汽车"等。若要求进一步辨识细节，例如是哪种型号的坦克，则观察等级要上升

为"看清",此时相应的视距为"看清距离",它比上述"识别距离"还小一半左右。若只要求"探测"(或"发现")到人和坦克,则相应的视距约为"识别距离"的2倍。

习题及小组讨论

3-1 名词解释

亮度增益、微光电视、动态范围、极限分辨力

3-2 填空题

(1) 以_____为核心部件的微光夜视器材称为微光夜视仪。

(2) 从实用性角度,可把微光夜视仪当作是带有像增强器的_____,故它具有与普通望远镜相应的主要光学性能。

(3) 微光电视系统为保证高的动态范围,采用三级控制系统,即_____控制、_____控制及_____控制。

(4) 微光电视中摄像管的主要作用是_____。

(5) 微光电视系统主要包括_____、_____、_____三部分。

3-3 问答题

(1) 如何理解夜天辐射,夜天辐射的特点是什么。

(2) 简述微光夜视仪结构及工作原理。

(3) 分析并对比三代微光夜视仪的区别及各自特点。

(4) 简述微光电视结构、原理及特点。

3-4 知识总结及小组讨论

(1) 回顾、总结本章知识点,画出思维导图。

(2) 讨论微光夜视设备的助视作用。利用网络资源,了解国内知名夜视技术产品生产企业及主要产品性能、特点。谈谈你对"推进高水平科技自立自强,打好自主创新"发展战略的理解。

第 4 章

热辐射的基本规律

本章教学目标 >>>

知识目标：(1) 能够描述物体吸收热量和发射热量的关系定律。
　　　　　　(2) 识记黑体概念及黑体辐射规律。
能力目标：建立任意物体的辐射特性与黑体辐射之间的联系。
素质目标：夯实基础，培养学生脚踏实地，理论联系实际。

本章引言 >>>

　　热辐射是自然界中普遍存在的现象，它的存在不依赖于任何外界条件。本章着重讨论物体在热平衡条件下的辐射规律：基尔霍夫定律及黑体辐射规律、普朗克辐射定律、维恩位移定律、斯特藩-玻耳兹曼定律。这些定律是研究红外热成像特性的基本依据，对红外热成像技术的发展具有重要意义。

4.1　普雷夫定则

　　在单位时间内，如果两个物体吸收的能量不同，则它们发射的能量也不同。即在单位时间内，一个物体发出的能量等于它吸收的能量。

　　普雷夫定则的实验如图 4-1 所示。图中 a 为装有热水的金属容器，容器壁上的深色部分为涂有黑色金属氧化物的表面，b 为空气温度计。图(A)是将两个没有涂金属氧化物的侧面相对，温度计刻度上升到一定程度，以此作为参照；图(B)是将空气温度计上涂有黑色金属氧化物的表面对向金属容器，气体温度计刻度有所上升；图(C)是将涂有黑色金属氧化物的容器表面对向空气温度计，此时温度计的示数与图(A)相比也有所上升；图(D)是将金属容器和空气温度计涂有黑色金属氧化物的侧面相对，此时温度计的示数最高。

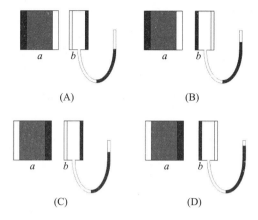

图 4-1 普雷夫定则实验

普雷夫定则说明,在单位时间内,如果两个物体吸收的能量不同,那么它们发射的能量也不同。即在单位时间内,一个物体能够发出的能量等于它能够吸收的能量。

4.2 基尔霍夫定律

普雷夫定则定性地说明了吸收能量大的物体发射能量也大,而能够定量地描述物体吸收热量和发射热量之间关系的定律则是基尔霍夫定律,它是辐射传输理论的基础。

物体的发射本领和吸收本领之间的关系称为基尔霍夫定律。物体的发射本领即物体的辐射出射度 $M_{\lambda T}$,与波长和温度有关;物体的吸收本领即物体的吸收比 $\alpha_{\lambda T}$,也与波长和温度有关。

基尔霍夫定律的数学表达式为

$$\frac{M_{\lambda T}}{\alpha_{\lambda T}} = \text{const} = f(\lambda, T) \tag{4-1}$$

式(4-1)说明,一个物体的发射本领和吸收本领的比值是常数,温度变化的时候波长也会随之改变,但两者的比值不变。

如果有 3 个物体,那么

$$\frac{M_{1\lambda T}}{\alpha_{1\lambda T}} = \frac{M_{2\lambda T}}{\alpha_{2\lambda T}} = \frac{M_{3\lambda T}}{\alpha_{3\lambda T}} = C \tag{4-2}$$

在相同温度、相同波长下,所有的物体,它们的发射本领与吸收本领的比值都是一个相同的常数,即黑体的辐射出射度。

$$C = \frac{M_{b\lambda T}}{\alpha_{b\lambda T}} = \frac{M_{b\lambda T}}{1} = M_{b\lambda T} \tag{4-3}$$

式中:$M_{b\lambda T}$ 为黑体的辐射出射度,$\alpha_{b\lambda T}$ 为黑体的吸收比。

基尔霍夫定律有两种描述:①在给定温度下,对某一波长来说,物体的发射本领和吸收本领的比值与物体本身的性质无关,对于一切物体都是恒量;②"发射大的物体必吸收大"，或"善于发射的物体必善于吸收"，反之亦然。

如图 4-2 所示，任意物体 A 置于一个真空等温腔内。物体 A 在吸收腔内辐射的同时又向外发射辐射，最后与腔壁达到同一温度，处于热平衡状态。在热平衡状态下，物体 A 发射的辐射功率必等于它所吸收的辐射功率，否则将不能保持温度。于是有

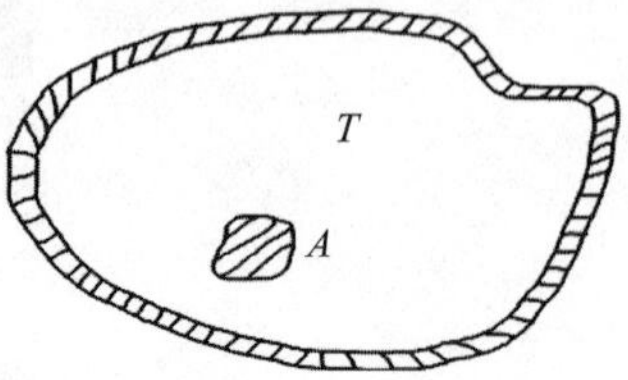

$$M = \alpha E \qquad (4-4)$$

图 4-2 等温腔内的物体

式中：M 为物体 A 的辐射出射度，α 为物体 A 的吸收率，E 为物体 A 上的辐照度。

由式(4-4)，得

$$M/\alpha = E \qquad (4-5)$$

这是基尔霍夫定律的另一种表达形式，用光谱量可表示为

$$M_\lambda / \alpha_\lambda = E_\lambda \qquad (4-6)$$

即在热平衡条件下，物体的辐射出射度与吸收率的比值等于空腔中的辐照度，与物体的性质无关。物体的吸收率越大，它的辐射出射度也越大，即好的吸收体必是好的发射体。

关于基尔霍夫定律的说明：

(1) 基尔霍夫定律是平衡辐射定律，与物质本身的性质无关，对黑体同样适用。

(2) 吸收和辐射的多少应在同一温度下比较，温度不同时没有意义。

(3) 任何强烈的吸收必发出强烈的辐射，无论吸收是由物体表面性质决定的，还是由系统构造决定的。

(4) 基尔霍夫定律所描述的辐射与波长有关，与人眼的视觉特性和光度量无关。

(5) 基尔霍夫定律只适用于温度辐射，不适用于发光。

4.3 黑体及其辐射定律

4.3.1 黑体

理想黑体或绝对黑体，是一个理想化的概念，现实中是不存在的。可以从以下几个方面认识黑体。

(1) 理论上，黑体是指在任何温度下能够全部吸收任何波长入射辐射的物体，即 $\alpha = 1$，全吸收，没有反射和透射。

(2) 结构上，封闭等温空腔内的辐射是黑体辐射，一个开有小孔的空腔就是一个黑体的模型。如图 4-3 所示，在一个密封的空腔上开一个小孔，当一束入射辐射由小孔进入空腔后，在腔体表面经过多次反射，每反射一次，辐射就会被吸收一部分，最

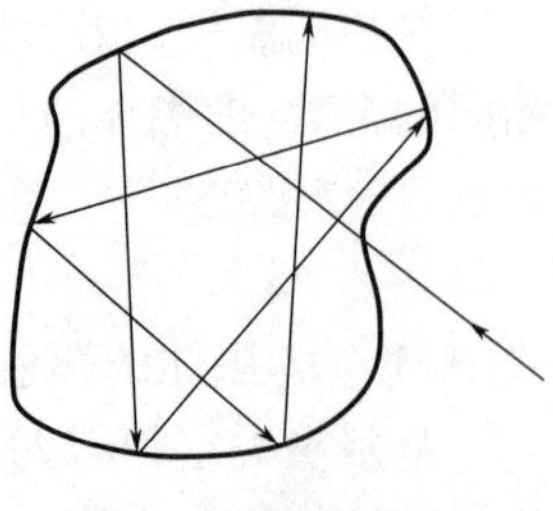

图 4-3 黑体模型

后只有极少量的辐射从腔孔逸出。

（3）应用上，把等温封闭空腔开一个小孔，则从小孔发出的辐射能够逼真地模拟黑体辐射。这种装置称为黑体炉。

证明密闭空腔中的辐射就是黑体辐射的过程如下。

在图4-2中，如果真空腔中放置的物体A是黑体，则由式(4-6)得到

$$E_\lambda = M_{b\lambda} \tag{4-7}$$

即黑体的光谱辐射出射度等于空腔内的光谱辐照度。空腔在黑体上产生的光谱辐照度为$E_\lambda = M_\lambda \sin^2\theta_0$。$\theta_0$为黑体对大面源空腔所张的半视场角$\theta_0 = \dfrac{\pi}{2}$，则$\sin^2\theta_0 = 1$，于是有$E_\lambda = M_\lambda$，即空腔在黑体上光谱辐射照度等于空腔的光谱辐射出射度。由式(4-7)得

$$M_\lambda = M_{b\lambda} \tag{4-8}$$

即密闭空腔的光谱辐射出射度等于黑体的光谱辐射出射度。所以，密闭空腔中的辐射即为黑体的辐射，而与构成空腔的材料的性质无关。

黑体的应用价值体现在以下几个方面。

（1）标定各类辐射探测器的响应度。

（2）标定其他辐射源的辐射强度。

（3）测定红外光学系统的透射比。

（4）研究各种物质表面的热辐射特性。

（5）研究大气或其他物质对辐射的吸收或透射特性。

（6）作红外辐射源。

4.3.2 普朗克公式

普朗克公式是确定黑体辐射光谱分布的公式，又称为普朗克定律，在近代物理发展中占有极其重要的地位。普朗克将关于微观粒子能量不连续的假设，首先用于普朗克公式的推导上，并得到了与实验一致的结论，从而奠定了量子论的基础。由于普朗克公式解决了基尔霍夫定律所提出的普适函数的问题，因而普朗克公式是黑体辐射理论的最基本的公式。

以波长为变量的黑体辐射普朗克公式为

$$M_{b\lambda} = \frac{c_1}{\lambda^5} \frac{1}{e^{c_2/\lambda T} - 1} \tag{4-9}$$

式中：$M_{b\lambda}$为黑体的光谱辐射出射度($W \cdot m^{-2} \cdot \mu m^{-1}$)，$c$为真空光速，$c = 2.99792458 \times 10^8 m/s$，$c_1$为第一辐射常数，$c_1 = 2\pi hc^2 = 3.7418 \times 10^8 W \cdot \mu m^4/m^2$，$c_2$为第二辐射常数，$c_2 = hc/k = 1.4388 \times 10^{-2} m \cdot K$，$h$为普朗克常数，$h = 6.626176 \times 10^{-34} J \cdot s$，$k$为玻耳兹曼常数，$k = 1.38 \times 10^{-23} J/K$。

如图4-4所示为温度在500~900K范围的黑体光谱辐射出射度随波长变化的曲线，从图中可以得到以下结论。

（1）黑体的光谱辐射出射度$M_{b\lambda}$随波长连续变化。对应某一温度有一条固定的曲线，且每条曲线只有一个极大值。

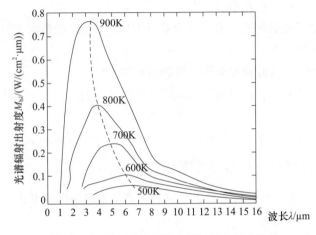

图 4-4 不同温度的黑体光谱辐射出射度曲线

(2) 温度越高,光谱辐射出射度越大。曲线随黑体温度的升高而整体提高。在任意指定波长处,与较高温度对应的光谱辐射出射度也较大,反之亦然。每条曲线下包围的面积代表黑体在该温度下的全辐射出射度,所以黑体的全辐射出射度随温度的增加而迅速增大。

(3) 每条曲线彼此不相交,因此温度越高,在所有波长上的光谱辐射出射度也越大。随着温度的升高,光谱辐射出射度的峰值波长向短波方向移动。

(4) 黑体的辐射特性只与其温度有关,与其他参数无关。

普朗克公式的重要意义在于只要给定一个温度,则在某个波长处就对应一个黑体光谱辐射出射度 $M_{b\lambda}$,而其他物体的辐射出射度可以根据基尔霍夫定律算出来,从而得到物体的辐射特性。

普朗克公式在以下两种极限条件下的情况。

(1) 当 $c_2/\lambda T \gg 1$,即 $hc/\lambda \gg kT$ 时,此时对应短波或低温情况,普朗克公式中的指数项远大于 1,将分母中的 1 忽略,则普朗克公式变为

$$M_{b\lambda} = \frac{c_1}{\lambda^5} \cdot e^{-\frac{c_2}{\lambda T}} \tag{4-10}$$

式(4-10)就是维恩公式,它仅适用于黑体辐射的短波部分。

(2) 当 $c_2/\lambda T \ll 1$,即 $hc/\lambda \ll kT$ 时,此时对应长波或高温情形,将普朗克公式中的指数项展开成级数形式,并取前两项 $e^{\frac{c_2}{\lambda T}} = 1 + c_2/\lambda T + \cdots$,则普朗克公式变为

$$M_{b\lambda} = \frac{c_1}{c_2} \cdot \frac{T}{\lambda^4} \tag{4-11}$$

式(4-11)是瑞利-普金公式,它仅适用于黑体辐射的长波部分。

对于光子探测器来说,将普朗克公式直接用来研究它的性能并不合适,因此给出它的光子形式对于研究这类探测器的性能是很有用的。将普朗克公式(4-9)除以一个光子的能量 $h\nu = hc/\lambda$,就可得到用光谱光子辐射出射度表示的普朗克公式

$$M_{pb\lambda} = \frac{c_1}{hc\lambda^4} \cdot \frac{1}{e^{c_2/\lambda T} - 1} = \frac{c_1'}{\lambda^4} \cdot \frac{1}{e^{c_2/\lambda T} - 1} \tag{4-12}$$

式中,$c_1' = 2\pi c = 1.88365 \times 10^{27} \mu m^3/(s \cdot m^2)$;$M_{pb\lambda}$表示单位时间内,黑体单位面积单位波长间隔向空间半球内发射的光子数,单位是$1/(s \cdot m \cdot \mu m)$。

4.3.3 维恩位移定律

维恩位移定律是描述黑体光谱辐射出射度的峰值$M_{\lambda m}$所对应的峰值波长λ_m与黑体绝对温度T的关系表示式。

由式(4-9)对波长求导,并令导数为零可得

$$\frac{\partial M_{b\lambda}}{\partial \lambda} = \frac{\partial}{\partial \lambda}\left(\frac{c_1}{\lambda^5} \cdot \frac{1}{e^{c_2/(\lambda T)} - 1}\right) = 0$$

由上式可得

$$\left(1 - \frac{x}{5}\right) \cdot e^x = 1$$

其中:$x = c_2/(\lambda T)$。

利用逐次逼近法求得

$$x = \frac{c_2}{\lambda_m T} = 4.9651142$$

由此得到维恩位移定律的表示式为

$$\lambda_m T = b \tag{4-13}$$

式中:$b = 2898.8 \mu m \cdot K$。

维恩位移定律表明,黑体光谱辐射出射度峰值对应的波长与温度成反比,温度升高,辐射峰值向短波方向移动。如图4-4所示的虚线,就是这些峰值的轨迹。维恩位移定律应用的意义在于知道某一物体的温度,就可以知道它辐射的峰值波长。将维恩位移定律代入普朗克公式,得

$$M_{b\lambda_m} = \frac{c_1}{\lambda_m^5} \frac{1}{e^{c_2/\lambda_m T} - 1} = BT^5 \tag{4-14}$$

式中:$B = 1.2867 \times 10^{-11} W \cdot m^{-2} \cdot \mu m^{-1} \cdot K^{-5}$。

式(4-14)称为维恩最大发射本领定律,它描述了黑体光谱辐射出射度的峰值与温度之间的关系。从公式可以看出,黑体的光谱辐射出射度峰值与绝对温度的五次方成正比。随着温度的升高,辐射曲线的峰值也迅速提高。

4.3.4 斯特藩-玻耳兹曼定律

斯特藩-玻耳兹曼定律描述的是黑体的全辐射出射度与温度之间的关系。利用普朗克公式对波长从0到∞积分可得

$$M_b = \int_0^\infty M_{b\lambda} d\lambda = \int_0^\infty c_1/\lambda^5(e^{c_2/\lambda T} - 1)d\lambda \tag{4-15}$$

令$x = c_2/\lambda T$,则$\lambda = c_2/xT$,$d\lambda = -(c_2/x^2 T)dx$(积分限$\lambda:0 \sim \infty$,则$x:\infty \sim 0$)

$$M_{\mathrm{b}} = \int_{\infty}^{0} \frac{c_1}{(c_2/xT)^5} \left(\mathrm{e}^{(c_2/xT)T} - 1 \right)^{-1} \left(-\frac{c_2}{x^2 T} \right) \mathrm{d}x$$

$$= -\frac{c_1}{c_2^4} T^4 \int_{\infty}^{0} x^3 (\mathrm{e}^x - 1)^{-1} \mathrm{d}x$$

因为 $\int_0^{\infty} \frac{x^3}{\mathrm{e}^x - 1} \mathrm{d}x = \frac{\pi^4}{15}$ 所以 $\int_{\infty}^{0} \frac{x^3}{\mathrm{e}^x - 1} \mathrm{d}x = -\frac{\pi^4}{15}$

所以 $M_{\mathrm{b}} = \frac{c_1}{c_2^4} \frac{\pi^4}{15} T^4$

令 $\frac{c_1}{c_2^4} \frac{\pi^4}{15} = \sigma$

则 $$M_{\mathrm{b}} = \sigma T^4 \tag{4-16}$$

其中 $\sigma = 5.67032 \times 10^{-8} \mathrm{W} \cdot \mathrm{m}^{-2} \cdot \mathrm{K}^{-4}$。

式(4-16)为斯特藩-玻耳兹曼定律。该定律表明了黑体的全辐射出射度与温度的四次方成正比。如图 4-4 所示每条曲线下的面积,代表了该曲线对应黑体的全辐射出射度。可以看出,随温度的增加,曲线下的面积迅速增大。

由此可以看到黑体的好处是只要确定一个温度,黑体的其他辐射特性也就随之确定了。

4.4 黑体辐射的计算

根据普朗克公式进行有关黑体辐射量计算很麻烦。为简化计算,可采用黑体辐射函数的计算方法。

4.4.1 黑体辐射函数表

目前,可供各种辐射计算的黑体辐射函数有很多。这里只介绍两种广泛使用的函数,即 $f(\lambda T)$ 函数和 $F(\lambda T)$ 函数。用这两种函数,可以计算在任意波长附近的黑体光谱辐射出射度,也可以计算在任意波长间隔之内的黑体辐射出射度。

1. $f(\lambda T)$ 表

$f(\lambda T)$ 表称为相对光谱辐射出射度函数表,是某温度下、某波长上的辐射出射度 M_λ 和该温度下峰值波长处的辐射出射度 $M_{\lambda \mathrm{m}}$ 之比。

根据普朗克公式 $M_\lambda = \frac{c_1}{\lambda^5} \frac{1}{\mathrm{e}^{c_2/\lambda T} - 1}$

根据维恩最大发射本领定律 $M_{\lambda \mathrm{m}} = \frac{c_1}{\lambda_\mathrm{m}^5} \frac{1}{\mathrm{e}^{c_2/\lambda_\mathrm{m} T} - 1} = BT^5$

所以由定义得

$$f(\lambda T) = \frac{M_\lambda}{M_{\lambda m}} = \frac{\dfrac{c_1}{\lambda^5} \dfrac{1}{e^{c_2/\lambda T} - 1}}{BT^5} = \frac{c_1}{B\lambda^5 T^5} \frac{1}{e^{c_2/\lambda T} - 1} \tag{4-17}$$

若以 λT 为变量，则可以计算出每组 λT 值对应的函数 $f(\lambda T)$ 值。于是可构成 $f(\lambda T)$ - λT 函数。这种函数的图解表示，如图 4-5 中的曲线 (a) 所示。

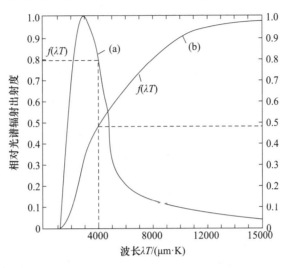

图 4-5 黑体通用曲线

当黑体的温度已知时，对某一特定波长，可计算出 λT 值，再由函数 $f(\lambda T)$ 计算出 $f(\lambda T)$ 值，最后可由式 (4-18) 计算出黑体的光谱辐射出射度。

$$M_\lambda = f(\lambda T) M_{\lambda m} = f(\lambda T) BT^5 \tag{4-18}$$

2. $F(\lambda T)$ 表

$F(\lambda T)$ 表称为相对辐射出射度函数表，是某温度下、某波段的辐射出射度 $M_{0 \sim \lambda}$ 和该温度下全辐射出射度 $M_{0 \sim \infty}$ 之比。

将普朗克公式从 0 到某一波长 λ 积分，可得到从 0 到某波长 λ 的辐射出射度 $M_{0 \sim \lambda}$

$$M_{0 \sim \lambda} = \int_0^\lambda M_{b\lambda} d\lambda = \int_0^\lambda \frac{c_1}{\lambda^5} \frac{1}{e^{c_2/\lambda T} - 1} d\lambda$$

由斯特藩-玻耳兹曼定律，有

$$M_{0 \sim \infty} = \sigma T^4 \tag{4-19}$$

则

$$F(\lambda T) = \frac{M_{0 \sim \lambda}}{M_{0 \sim \infty}} = \frac{15}{\pi^4} \int_{\frac{c_2}{\lambda T}}^\infty \frac{[(c_2/(\lambda T))]^3 d[c_2/(\lambda T)]}{e^{c_2/(\lambda T)} - 1} \tag{4-20}$$

对于给定的一系列 λT 值可以计算出相应的 $F(\lambda T)$。$F(\lambda T)$ 的图解表示如图 4-5 中曲线 (b) 所示。利用 $F(\lambda T)$ 函数可得到从 0 到某波长 λ 的辐射出射度，即

$$M_{0 \sim \lambda} = F(\lambda T) M_{0 \sim \infty} = F(\lambda T) \cdot \sigma T^4 \tag{4-21}$$

则某一波段 ($\lambda_1 \sim \lambda_2$) 的辐射出射度为

$$M_{\lambda_1 \sim \lambda_2} = M_{0 \sim \lambda_2} - M_{0 \sim \lambda_1} = [F(\lambda_2 T) - F(\lambda_1 T)] \cdot \sigma T^4 \tag{4-22}$$

表4-1 所列为 $f(\lambda T)$ 和 $F(\lambda T)$ 的函数表。

表4-1 $f(\lambda T)$ 和 $F(\lambda T)$ 的函数表

λT	$f(\lambda T)=f\times 10^{-q}$		$F(\lambda T)=F\times 10^{-p}$		λT	$f(\lambda T)=f\times 10^{-q}$		$F(\lambda T)=F\times 10^{-p}$	
	f	q	F	p		f	q	F	p
1400	1.8609	1	7.7900	3	2900	1.0000	1	2.3921	1
1450	2.2256	1	1.0106	2	2950	9.9923	1	2.6190	1
1500	2.6150	1	1.2850	2	3000	9.9712	1	2.7322	1
1550	3.0245	1	1.6047	2	3050	9.9382	1	2.8452	1
1600	3.4491	1	1.9718	2	3100	9.8935	1	2.9577	1
1650	3.8837	1	2.3780	2	3150	9.8385	1	3.0697	1
1700	4.3234	1	2.8533	2	3200	9.7738	1	3.1809	1
1750	4.7634	1	3.3688	2	3250	9.7006	1	3.2914	1
1800	5.1995	1	3.9340	2	3300	9.6188	1	3.4010	1
1850	5.6276	1	4.5487	2	3350	9.5302	1	3.5096	1
1900	6.0442	1	5.2107	2	3400	9.4350	1	3.6172	1
1950	6.4463	1	5.9194	2	3450	9.3346	1	3.7237	1
2000	6.8313	1	6.6728	2	3500	9.2291	1	3.8290	1
2050	7.1969	1	7.4688	2	3550	9.1183	1	3.9331	1
2100	7.5416	1	8.3051	2	3600	9.0036	1	4.0359	1
2150	7.8641	1	9.1793	2	3650	8.8863	1	4.1374	1
2200	8.3615	1	1.0089	1	3700	8.7656	1	4.2373	1
2250	8.4389	1	1.0089	1	3750	8.6426	1	4.3363	1
2300	8.3615	1	1.1031	1	3800	8.5171	1	4.4337	1
2350	8.9180	1	1.3002	1	3850	8.3903	1	4.5296	1
2400	9.1218	1	1.4025	1	3900	8.2622	1	4.6241	1
2450	9.3020	1	1.5071	1	3950	8.1328	1	4.7171	1
2500	9.4595	1	1.6135	1	4000	8.0026	1	4.8086	1
2550	9.5948	1	1.7216	1	4100	7.7418	1	4.9872	1
2600	9.7086	1	1.8662	1	4200	7.4812	1	5.1600	1
2650	9.8025	1	1.9419	1	4300	7.2225	1	5.3268	1
2700	9.8772	1	2.0535	1	4400	6.9670	1	5.4878	1
2750	9.9327	1	2.1659	1	4500	6.6716	1	5.6430	1
2800	9.9712	1	2.2789	1	4600	6.4698	1	5.9367	1
2850	9.9933	1	2.3921	1	4700	6.2297	1	5.9367	1

续表

λT	$f(\lambda T)=f\times 10^{-q}$		$F(\lambda T)=F\times 10^{-p}$		λT	$f(\lambda T)=f\times 10^{-q}$		$F(\lambda T)=F\times 10^{-p}$	
	f	q	F	p		f	q	F	p
500	2.9622	7	1.2985	9	790	1.1642	3	1.3561	5
510	4.7170	7	2.1558	9	800	1.3723	3	1.6433	5
520	7.3640	7	3.5065	9	810	1.6103	3	1.9812	5
530	1.1290	6	5.5939	9	820	1.8808	3	2.3766	5
540	1.6990	6	8.7624	9	830	2.1868	3	2.8374	5
550	2.5163	6	1.3491	8	840	2.5318	3	3.3720	5
560	3.6687	6	2.0435	8	850	2.9392	3	3.9897	5
570	5.5703	6	3.0480	8	860	3.3523	3	4.7003	5
580	7.4658	6	4.4802	8	870	2.8348	3	5.5148	5
590	1.0442	5	6.4947	8	880	4.3706	3	6.4447	5
600	1.4407	5	9.2921	8	890	4.9635	3	7.5027	5
610	1.9652	5	1.3129	7	900	5.6175	3	1.0057	4
620	2.6504	5	1.8332	7	910	6.3363	3	1.0057	4
630	3.5363	5	2.5309	7	920	7.1243	3	1.3296	4
640	4.6700	5	4.6733	7	930	7.8485	3	1.3296	4
650	6.1074	5	6.2565	7	940	8.9236	3	1.5213	4
660	7.9133	5	6.2565	7	950	9.9432	3	1.7352	4
670	1.0167	4	8.2982	7	960	1.1049	3	1.7352	4
680	1.2942	4	1.0909	6	970	1.2244	2	2.5296	4
690	1.6342	4	1.4219	6	980	1.3533	2	2.5296	4
700	2.0492	4	1.8384	6	990	1.4919	2	2.8522	4
710	2.5498	4	2.3584	6	1000	1.6407	2	3.2075	4
720	3.1505	4	3.0032	6	1050	2.5506	2	5.5581	4
730	3.8664	4	3.7970	6	1100	3.7682	2	9.1117	4
740	4.7145	4	4.7679	6	1150	5.3282	2	1.4238	3
750	5.7462	4	5.9480	6	1200	7.2537	2	2.1341	3
760	6.8824	4	7.3736	6	1250	9.5543	2	3.0841	3
770	8.2437	4	9.0860	6	1300	1.2227	1	4.3162	3
780	9.8205	4	1.1131	5	1350	1.5204	1	5.8719	3
4800	5.9959	1	6.0754	1	7800	1.8913	1	8.4797	1
4900	5.7688	1	6.2088	1	7900	1.8247	1	8.5218	1
5000	5.5488	1	6.3372	1	8000	1.7607	1	8.5625	1
5100	5.3361	1	6.4607	1	8100	1.6995	1	8.6017	1
5200	5.1303	1	6.5794	1	8200	1.6406	1	8.6396	1
5300	4.9320	1	1.1600	1	8300	1.5847	1	8.6762	1

续表

λT	$f(\lambda T) = f \times 10^{-q}$		$F(\lambda T) = F \times 10^{-p}$		λT	$f(\lambda T) = f \times 10^{-q}$		$F(\lambda T) = F \times 10^{-p}$	
	f	q	F	p		f	q	F	p
5400	4.7401	1	6.8033	1	8400	1.5300	1	8.7115	1
5500	4.5568	1	6.9088	1	8500	1.4781	1	8.7457	1
5600	4.3798	1	7.0102	1	8600	1.4283	1	8.7786	1
5700	4.2100	1	7.1076	1	8700	1.3345	1	8.8105	1
5800	4.0466	1	7.2013	1	8800	1.3345	1	8.8413	1
5900	3.8899	1	7.2913	1	8900	1.29047	1	8.8711	1
6000	3.7395	1	7.3779	1	9000	1.2479	1	8.8999	1
6100	3.5954	1	7.4611	1	9100	1.2073	1	8.8277	1
6200	3.4571	1	7.5411	1	9200	1.1681	1	8.9547	1
6300	3.3247	1	7.6180	1	9300	1.1300	1	9.9808	1
6400	3.4977	1	7.6920	1	9400	1.0943	1	9.0060	1
6500	3.0762	1	7.7632	1	9500	1.0596	1	9.0304	1
6600	2.9596	1	7.8316	1	9600	1.0260	1	9.0541	1
6700	2.8480	1	7.8975	1	9700	9.9386	2	9.0770	1
6800	2.7411	1	7.9609	1	9800	9.6285	2	9.0992	1
6900	2.6389	1	8.0220	1	9900	9.3307	2	9.1207	1
7000	2.5408	1	8.0807	1	10000	9.0441	2	9.1416	1
7100	2.4469	1	8.1373	1	10200	8.5016	2	9.1814	1
7200	2.3570	1	8.1918	1	10400	7.998	2	9.2188	1
7300	2.2708	1	8.2443	1	10600	7.5301	2	9.254	1
7400	2.1883	1	8.2944	1	10800	7.0954	2	9.2872	1
7500	2.1093	1	8.3436	1	11000	6.6909	2	9.3185	1
7600	2.0335	1	8.3906	1	11200	6.3143	2	9.348	1
7700	1.9610	1	8.4360	1	11400	5.9632	2	9.3758	1
11600	5.6358	2	9.4021	1	16000	1.9025	2	9.7377	1
11800	5.3301	2	9.4270	1	16200	1.8219	2	9.7461	1
12000	5.0445	2	9.4505	1	16400	1.7454	2	9.7542	1
12200	4.7775	2	9.4728	1	16600	1.6729	2	9.7620	1
12400	4.5276	2	9.4939	1	16800	1.6040	2	9.7694	1
12600	4.2936	2	9.5139	1	17000	1.5387	2	9.7765	1
12800	4.0744	2	9.5329	1	17200	1.4766	2	9.7834	1
13000	3.8687	2	9.5509	1	17400	1.4176	2	9.7899	1
13200	3.6757	2	9.5680	1	17600	1.3615	2	9.7962	1
13400	3.4944	2	9.5843	1	17800	1.3082	2	9.8023	1
13600	3.3240	2	9.5998	1	18000	1.2573	2	9.8081	1

续表

λT	$f(\lambda T)=f\times 10^{-q}$		$F(\lambda T)=F\times 10^{-p}$		λT	$f(\lambda T)=f\times 10^{-q}$		$F(\lambda T)=F\times 10^{-p}$	
	f	q	F	p		f	q	F	p
13800	3.1638	2	9.6145	1	18200	1.2090	2	9.8137	1
14000	3.0129	2	9.6285	1	18400	1.1629	2	9.8191	1
14200	2.8709	2	9.6419	1	18600	1.1190	2	9.8273	1
14400	2.7370	2	9.6546	1	18800	1.0771	2	9.8293	1
14600	2.6108	2	9.6667	1	19000	1.0371	2	9.8341	1
14800	2.4917	2	9.6783	1	19200	9.9899	3	9.8387	1
15000	2.3793	2	9.6893	1	19400	9.6262	3	9.8431	1
15200	2.2730	2	9.6999	1	19600	9.2788	3	9.8474	1
15400	2.1725	2	9.7196	1	19800	8.9461	3	9.8515	1
15600	2.0776	2	9.7196	1	20000	8.6271	3	9.8555	1
15800	2.0776	2	9.7496	1					

4.4.2 计算举例

例1 已知某黑体的温度为1000K,求其峰值波长、光谱辐射度峰值、在 $\lambda=4\mu m$ 处的光谱辐射出射度以及求 $3\sim 5\mu m$ 波段内的辐射出射度。

解 （1）峰值波长：

根据维恩位移定律 $\lambda_m = \dfrac{b}{T} = \dfrac{2898\mu m \cdot K}{1000K} = 2.898\mu m$

（2）光谱辐射度峰值：

根据维恩最大发射本领定律

$$M_{\lambda m} = BT^5 = 1.2867\times 10^{-11}\times (1000)^5 = 1.2867\times 10^4 W\cdot m^{-2}\cdot \mu m^{-1}$$

（3）在 $\lambda=4\mu m$ 处的光谱辐射出射度：

$$\begin{aligned}M_\lambda &= M_{4\mu m} = f(\lambda T)M_{\lambda m} = f(\lambda T)BT^5 \\ &= f(4\times 1000)\times 1.2867\times 10^4 \\ &= 1.0297\times 10^4 W\cdot m^{-2}\cdot \mu m^{-1}\end{aligned}$$

（4）在 $\lambda=3\sim 5\mu m$ 波段内的辐射出射度：

$$\begin{aligned}M_{3\sim 5\mu m} &= [F(5\times 1000)-F(3\times 1000)]\sigma T^4 \\ &= (6.3372-2.7322)\sigma T^4 \\ &= 2.0441\times 10^4 W\cdot m^{-2}\end{aligned}$$

例2 已知人体的温度 $T=310K$（假定人体的皮肤是黑体），求其辐射特性。

解 （1）峰值波长：

$$\lambda_m = \frac{b}{T} = \frac{2898}{310} = 9.4\mu m$$

(2) 全辐射出射度:
$$M = \sigma T^4 = 5.67 \times 10^{-8} \times 310^4 = 5.2 \times 10^2 \text{ W/m}^2$$

(3) 处于紫外区,波长 $0 \sim 0.4\mu m$ 的辐射出射度:
$$M_{0 \sim 0.4} = [F(0.4 \times 310) - 0]\sigma T^4 \approx 0$$

(4) 处于可见光区,波长 $0.4 \sim 0.75\mu m$ 的波长辐射出射度:
$$M_{0.4 \sim 0.75} = [F(0.75 \times 310) - F(0.4 \times 310)]\sigma T^4 \approx 0$$

(5) 处于红外区,波长 $0.75 \sim \infty$ 的辐射出射度:
$$M_{0.75 \sim \infty} = [F(\infty \times 310) - F(0.75 \times 310)]\sigma T^4 \approx M$$

4.5 发射率和实际物体的辐射

黑体是一种理想化的物体,实际物体的辐射与黑体的辐射有所不同。为了将黑体辐射定律推广至实际物体辐射中,引入表征实际物体的辐射接近黑体辐射的程度的物理量,即发射率。

物体的发射率是指该物体在指定温度时的辐射量与同温度黑体的辐射量的比值。这个比值越大,说明物体的辐射与黑体辐射越接近。因此,只要知道了某物体的发射率,利用黑体的基本辐射定律就可找到该物体的辐射规律。

4.5.1 半球发射率

辐射体的辐射出射度与同温度下黑体的辐射出射度之比称为半球发射率,半球发射率又分为半球全发射率和半球光谱发射率两种。

半球全发射率定义为
$$\varepsilon_h = \frac{M(T)}{M_b(T)} \tag{4-23}$$

式中:$M(T)$ 是实际物体温度为 T 时的全辐射出射度,$M_b(T)$ 是黑体在相同温度下的全辐射出射度。

半球光谱发射率定义为
$$\varepsilon_{\lambda h}(T) = \frac{M_\lambda(T)}{M_{\lambda b}(T)} \tag{4-24}$$

式中:$M_\lambda(T)$ 是实际物体在温度 T 时的光谱辐射出射度,$M_{\lambda b}(T)$ 是黑体在相同温度下的光谱辐射出射度。

由式(4-6)、式(4-7)、式(4-24)可以得到任意物体在温度 T 时的半球光谱发射率为
$$\varepsilon_{\lambda h}(T) = \alpha_\lambda(T) \tag{4-25}$$

可见,任何物体的半球光谱发射率与该物体在同温度下的光谱吸收率相等。同理可

得出物体的半球全发射率与该物体在同温度下的全吸收率相等,即

$$\varepsilon_h(T) = \alpha(T) \qquad (4-26)$$

式(4-25)和式(4-26)是基尔霍夫定律的又一表示形式,即物体吸收辐射的本领越大,其发射辐射的本领也越大。

4.5.2 方向发射率

方向发射率,也称为角比辐射率或定向发射本领。它是在与辐射表面法线成 θ 角的小立体角内测量的发射率。当 θ 角为零时,称为法向发射率 ε_n。方向发射率也分为方向全发射率和方向光谱发射率两种。

方向全发射率定义为

$$\varepsilon(\theta) = \frac{L}{L_b} \qquad (4-27)$$

式中:L,L_b 分别为实际物体和黑体在相同温度下的辐射亮度。因为 L 一般与方向有关,所以 $\varepsilon(\theta)$ 也与方向有关。

方向光谱发射率定义为

$$\varepsilon(\theta) = \frac{L_\lambda}{L_{\lambda b}} \qquad (4-28)$$

因为物体的光谱辐射亮度 L_λ 既与方向有关,又与波长有关,所以 $\varepsilon_\lambda(\theta)$ 是方向角 θ 和波 λ 的函数。

从以上各种发射率的定义可以看出,对于黑体,各种发射率的数值均等于1,而对于所有的实际物体,各种发射率的数值均小于1。表4-2所列为几种常见材料的发射率。

物体发射率的一般变化规律如下。

(1)对于朗伯辐射体,3种发射率 ε_n、$\varepsilon(\theta)$ 和 ε_h 彼此相等。对于电绝缘体,$\varepsilon_h/\varepsilon_n$ 在 0.95~1.05 之间,其平均值为 0.98。对这种材料,在 θ 角不超 65°~70° 时,$\varepsilon(\theta)$ 与 ε_n 仍然相等。对于导电体,$\varepsilon_h/\varepsilon_n$ 在 1.05~1.33 之间,对大多数磨光金属,其平均值为 1.20,即半球发射率比法向发射率约大 20%。当 θ 角超过 45° 时,$\varepsilon(\theta)$ 与 ε_n 差别明显。

(2)金属发射率较低,但它随温度的升高而增高。

(3)非金属的发射率一般大于 0.8,并随温度的增加而降低。

(4)金属及其他非透明材料的辐射,发生在表面几微米内,因此发射率是表面状态的函数,而与尺寸无关。据此,涂敷或刷漆的表面发射率是涂层本身的特性,而不是基层表面的特性。对于同一种材料,由于样品表面条件不同,因此测得的发射率值会有差别。

(5)介质的光谱发射率随波长的变化而变化,如图4-6所示。在红外区域,大多数介质的光谱发射率随波长的增加而降低。例如,白漆和涂料 TiO_2 等在可见光区有较低的发射率,但当波长超过 $3\mu m$ 时,几乎相当于黑体。用它们覆盖的物体在太阳光下温度相对较低,因为它不仅反射了部分太阳光,而且几乎像黑体一样重新辐射所吸收的能量。而铝板在直接太阳光照射下,相对温度较高,是由于它在 $10\mu m$ 附近有低的发射率,因此不能有效地辐射所吸收的能量。

表4-2 几种常见材料的发射率

材料	温度/℃	发射率	材料	温度/℃	发射率
金属及其氧化物			其他材料		
铝:抛光板材	100	0.05	砖		
普通板材	100	0.09	普通红砖	20	0.93
铬酸处理的阳极化板材	100	0.55	碳		
真空沉积的	20	0.04	烛烟	20	0.95
黄铜			表面挫平的石磨	20	0.98
高度抛光的	100	0.03	混凝土	20	0.92
氧化处理的	100	0.61	玻璃		
用80#粗金刚砂磨光的	20	0.20	抛光玻璃板	20	0.94
铜			漆		
抛光的	100	0.05	白漆	100	0.92
强氧化处理的	20	0.78	退光黑漆	100	0.97
金			纸		
高度抛光的	100	0.02	白胶膜纸	20	0.93
铁			热石膏		
抛光的铸件	40	0.21	粗涂层	20	0.91
氧化处理的铸件	100	0.64	砂	20	0.90
锈蚀严重的板材	20	0.69	人类的皮肤	32	0.98
镁			土壤		
抛光的	20	0.07	干土	20	0.92
镍			含有饱和水	20	0.95
电镀抛光的	20	0.05	水		
电镀不抛光的	20	0.11	蒸馏水	20	0.96
氧化处理的	200	0.37	平坦的水	-10	0.96
银			霜晶	-10	0.98
抛光的	100	0.03	雪	-10	0.85
金属及其氧化物			木材		
不锈钢			刨光的栋木	20	0.90
18-8型抛光的	20	0.16			
18-8型在800℃下氧化处理的	60	0.85			
钢					
抛光的	100	0.07			
氧化处理的	200	0.79			

需注意的是,判断物体发射率的高低不能完全依赖于人眼的观察。譬如对雪来说,雪的发射率较高。但是,依据眼睛的判断,雪是很好的漫反射体,或者说它的反射率高而吸

收率低即它的发射率低。其实,处在雪这个零度下的黑体峰值波长为 10.5μm,且整个辐射能量的 98% 处于 3~70μm 的波段内。而人眼仅对 0.5μm 左右的波长敏感,不可能感觉到 10μm 处的情况,所以依赖眼睛的判断是无意义的。太阳可看作 6000K 的黑体,其峰值波长为 0.5μm,且整个辐射能量的 98% 处于 0.15~3μm 波段内,因此,被太阳照射的雪,吸收了 0.5μm 波段的辐射能,而在 10μm 的波段上又重新辐射出去。

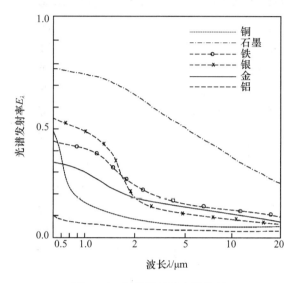

图 4-6 各种材料的光谱发射

4.5.3 热辐射体的分类

根据光谱发射率的变化规律,热辐射体通常被分为以下 3 类。

1. 黑体

黑体的发射率、光谱发射率均等于 1。黑体的辐射特性遵循普朗克公式、维恩位移定律和斯特藩-玻耳兹曼定律。

2. 灰体

灰体的发射率、光谱发射率均为小于 1 的常数。若用脚注 g 表示灰体的辐射量,则

$$\begin{cases} M_g = \varepsilon M_b \\ M_{\lambda g} = \varepsilon M_{\lambda b} \\ L_g = \varepsilon(\theta) L_b \\ L_{\lambda g} = \varepsilon(\theta) L_{\lambda b} \end{cases} \quad (4-29)$$

式中: ε 为发射率,L 为对应的辐射亮度。

当灰体是朗伯辐射体时,$\varepsilon(\theta) = \varepsilon$。于是,适用于灰体的普朗克公式和斯特藩-玻耳兹曼定律的形式为

$$M_{\lambda g} = \varepsilon M_{\lambda b} = \frac{\varepsilon c_1}{\lambda^5}(e^{c_2/\lambda T} - 1) \quad (4-30)$$

$$M_g = \varepsilon M_b = \varepsilon \sigma T^4 \tag{4-31}$$

而维恩位移定律的形式不变。

3. 选择性辐射体

选择性辐射体的光谱发射率随波长变化而变化。

图 4-7、图 4-8 所示为 3 类辐射体的光谱发射率和光谱辐射出射度曲线。

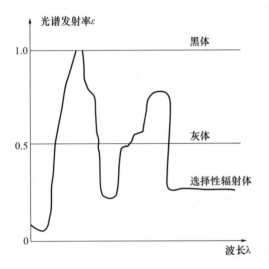

图 4-7 3 类辐射体的光谱发射率曲线　　图 4-8 3 类辐射体的光谱辐射出射度曲线

由图 4-7、图 4-8 可知，黑体辐射的光谱分布曲线是各种辐射体曲线的包络线，这表明，在相同的温度下，黑体总的或任意的光谱区间的辐射要比其他辐射体的都大。灰体的发射率是一个不变的常数，这在红外辐射研究中非常重要，有些辐射源如喷气机尾喷管、气动加热表面、无动力空间飞行器、人、大地及空间背景等可以视为灰体，因此只要知道它们的发射率，就可根据相关的辐射规律进行准确的计算。灰体的光谱辐射出射度曲线与黑体的光谱辐射出射度曲线有相同的形状，但其发射率小于 1，所以在黑体曲线的下方。在有限的光谱区间，有时选择性辐射体也可被看作灰体来简化计算。

习题及小组讨论

4-1 名词解释

黑体、热辐射、半球发射率、方向发射率

4-2 填空题

(1) 普雷夫定则_____地说明了吸收能量大的物体发射能量也大，而基尔霍夫定律是_____地描述物体吸收热量和发射热量之间关系的定律，是辐射传输理论的基础。

(2)普朗克公式的重要意义：只要给定一个温度,则在某个波长处就对应一个_____,而其他物体的_____也随之确定。

(3)维恩位移定律表明,黑体光谱辐射出射度峰值对应的波长与_____成反比,_____越高,辐射峰值向_____方向移动。

(4)黑体的全辐射出射度与_____成正比。

(5)根据光谱发射率的变化规律,热辐射体通常分为_____、_____、_____ 3类。

(6)好的吸收体必然是好的_____体。

(7)用于黑体辐射简化计算的两个函数分别是_____和_____函数。

4-3 问答题

(1)从理论和结构两方面阐述什么是黑体,分析黑体的主要作用。

(2)根据普朗克公式分析黑体辐射具有哪些规律。

(3)分析物体吸收本领和发射本领之间的关系。

4-4 计算题

某型号坦克运动一段时间后,其表面温度为400K,有效辐射面积为$1m^2$,假设其蒙皮发射率为0.9,试求：

(1)辐射的峰值波长；

(2)最大辐射出射度；

(3)全辐射出射度；

(4) $4 \sim 13 \mu m$ 波段的辐射出射度。

4-5 知识总结及小组讨论

(1)回顾、总结本章知识点,画出思维导图。

(2)讨论黑体辐射在国防及国民经济领域有哪些应用？

第 5 章

红外辐射源

本章教学目标

知识目标：(1) 熟悉实验室常用红外辐射源。
　　　　　(2) 领会黑体型辐射源及腔体辐射理论。
　　　　　(3) 分析典型人工目标的红外辐射特性。
能力目标：能够分析不同军事目标及背景的辐射特性。
素质目标：夯实基础，培养学生脚踏实地，理论联系实际。

本章引言

　　任何发射红外波段电磁波的物体均可称为红外辐射源。红外辐射源一般分为标准辐射源(黑体)、常用辐射源、自然辐射源和人工目标辐射源。黑体辐射源作为标准辐射源，广泛用于红外设备的绝对标准。常用辐射源主要是实验室和光谱仪中常用的一些红外辐射源。自然辐射源是自然界中的太阳、月亮、星星、云层等自然红外辐射源。人工目标辐射源主要是飞机、坦克、火箭、火炮、红外诱饵、人体等典型目标的辐射源。本章首先讨论作为标准用于校准的黑体型辐射源，随后讨论实验室常用红外辐射源及人工目标红外辐射特性。

5.1　黑体型辐射源

　　黑体型辐射源作为标准辐射源，广泛用于红外设备的绝对标准。黑体只是一种理想化的概念，自然界中并不存在绝对的黑体。基尔霍夫定律证明了密闭空腔内的辐射就是黑体辐射。在实际使用中，黑体型辐射源都是开有小孔的空腔。小孔的辐射只是近似黑体的辐射，由于从小孔入射的辐射总有一小部分从小孔逸出，因此其发射率略低于 1。习惯上将这种开有小孔的空腔称为黑体、黑体炉或模拟标准黑体。腔体辐射理论是制作黑体的基础,主要有古费理论、德法斯理论等。

5.1.1 古费理论

古费于1954年提出了一个计算开孔空腔有效发射率的表达式。用这个表达式可以对球形、圆柱形和圆锥形腔体的有效发射率进行理论计算。虽然在表达式的推导中做了一些近似的假设,但因为它的表达式意义明确、使用方便,因此在设计空腔型辐射源时仍得到了广泛的应用,一直沿用至今。

1. 有效发射率推导

设有一开孔面积为A、内表面面积(包括开孔面积)为S_t的空腔。腔体具有均匀的温度T,其内表面是吸收率$\alpha = \varepsilon$的不透明朗伯面。

为了求出腔孔的有效发射率ε_0,古费首先推导了腔孔的有效吸收率α_0,然后根据基尔霍夫定律,求出腔孔的有效发射率$\varepsilon_0 = \alpha_0$。

如图5-1所示,设有一束辐射功率为P_0的光线,从外部垂直于腔孔表面射入空腔内,发射到腔壁上的x位置附近的小面积$\Delta S(x)$上,在此位置产生的辐射照度为

$$E(x) = \frac{P_0}{\Delta S(x)} \tag{5-1}$$

如果把被照面$\Delta S(x)$也看作辐射源,则其辐射出射度为

$$M(x) = \rho E(x) = \rho \frac{P_0}{\Delta S(x)} \tag{5-2}$$

式中:ρ为腔壁的反射率。

经过第一次反射后,反射到腔内的辐射功率为

$$P' = M\Delta S(x) = \rho P_0 \tag{5-3}$$

根据朗伯余弦定律,从腔孔中逸出的辐射功率为

$$\Delta P_1 = \int dP = \int_\Omega L \Delta S(x) \cos\theta d\Omega = \frac{M}{\pi} \Delta S(x) \int_\Omega \cos\theta d\Omega = \rho P_0 F(x, \Omega) \tag{5-4}$$

式中:$F(x, \Omega) = \frac{1}{\pi} \int_\Omega \cos\theta d\Omega$为腔孔的角度因子,它与腔孔对$x$点所张的立体角$\theta$及$x$点的位置有关。

经过第一次反射后,净留在腔内的辐射功率为

$$P_1 = P' - \Delta P_1 = [1 - F(x, \Omega)]\rho P_0 \tag{5-5}$$

此时,净留在腔内的辐射功率P_1又被腔壁第二次反射到腔内,且第二次反射到腔内的辐射功率为

$$P'' = \rho P_1 \tag{5-6}$$

假设经过第二次反射后,辐射功率P''均匀地发射在整个空腔内壁。因为腔孔面积为A,腔壁面积为S_t,所以P''中有占比为A/S_t的分量从腔孔中逸出,即第二次从腔孔中逸出的辐射功率为

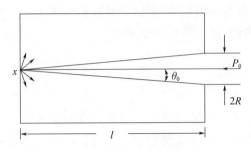

图 5-1 古费表达式推导

$$\Delta P_2 = P'' \frac{A}{S_t} = \frac{A}{S_t} \rho P_1 \tag{5-7}$$

于是,经过腔壁的第二次反射,净留在腔内的辐射功率为

$$P_2 = P'' - \Delta P_2 = \left(1 - \frac{A}{S_t}\right) \rho P_1 \tag{5-8}$$

以此类推,经腔壁的第三次反射后,从腔孔中逸出的辐射功率为

$$\Delta P_3 = \frac{A}{S_t} \rho P_2 = \left(1 - \frac{A}{S_t}\right) \frac{A}{S_t} \rho^2 P_1 \tag{5-9}$$

经过第三次反射后,净留在腔内的辐射功率为

$$P_3 = \left(1 - \frac{A}{S_t}\right) \rho P_2 = \left(1 - \frac{A}{S_t}\right)^2 \rho^2 P_1 \tag{5-10}$$

所以,第 n 次反射后,从腔孔中逸出的辐射功率为

$$\Delta P_n = \frac{A}{S_t} \rho P_{n-1} = \left(1 - \frac{A}{S_t}\right)^{n-2} \frac{A}{S_t} \rho^{n-1} P_1 \tag{5-11}$$

这样,经无数次反射后,从腔孔中逸出的总辐射功率为

$$\begin{aligned}
P_r &= \Delta P_1 + \Delta P_2 + \Delta P_3 + \cdots + \Delta P_n + \cdots \\
&= \Delta P_1 + \frac{A}{S_t} \rho P_1 + \left(1 - \frac{A}{S_t}\right) \frac{A}{S_t} \rho^2 P_1 + \cdots + \left(1 - \frac{A}{S_t}\right)^{n-2} \frac{A}{S_t} \rho^{n-1} P_1 + \cdots \\
&= \Delta P_1 + \frac{A}{S_t} \rho P_1 \left[1 + \left(1 - \frac{A}{S_t}\right) \rho + \left(1 - \frac{A}{S_t}\right)^2 \rho^2 + \cdots + \left(1 - \frac{A}{S_t}\right)^{n-2} \rho^{n-2} + \cdots \right] \\
&= \Delta P_1 + \frac{A}{S_t} \rho P_1 \frac{1}{1 - \rho \left(1 - \frac{A}{S_t}\right)} \\
&= F(x, \Omega) \rho P_0 + \frac{A}{S_t} \frac{\left[1 - F(x, \Omega)\right] \rho^2 P_0}{1 - \rho \left(1 - \frac{A}{S_t}\right)}
\end{aligned} \tag{5-12}$$

所以,腔孔的有效反射比为

$$\rho_0 = \frac{P_r}{P_0} = \rho F(x, \Omega) + \frac{\left[1 - F(x, \Omega)\right] \frac{A}{S_t} \rho^2}{1 - \rho \left(1 - \frac{A}{S_t}\right)} \tag{5-13}$$

根据基尔霍夫定律,腔孔的有效发射率为

$$\varepsilon_0 = \alpha_0 = 1 - \rho_0 = \frac{(1-\rho)\left\{1 + \rho\left[\frac{A}{S_t} - F(x,\Omega)\right]\right\}}{1 - \rho\left(1 - \frac{A}{S_t}\right)} \quad (5-14)$$

2. 角度因子的推导和发射率公式的简化

由式(5-14)可见,要计算腔孔的有效发射率 ε_0,需计算角度因子 $F(x,\Omega)$。而 $F(x,\Omega)$ 与位置 x 有关,如果要计算所有 x 点的 $F(x,\Omega)$ 势必十分复杂。为了简单起见,只计算特殊情况下的 $F(x,\Omega)$ 值即可。此处仅考虑当入射辐射垂直于腔孔表面入射时的情况,即计算正对腔孔的 $\Delta S(x)$ 与腔孔表面平行情况下的 $F(x,\Omega)$ 便可。在这种情况下,可使得第一次反射时从腔孔逸出的辐射功率最大,$F(x,\Omega)$ 的值也最大。用此情况下的 $F(x,\Omega)$ 来计算 ε_0 是比较合理的。这样,$F(x,\Omega)$ 可利用以下公式计算得到

$$F(x,\Omega) = \frac{1}{\pi}\int_\Omega \cos\theta d\Omega = \frac{1}{\pi}\int_0^{2\pi}d\varphi\int_0^{\theta_0}\cos\theta\sin\theta d\theta = \sin^2\theta_0 = \frac{R^2}{l^2 + R^2} \quad (5-15)$$

式中:R 为腔孔的半径,l 为从腔孔平面算起的腔体的深度。

若令 $g = R/l$,g 称为腔孔的几何因子,则有

$$F(x,\Omega) = \frac{g^2}{1+g^2} \quad (5-16)$$

对于通常应用的黑体型辐射源,其几何因子 $g = R/l \ll 1$,因此式(5-16)可近似为

$$F(x,\Omega) \approx g^2 \quad (5-17)$$

3. 3 种典型腔体结构的 A/S_t 计算

对于如图 5-2 所示的 3 种典型的腔体结构,可以计算出它们的 A/S_t。

(1)圆锥形腔的 A/S_t 为

$$\frac{A}{S_t} = \frac{g}{g + \sqrt{1+g^2}} \approx g(1-g) \quad (5-18)$$

(2)圆柱形腔的 A/S_t 为

$$\frac{A}{S_t} = \frac{g}{2(1+g)} \approx \frac{g}{2}(1-g) \quad (5-19)$$

(3)球形腔的 A/S_t 为

$$\frac{A}{S_t} = \frac{g^2}{1+2g^2} \approx g^2 \quad (5-20)$$

将球形腔的 A/S_t 记为 A/S_0,当 $g \ll 1$ 时,它恰好等于角度因子 $F(x,\Omega)$,所以有

$$F(x,\Omega) = g^2 = \frac{A}{S_0} \quad (5-21)$$

4. 公式简化

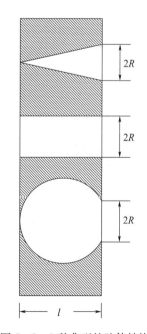

图 5-2 3 种典型的腔体结构

由于腔壁是不透明的,因此腔壁材料的发射率 $\varepsilon = \alpha$,或者说腔壁的反射率为 $\rho = 1 - \varepsilon$。常见腔孔的有效发射率的表达式为

$$\varepsilon_0 = \frac{\varepsilon\left[1+(1-\varepsilon)\left(\dfrac{A}{S_t}-\dfrac{A}{S_0}\right)\right]}{\varepsilon\left(1-\dfrac{A}{S_t}\right)+\dfrac{A}{S_t}} \tag{5-22}$$

若令

$$k = (1-\varepsilon)\left(\frac{A}{S_t}-\frac{A}{S_0}\right) \tag{5-23}$$

$$\varepsilon_0' = \frac{\varepsilon}{\varepsilon\left(1-\dfrac{A}{S_t}\right)+\dfrac{A}{S_t}} \tag{5-24}$$

则可得

$$\varepsilon_0 = \varepsilon_0'(1+k) \tag{5-25}$$

5. 讨论

通过上述公式分析可得出以下结论。

(1) 腔孔的有效发射率 ε_0 总是大于腔壁材料的发射率 ε。

由于球形腔体的内表面积最大，因此 $A/S_t > A/S_0$，又因为 $1-\varepsilon > 0$，根据式(5-23)有 $k > 0$。因为 $\varepsilon < 1$，所以 $\varepsilon(1-A/S_t) < (1-A/S_t)$，有 $\varepsilon(1-A/S_t)+A/S_t < 1$，即 $\dfrac{1}{\varepsilon(1-A/S_t)+A/S_t} > 1$，从而有 $\varepsilon_0' = \dfrac{\varepsilon}{\varepsilon(1-A/S_t)+A/S_t} > \varepsilon$，于是根据式(5-25)，有 $\varepsilon_0 > \varepsilon_0' > \varepsilon$。此结论称为腔体效应。

(2) 在 l/R 的值相同的情况下，ε 值越大，ε_0 值也越大。

(3) 在 ε 值相同的情况下，l/R 的值越大，ε_0 也越大。

(4) 对于同一 l/R 值，空腔的内表面积越大，ε_0 越大。即对于同一 l/R，球形腔的 ε_0 最大，圆柱形腔次之，圆锥形腔最小。

(5) 若 ε 足够大，l/R 足够大，则 ε_0 将趋于1，故空腔型辐射源在此条件下可视为黑体辐射源。

6. 计算举例

对于圆柱-圆锥形腔(图5-3)，圆柱部分长 $l = 5.4$cm，半径 $R = 1.5$cm，腔孔半径 $R' = 1$cm。圆锥部分高 $h = 2.6$cm，顶角 $\theta = 60°$。腔壁的发射率 $\varepsilon = 0.78$，试计算其腔孔的有效发射率 ε_0。

解：先求出腔孔面积 A 和整个内表面面积 S_t(包括腔孔面积)：

$$A = \pi R'^2 = \pi \times 1^2 = \pi(\text{cm}^2)$$

$$\begin{aligned} S_t &= \pi R \frac{h}{\cos 30°} + 2\pi Rl + \pi R^2 \\ &= \pi\left(\frac{1.5 \times 2.6}{0.866} + 2 \times 1.5 \times 5.4 + 1.5^2\right) \\ &= \pi \times 22.953 \text{cm}^2 \end{aligned}$$

从而可求出 A/S_t：

$$\frac{A}{S_t} = \frac{\pi}{22.953\pi} = 0.0436$$

再用近似式求出 A/S_0：

$$\frac{A}{S_0} \approx g^2 = \left(\frac{1}{8}\right)^2 = 0.0156$$

最后求出 ε_0：

$$\varepsilon_0 = \frac{\varepsilon\left[1+(1-\varepsilon)\left(\dfrac{A}{S_t}-\dfrac{A}{S_0}\right)\right]}{\varepsilon\left(1-\dfrac{A}{S_t}\right)+\dfrac{A}{S_t}}$$

$$= \frac{0.78[1+0.22(0.0436-0.0156)]}{0.78(1-0.0436)+0.0436}$$

$$= 0.9939$$

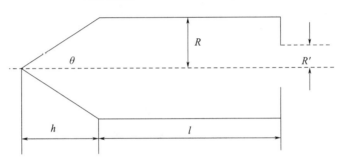

图 5-3　圆柱-圆锥形腔

5.1.2　德法斯理论

德法斯(Devos)在1954年给出了黑体辐射源的腔孔有效发射率的计算公式。因该公式考虑的是任意形状的腔体，且没有假设腔壁是漫反射表面，所以一般认为它是比较完善系统的理论。在介绍德法斯理论之前，先介绍一些与其相关的基础知识。

1. 双向反射率

对于反射率 ρ、吸收率 α 和透过率 τ，有 $\alpha+\rho+\tau=1$。通常被照射的物体是不透明物体，辐射功率除可以被照射的物体吸收一部分外，其余都被反射了，即 $\tau=0$，则有 $\alpha+\rho=1$。所以，只要测出物体的反射率 ρ，就可以计算出物体的吸收率 α，再根据基尔霍夫定律有 $\alpha=\varepsilon$，则可以得到物体的有效发射率 ε_0。由于物体的反射通常是有方向性的，所以为了研究反射辐射随入射与收集角状态的变化关系，特引入双向反射率，即特定立体角的反射辐射功率与特定立体角的入射辐射功率之比，可用数学表达式表示为

$$\rho(\Omega_i, \Omega_r) = \frac{P_r(\Omega_r)}{P_i(\Omega_i)} \tag{5-26}$$

式中：Ω_r 为反射立体角，$P_r(\Omega_r)$ 为 Ω_r 立体角内的反射功率，Ω_i 为入射立体角，$P_i(\Omega_i)$ 为 Ω_i 立体角内入射的辐射功率。其物理意义由图5-4说明。

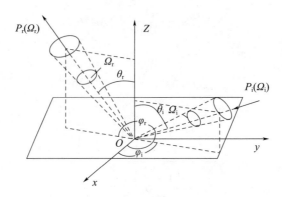

图 5-4 入射与反射辐射功率的角度状态

由于入射和反射可以是半球入射和反射,也可以是在某一有限立体角内的入射和反射或特定方向(小立体角元内)的入射和反射,因此它们组合后可得 9 种不同的反射率。这 9 种反射率还被冠以"光谱"或"波段范围",以表示光谱反射率和某波段范围的反射率。

为了方便地描述反射率按角度的分布情况,可引入部分反射率,即在某方向上

$$\rho_A^{ir} = \frac{dP_r(\Omega_r)/d\Omega_r}{dP_i(\Omega_i)} \tag{5-27}$$

实际上,P_A^{ir} 表示辐射由 i 方向入射,经面元 dA 向 r 方向单位立体角内的反射本领,它是双向反射分布函数的另一种定义形式。

2. Helmholtz 互易性定理

如图 5-5 所示,两个面元 dA_1 和 dA_2 经面元 dA 发射相互传递辐射量。设面元 dA_1 垂直于 r_1,dA_2 垂直于 r_2。根据辐射亮度的定义式,可以写出从 dA_1 到 dA 的辐射功率 dP_1 为

$$dP_1 = L_1 dA_1 d\Omega_1 = L_1 dA_1 \frac{dA\cos\theta_A^{A_1}}{r_1^2} \tag{5-28}$$

式中:$\theta_A^{A_1}$ 为 dA_1 和 dA 的连线与 dA 法线方向的夹角。

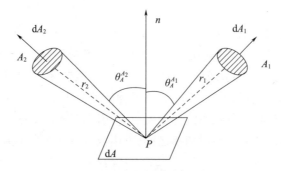

图 5-5 Helmholtz 互异性定理

这个辐射功率经 dA 反射到 dA_2 的部分为

$$dP_1^2 = \rho_A^{A_1A_2} dP_1 d\Omega_2 = \rho_A^{A_1A_2} L_1 \cos\theta_A^{A_1} dA \frac{dA_1}{r_1^2} \cdot \frac{dA_2}{r_2^2} \quad (5-29)$$

式中：$\rho_A^{A_1A_2}$ 为 dA_1 的辐射由 A_1P 的方向入射，经面元 dA 向 PA_2 方向上单位立体角内的反射率。

同理可以写出 dA_2 经 dA 反射到 dA_1 的辐射功率 dP_2^1 为

$$dP_2^1 = \rho_A^{A_2A_1} L_2 \cos\theta_A^{A_2} dA \frac{dA_2}{r_2^2} \cdot \frac{dA_1}{r_1^2} \quad (5-30)$$

式中：$\theta_A^{A_2}$ 为 dA_2 和 dA 的连线与 dA 法线的夹角；$\rho_A^{A_2A_1}$ 为 dA_2 的辐射由 A_2P 方向入射，经面元 dA 向 PA_1 方向上单位立体角内的反射率。

如果面元 dA_1 和 dA_2 是温度恒定的同一物体的两个部分，则 $L_1 = L_2 = L$，那么，在辐射热平衡条件下，$dP_1^2 = dP_2^1$。则可得到

$$\rho_A^{A_1A_2} \cos\theta_A^{A_1} = \rho_A^{A_2A_1} \cos\theta_A^{A_2} \quad (5-31)$$

式(5-31)就是 Helmholtz 互易性定理的数学表达式。

3. 德法斯腔体理论

德法斯腔体理论的推导思路如下。

(1) 考虑一个封闭腔，推出腔壁上的任意面元 $d\omega$ 在任意方向 do 的有效发射率。如果腔体是等温的，求出其有效发射率为1，如果腔体不是等温的，则得出温度的修正项，就是封闭腔体的有效发射率。

(2) 考虑开口腔有效发射率的近似计算公式，它相当于封闭腔下 $d\omega$ 面元在 do 方向的有效发射率减去 do 直接或间接对 $d\omega$ 在 do 方向的有效发射率的贡献。

1) 封闭腔内壁任意面元的有效发射率

$d\omega$ 在 do 方向的辐射功率等于 $d\omega$ 自身向 do 方向的辐射功率加上整个腔壁经 $d\omega$ 向 do 方向反射的辐射功率。

$d\omega$ 自身向 do 方向的辐射功率为

$$dP_\omega^o = \varepsilon_\omega^o L_{bb}(T_\omega) d\omega \cos\theta_\omega^o d\Omega_\omega^o \quad (5-32)$$

式中：ε_ω^o 为 $d\omega$ 面元在 do 方向上的发射率；$L_{bb}(T_\omega)$ 为温度为 T_ω 时黑体的辐射亮度；$d\Omega_\omega^o$ 为 do 对 $d\omega$ 所张的立体角；θ_ω^o 为 do 和 $d\omega$ 的连线与 $d\omega$ 法线之间的夹角。

整个腔壁经 $d\omega$ 向 do 方向反射的辐射功率计算如下。

首先考虑一次反射的情况，在腔内取面元 dn，求面元 dn 的辐射经 $d\omega$ 向 do 方向反射的辐射功率，需要先求出 dn 入射到 $d\omega$ 上的辐射功率，则有

$$dP_\omega^n = \varepsilon_n^\omega L_{bb}(T_n) dn \cos\theta_n^\omega d\Omega_n^\omega \quad (5-33)$$

式中：ε_n^ω 为 dn 在 $d\omega$ 方向上的发射率，$L_{bb}(T_n)$ 为当温度为 T_n 时黑体的辐射亮度，θ_n^ω 为 dn 和 $d\omega$ 的连线与 dn 法线方向之间的夹角，$d\Omega_n^\omega$ 为 $d\omega$ 对 dn 所张的立体角。

由于

$$d\Omega_n^\omega = \frac{d\omega \cdot \cos\theta_n^\omega}{r_{\omega n}^2} \quad (5-34)$$

式中：θ_n^ω 为 dn 和 $d\omega$ 的连线与 $d\omega$ 法线方向间的夹角，$r_{\omega n}$ 为 $d\omega$ 与 dn 的距离，而 dn 对 $d\omega$ 所张的立体角 $d\Omega_\omega^n$ 为

$$\mathrm{d}\varOmega_\omega^n = \frac{\mathrm{d}n \cdot \cos\theta_n^\omega}{r_{\omega n}^2} \tag{5-35}$$

因此,$\mathrm{d}n$ 入射到 $\mathrm{d}\omega$ 上的辐射功率可改写为

$$\mathrm{d}P_\omega^n = \varepsilon_n^\omega L_{\mathrm{bb}}(T_n)\mathrm{d}\omega\cos\theta_n^\omega\mathrm{d}\varOmega_\omega^n \tag{5-36}$$

则 $\mathrm{d}n$ 经 $\mathrm{d}\omega$ 反射到 $\mathrm{d}o$ 方向,$\mathrm{d}\varOmega_\omega^o$ 立体角内的辐射功率 $\mathrm{d}P_\omega^{no}$ 可写为

$$\mathrm{d}P_\omega^{no} = \varepsilon_n^\omega L_{\mathrm{bb}}(T_n)\mathrm{d}\omega\cos\theta_\omega^n\mathrm{d}\varOmega_\omega^n\rho_\omega^{no}\mathrm{d}\varOmega_\omega^o \tag{5-37}$$

式中:ρ_ω^{no} 为 $\mathrm{d}n$ 经 $\mathrm{d}\omega$ 反射到 $\mathrm{d}o$ 方向上的单位立体角的反射率。当 Helmholt 互异性定理近似成立时,有

$$\rho_\omega^{no}\cos\theta_\omega^n = \rho_\omega^{on}\cos\theta_\omega^o \tag{5-38}$$

式(5-37)可简化为

$$\mathrm{d}P_\omega^o = \varepsilon_n^\omega L_{\mathrm{bb}}(T_n)\mathrm{d}\omega\rho_\omega^{on}\cos\theta_\omega^o\mathrm{d}\varOmega_\omega^n\mathrm{d}\varOmega_\omega^o \tag{5-39}$$

这样可以得到整个腔体经 $\mathrm{d}\omega$ 反射到 $\mathrm{d}o$ 方向上的 $\mathrm{d}\varOmega_\omega^o$ 立体角内的辐射功率 P_ω^{no} 为

$$P_{\omega(1)}^o = \mathrm{d}\omega\cos\theta_\omega^o\mathrm{d}\varOmega_\omega^o\int_{半球}\varepsilon_n^\omega L_{\mathrm{bb}}(T_n)\rho_\omega^{on}\mathrm{d}\varOmega_\omega^n \tag{5-40}$$

考虑二次反射的情况,由面元 $\mathrm{d}m$ 入射到 $\mathrm{d}n$,并从 $\mathrm{d}n$ 向 $\mathrm{d}\omega$ 反射,然后又被 $\mathrm{d}\omega$ 向 $\mathrm{d}o$ 方向反射。用与第一次反射相同的方法可得

$$\mathrm{d}P_{n\omega}^{mo} = \varepsilon_m^n L_{\mathrm{bb}}(T_m)\mathrm{d}\omega\cos\theta_\omega^o\mathrm{d}\varOmega_n^m\rho_n^{\omega m}\mathrm{d}\varOmega_\omega^o\rho_\omega^{on}\mathrm{d}\varOmega_n^o \tag{5-41}$$

对 $\mathrm{d}m$ 和 $\mathrm{d}n$ 积分,就可得到整个腔体通过 $\mathrm{d}\omega$ 向 $\mathrm{d}o$ 方向反射的辐射功率为

$$P_{\omega(2)}^o = \mathrm{d}\omega\cos\theta_\omega^o\mathrm{d}\varOmega_\omega^o\iint_{半球}\varepsilon_n^n L_{\mathrm{bb}}(T_m)\rho_n^{\omega n}\mathrm{d}\varOmega_\omega^n\rho_\omega^{om}\mathrm{d}\varOmega_n^m \tag{5-42}$$

同理,可求得通过 $\mathrm{d}\omega$ 的三次、四次、……反射到 $\mathrm{d}o$ 的辐射功率。所以总的由 $\mathrm{d}\omega$ 到 $\mathrm{d}o$ 方向的辐射功率等于 $\mathrm{d}\omega$ 自身辐射的功率加上多次反射的辐射功率之和,从而得到

$$\begin{aligned}P_\omega^o = \mathrm{d}\omega\cos\theta_\omega^o\mathrm{d}\varOmega_\omega^o\Big[&\varepsilon_\omega^o L_{\mathrm{bb}}(T_\omega) + \int_{半球}\varepsilon_n^\omega L_{\mathrm{bb}}(T_n)\rho_\omega^{on}\mathrm{d}\varOmega_\omega^n + \\ &\iint_{半球}\varepsilon_m^n L_{\mathrm{bb}}(T_m)\rho_n^{\omega m}\mathrm{d}\varOmega_n^m\rho_\omega^{on}\mathrm{d}\varOmega_\omega^n + \cdots\Big]\end{aligned} \tag{5-43}$$

若令

$$C_n = \frac{L_{\mathrm{bb}}(T_\omega) - L_{\mathrm{bb}}(T_n)}{L_{\mathrm{bb}}(T_\omega)} \tag{5-44}$$

$$C_m = \frac{L_{\mathrm{bb}}(T_\omega) - L_{\mathrm{bb}}(T_m)}{L_{\mathrm{bb}}(T_\omega)} \tag{5-45}$$

则有

$$\begin{aligned}P_\omega^o = L_{\mathrm{bb}}(T_\omega)\mathrm{d}\omega\cos\theta_\omega^o\mathrm{d}\varOmega_\omega^o\Big[&\varepsilon_\omega^o + \int_{半球}(1 - C_n)\varepsilon_n^\omega\rho_\omega^{on}\mathrm{d}\varOmega_\omega^n + \\ &\iint_{半球}(1 - C_m)\varepsilon_m^n\rho_n^{\omega m}\mathrm{d}\varOmega_\omega^n\rho_\omega^{on}\mathrm{d}\varOmega_n^m + \cdots\Big]\end{aligned} \tag{5-46}$$

由此可知,面元 $\mathrm{d}\omega$ 在 $\mathrm{d}o$ 方向上的有效发射率为

$$\varepsilon'_\omega = \varepsilon_\omega^o + \int_{半球}(1 - C_n)\varepsilon_n^\omega\rho_\omega^{on}\mathrm{d}\varOmega_\omega^n + \iint_{半球}(1 - C_m)\varepsilon_m^n\rho_\omega^{\omega m}\rho_n^{on}\mathrm{d}\varOmega_\omega^n\mathrm{d}\varOmega_n^m + \cdots \tag{5-47}$$

若封闭腔为等温腔,即腔壁的温度处处相等,则 $C_n = C_m = \cdots = 0$,此时的发射率为

$$\varepsilon'_\omega = \varepsilon^o_\omega + \int_{\text{半球}} \varepsilon^\omega_n \rho^{on}_\omega \mathrm{d}\Omega^n_\omega + \iint_{\text{半球}} \varepsilon^n_m \rho^{\omega m}_n \rho^{on}_\omega \mathrm{d}\Omega^n_\omega \mathrm{d}\Omega^m_n + \cdots \quad (5-48)$$

式中:$\varepsilon^o_\omega, \varepsilon^\omega_n, \varepsilon^n_m$ 为 $\mathrm{d}\omega$、$\mathrm{d}n$、$\mathrm{d}m$ 处腔壁的发射率(或吸收率)。

若有单位辐射能从 $\mathrm{d}o$ 经 $o\omega$ 入射到 $\mathrm{d}\omega$ 上,首先被 $\mathrm{d}\omega$ 吸收了 ε^o_ω 这部分辐射,经 $\mathrm{d}\omega$ 反射后,整个腔壁对一次反射后的辐射吸收部分为 $\int_{\text{半球}} \varepsilon^\omega_n \rho^{on}_\omega \mathrm{d}\Omega^n_\omega$,同样地,整个腔壁对二次反射后的辐射吸收部分为 $\iint_{\text{半球}} \varepsilon^n_m \rho^{\omega m}_n \rho^{on}_\omega \mathrm{d}\Omega^n_\omega \mathrm{d}\Omega^m_n$,以此类推。由于腔体是密闭的,入射辐射将全部被吸收,因此得到等温封闭腔的有效发射率 $\varepsilon'_\omega = 1$。

若封闭腔不等温,则 $\mathrm{d}\omega$ 在 $\mathrm{d}o$ 方向上的有效发射率为

$$\varepsilon'_\omega = 1 - \int_{\text{半球}} C_n \varepsilon^\omega_n \rho^{on}_\omega \mathrm{d}\Omega^n_\omega - \iint_{\text{半球}} C_m \varepsilon^n_m \rho^{\omega m}_n \rho^{on}_\omega \mathrm{d}\Omega^n_\omega \mathrm{d}\Omega^m_n + \cdots \quad (5-49)$$

令

$$\delta\varepsilon'_\omega = \int_{\text{半球}} C_n \varepsilon^\omega_n \rho^{on}_\omega \mathrm{d}\Omega^n_\omega + \iint_{\text{半球}} C_m \varepsilon^n_m \rho^{\omega m}_n \rho^{on}_\omega \mathrm{d}\Omega^n_\omega \mathrm{d}\Omega^m_n + \cdots \quad (5-50)$$

则有

$$\varepsilon'_\omega = 1 - \delta\varepsilon'_\omega \quad (5-51)$$

由此可以得到以下结论。

(1)当腔壁的温度均匀时,$\delta\varepsilon'_\omega = 0$,而腔壁 $\mathrm{d}\omega$ 在 $\mathrm{d}o$ 方向上的有效发射率 $\varepsilon'_\omega = 1$。

(2)当 $C_n < 0$、$C_m < 0$ 时,即腔壁其他部分的温度比 $\mathrm{d}\omega$ 面元的温度高时,面元 $\mathrm{d}\omega$ 在 $\mathrm{d}o$ 方向上的有效发射率 $\varepsilon'_\omega > 1$。

(3)当 $C_n > 0$、$C_m > 0$ 时,即腔壁其他部分的温度比 $\mathrm{d}\omega$ 面元的温度低时,面元 $\mathrm{d}\omega$ 在 $\mathrm{d}o$ 方向上的有效发射率 $\varepsilon'_\omega < 1$。

由于面元 $\mathrm{d}\omega$ 和 $\mathrm{d}o$ 是任意取的,因此推导的结论是普遍适用的。

2)开口腔的有效发射率

如图 5-6 所示,首先考虑等温开口腔的有效发射率。

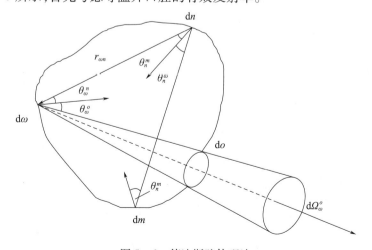

图 5-6 德法斯腔体理论

由于等温封闭腔 dω 的有效发射率为 1，因此 dω 向 do 发射的辐射功率为

$$dP_\omega^o = L_{bb}(T)d\omega\cos\theta_\omega^o d\Omega_\omega^o \tag{5-52}$$

它减去从 do 发射出经 dω 反射到 do 的辐射功率及从 do 发射出经腔壁反射到 dω，然后反射回 do 的辐射功率，就是 do 为开孔情况下 dω 向 do 发射出的总功率。

从有效发射率为 1 的面元 do 发射出的经 dω 反射到 do 的辐射功率可写为

$$dP_\omega^{oo} = L_{bb}(T)do\cos\theta_o^\omega d\Omega_o^\omega \rho_\omega^{oo} d\Omega_\omega^o \tag{5-53}$$

因为

$$d\Omega_o^\omega = \frac{d\omega\cos\theta_o^\omega}{r_{o\omega}^2}, \quad d\Omega_\omega^o = \frac{do\cos\theta_o^\omega}{r_{o\omega}^2}$$

所以式(5-53)可改写为

$$dP_\omega^{oo} = L_{bb}(T)d\omega\cos\theta_\omega^o d\Omega_\omega^o [\rho_\omega^{oo} d\Omega_\omega^o] \tag{5-54}$$

从面元 do 发射到面元 dn 后被反射到 dω 面元，再由 dω 反射到 do 的辐射功率为

$$dP_{n\omega}^{oo} = L_{bb}(T)do\cos\theta_o^n d\Omega_o^n (\rho_n^{o\omega} d\Omega_n^\omega)(\rho_\omega^{no} d\Omega_\omega^o) \tag{5-55}$$

注意到

$$d\Omega_o^n = \frac{dn\cos\theta_n^o}{r_{on}^2}, \quad d\Omega_n^\omega = \frac{do\cos\theta_o^n}{r_{on}^2}$$

利用互易性定理 $\rho_n^{o\omega}\cos\theta_n^o = \rho_n^{\omega o}\cos\theta_n^\omega$

式(5-55)可变为

$$dP_{n\omega}^{oo} = L_{bb}(T)dn\cos\theta_n^\omega d\Omega_n^o (\rho_n^{\omega o} d\Omega_n^\omega)(\rho_\omega^{no} d\Omega_\omega^o) \tag{5-56}$$

再利用 $d\Omega_n^\omega = \frac{d\omega\cos\theta_\omega^n}{r_{n\omega}^2}, d\Omega_\omega^n = \frac{dn\cos\theta_n^\omega}{r_{n\omega}^2}$ 及互易性定理，

式(5-56)又可写为

$$dP_{n\omega}^{oo} = L_{bb}(T)d\omega\cos\theta_\omega^o d\Omega_\omega^o (\rho_n^{\omega o} d\Omega_n^\omega)(\rho_\omega^{on} d\Omega_\omega^n) \tag{5-57}$$

对 dn 在半球减去 do 所对应的立体角的范围内进行积分，可以得到由 do 发射出经整个腔壁反射到 dω，再由 dω 反射到 do 的辐射功率为

$$dP_\omega^{oo} = L_{bb}(T)d\omega\cos\theta_\omega^o d\Omega_\omega^o \iint_{\text{半球}-(do)} \rho_\omega^{on}\rho_n^{\omega o} d\Omega_\omega^n d\Omega_n^\omega \tag{5-58}$$

这样，在 do 为腔孔的等温腔，dω 在 do 方向上的总发射辐射功率等于式(5-52)减去式(5-54)和式(5-58)，即有

$$P_\omega^o = L_{bb}(T)d\omega\cos\theta_\omega^o d\Omega_\omega^o \left[1 - \rho_\omega^{oo} d\Omega_\omega^o - \iint_{\text{半球}-(do)} \rho_\omega^{on}\rho_n^{\omega o} d\Omega_n^\omega d\Omega_\omega^n\right] \tag{5-59}$$

根据有效发射率的定义，在有腔孔的情况下，面元 dω 在 do 方向上的有效发射率为

$$\varepsilon'_\omega = 1 - \rho_\omega^{oo} d\Omega_\omega^o - \iint_{\text{半球}-(do)} \rho_\omega^{on}\rho_n^{\omega o} d\Omega_n^\omega d\Omega_\omega^n \tag{5-60}$$

这就是在均匀壁等温情况下，开口空腔的德法斯二级近似有效发射率的计算公式。

对于非等温腔，其有效发射率的二级近似公式，只是从式(5-60)中减去由温度不均匀所引起的修正项因子 $\delta\varepsilon''$，其中 $\delta\varepsilon''$ 与式(5-50)的区别在于其积分限不是半球，而是半球减去 do 所张的相应立体角，即

$$\delta\varepsilon''_\omega = \int_{\text{半球}-(do)} C_n \varepsilon_n^\omega \rho_\omega^{on} d\Omega_\omega^n + \iint_{\text{半球}-(do)} C_m \varepsilon_m^n \rho_n^{\omega m} \rho_\omega^{on} d\Omega_n^m d\Omega_\omega^n + \cdots \tag{5-61}$$

式中:C_n,C_m 由式(5-44)和式(5-45)定义。

所以,非等温腔的有效发射率的二级近似公式为

$$\varepsilon''_\omega = 1 - \rho^{oo}_\omega \mathrm{d}\Omega^o_\omega - \iint_{\text{半球}-(\mathrm{d}o)} \rho^{on}_\omega \rho^{\omega o}_n \mathrm{d}\Omega^o_n \mathrm{d}\Omega^n_\omega - \delta\varepsilon''_\omega \qquad (5-62)$$

5.1.3 黑体型辐射源

绝对黑体即吸收率为1的辐射体,是理想的辐射体。能够在任何温度下,全部吸收任意波长的入射辐射,黑体辐射的基本规律是很多理论研究和技术应用的基础。它揭示了黑体发射和吸收的辐射随波长及黑体温度变化的规律。本节将介绍黑体炉的用途和分类,黑体炉的基本结构,腔型的选择和腔芯材料,腔体的加热和温度控制以及黑体视场和技术指标。

1. 黑体炉的用途和分类

自然界中并没有完全理想的黑体,一个等温封闭腔内的辐射就类似于黑体辐射,如果把等温封闭腔开一个小孔,从小孔发出的辐射就逼真地模拟了黑体辐射,这种模拟装置称为黑体炉,即黑体辐射源。开有小孔的空腔只能近似黑体,它与黑体的符合程度称为有效发射率,因此,其有效发射率略小于1。

1)黑体炉的用途

通常设计和制作黑体辐射源,主要目的就是用作红外设备的绝对校准、定标和器件参数的测试。在红外技术中,黑体炉的用途主要有以下几个方面。

(1)标定各种类型辐射探测器的响应率。

(2)标定其他辐射源的辐射强度。

(3)测定红外光学系统的透射率。

(4)研究各种物质表面的热辐射特性。

(5)研究大气或其他物质对辐射的吸收或透射性能。

2)黑体炉的类型

按照黑体炉光阑或腔体开孔口径的大小,或者按照黑体炉工作温度区域的不同,可以将黑体炉分成不同的类型,如表5-1所列。

表5-1 黑体炉分类

按照光阑或腔体开孔口径分类			
类型	大型	中型	小型
口径	$\phi \geq 100$mm	$\phi \approx 30$mm	$\phi \leq 10$mm
按照工作温度分类			
类型	高温	中温	低温
温度范围	1000K 以上	500~1000K	500K 以下
波段范围	NIR	MIR	FIR

2. 黑体炉的基本结构

图 5-7 所示为圆锥形腔黑体炉的基本结构。它主要由腔芯、加热线圈、测温和控温装置以及保温材料和保温层组成。黑体炉的腔芯通常采用热导率高,抗氧化性能好,发射率高的材料。通常对于 1400K 以上的黑体炉,采用石墨或陶瓷,在 1400K 以下时选用镍铬不锈钢,低于 600K 时腔芯材料可以用铜制成。在腔芯外面包一层薄的石棉布或云母片,然后绕上镍铬加热线圈,为了保障腔芯均匀加热,可以适当改变芯子的外形轮廓或线圈的密度,使每一圈加热的芯子体积相等。通过精确校准的铂电阻温度计或热电偶进行黑体炉温度的测量,把温度信号送到温度控制器,通过调节加热线圈电流达到自动控制腔体温度的目的。黑体炉右端的限制光阑有两个作用:一是减少杂散光的干扰,二是用来限制黑体的视场,使黑体腔的中心对准红外探测器。黑体炉中的石棉和硅酸盐水泥、铜热屏蔽套以及酚醛外壳套管既是为了反射外界辐射,也是为了反射腔芯热辐射,从而达到保温的目的。

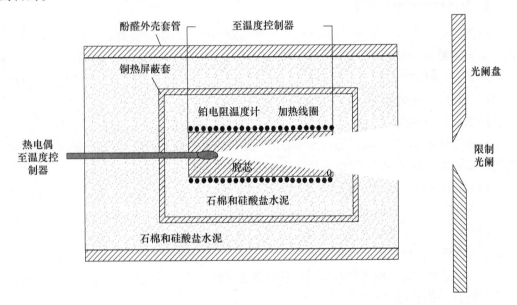

图 5-7 圆锥形腔黑体炉的基本结构

黑体炉模拟黑体辐射的精确程度称为有效发射率。黑体炉也常用在实验室校准红外仪器。如图 5-7 所示的黑体炉视场较小,在距离较近的地方就无法充满红外系统的通光孔径,因此只能在实验室用作绝对校准。附在红外仪器(或系统)上的黑体,多采用辐射面积较大的平面型黑体。面状温度参考源的有效发射率不如黑体炉高,但它的面积可以做大,在与扫描镜靠近时能充满扫描镜视场,并可以实时定标。

3. 腔型的选择和腔材料

1)腔型的选择

黑体炉的基本腔型有球形、圆筒形、圆锥形,这 3 种典型腔体的结构断面示意图如图 5-8 所示。腔型的选择主要应当考虑有效发射率、腔体加工和等温加热的难易程度。同时,还应注意以下几点。

(1) 相同腔体材料和长径比时,球形腔的发射率最大,圆锥形腔的发射率最小。

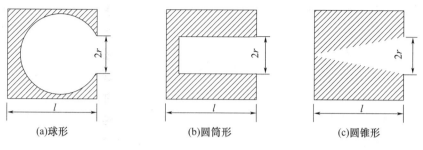

图 5-8 黑体炉的典型腔体结构

(2) 圆筒形腔和圆锥形腔比较容易加工和均匀加热,而球形腔加工和均匀加热都不易。
(3) 高、中、低温高精度黑体炉多采用圆筒形腔。
(4) 中温工业级黑体炉多采用圆锥形腔。
(5) 低温黑体炉多采用球形腔。
(6) 球形腔黑体炉的体积和重量一般比圆筒形腔和圆锥形腔要大。

2) 对腔芯材料的选择一般要求

(1) 材料表面的发射率高,并且尽可能漫反射。
(2) 在空腔的工作温度范围内,特别是高温时,要有好的抗氧化性能和氧化层不易脱落的性能。
(3) 材料要具有较高的热导率,以便获得均匀的温度分布。
(4) 黑体炉工作温度在 1400K 以上的腔体常采用石墨、陶瓷或高熔点金属。
(5) 在 1400K 以下黑体炉常用铁、铸铁、紫铜或不锈钢,最好用铬镍(18-8 系列)不锈钢。

能够满足上述要求的材料并不多,所以要根据实际需求进行综合考虑。为了防止氧化,黑体炉可以工作在惰性气体当中。

4. 腔体的加热和温度控制

1) 腔体的加热要求

为了使腔壁温度分布均匀,加热线圈的间隔要合理分布,应当注意以下几点。

(1) 腔体要等温加热,等温区要在 1/3~2/3 之间。
(2) 通常通过绕在腔芯外围的镍铬丝加热线圈进行加热。
(3) 加热线圈的间隔一般是中间稀疏,后端稍密,开孔附近更加密。
(4) 要做基准黑体,常用恒温热流或热管加热

2) 温度控制和测量要求

根据斯特藩-玻耳兹曼定律,黑体辐射源型辐射源的辐射出射度为

$$M = \varepsilon \sigma T^4 \tag{5-63}$$

如果温度有微小变化,则会引起辐射出射度变化,即

$$dM = 4\varepsilon \sigma T^3 dT \tag{5-64}$$

于是,辐射出射度的相对变化为

$$dM/M = 4dT/T \tag{5-65}$$

从式(5-65)可知,腔体的温度变化对辐射出射度变化的影响很大。如果只考虑控温精度的影响,要保证1%的能量精度,则控制温度的相对精度为0.25%。对于1000K的黑体炉而言,要保证0.5%的能量精度,则要求温度的控制精度大约为0.125%,即对1000的而言,要求控制和测量的精度到达1.25K。

由于黑体内的温度不可能是完全恒定的,因此测温点的选择就非常重要。通常规定,对于圆筒形腔,测温点取在腔底中央;对于圆锥形腔,测温点取在锥顶点;对于球形腔,测温点取在开孔的对称中心位置。测温用温度计一般用热电偶或铂电阻温度计。

5. 黑体视场和技术指标

1) 黑体视场

光阑的存在限定了黑体的使用视场,如图5-9所示。

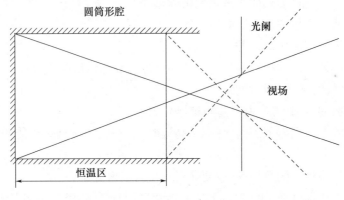

图5-9 黑体视场的示意图

通常在标定黑体时,只标定腔底的温度。一般腔的底部及光阑决定了它的视场。若恒温区较稳定且较长,则黑体的视场就可变大。探测仪器一般要在黑体的视场范围内使用。

2) 技术指标

黑体辐射源的主要指标包括有效发射率、温度范围、开孔尺寸、控制精度、稳定性、视场和恒温区大小等。表5-2所列为黑体通用标准技术规格。

表5-2 黑体通用标准技术规格

规格	600℃的型号	600℃以上的型号	1990K的型号
控制精度	±1℃	±1℃	±1℃
稳定性(长期)	0.1℃	0.5℃	0.05%
稳定性(短期)	0.02℃	0.25℃	0.25℃
敏感元件	铂电阻温度计	铂电阻温度计	硅测温仪
腔体	15°凹锥	15°凹锥	15°凹锥
有效发射率	0.99±0.01	0.99±0.01	0.99±0.01
源外壳温度	<环温以上10℃	<环温以上10℃	<环温以上10℃
环境温度范围	-40~60℃	-40~60℃	-40~60℃

5.2 实验室常用红外辐射源

1. 能斯脱灯

能斯脱灯作为红外分光光度计中的红外辐射源,具有寿命长、工作温度高、黑体特性好、不需要水冷等特点。

能斯脱灯的灯芯一般是由氧化锆(ZrO_2)、氧化钇(Y_2O_3)、氧化铈(CeO_2)和氧化钍(ThO_2)的混合物烧结而成的一种很脆的圆柱体或空心棒。能斯脱灯灯芯两端绕有铂丝用来作电极与电路连接,要求用稳定的直流或交流供电。能斯脱灯在室温下是非导体,在工作之前必须对其进行预热,当用火焰或电阻丝对其加热到800℃左右时,开始导电。由于能斯脱灯具有负的电阻温度系数,使用时为了防止管子被烧坏,在电路中需要加镇流器来限流。

能斯脱灯与900℃黑体的辐射输出光谱特性曲线如图5-10所示。可以看出,能斯脱灯的光谱在1~6μm波段内类似于选择性辐射体的光谱,在7~15μm波段就接近于黑体辐射,其光谱发射率约为0.85。能斯脱灯的光谱发射率曲线如图5-11所示。

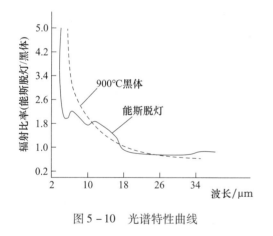

图5-10 光谱特性曲线

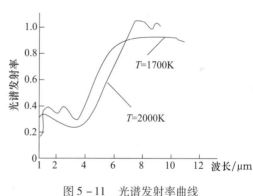

图5-11 光谱发射率曲线

由于能斯脱灯的灯芯大都做成细长的圆柱形,因而对分光光度计狭缝的照明特别有用。能斯脱灯的主要缺点是机械强度低,稍受压就会损坏。另外,空气流动容易引起光源温度的变化,从而导致各个部分的辐射状况不同。典型能斯脱灯的各项参数如下:功率消耗45W,工作电流0.1A,工作温度1980K,尺寸3.1mm(直径)×12.7mm(长度)。

2. 硅碳棒

硅碳棒是用碳化硅(SiC)做成的棒状或管状的辐射源。直径为6~50mm,长度为5~100cm。硅碳棒两端做成银或铝电极,用50V,5A的电流输入,它同样需要镇流器。在空气中的工作温度一般在1200~1400K,寿命约为250h。由于它在室温下是导体,加热电流可直接通过,因此它不需要预热,使用很方便。另外,硅碳棒质量较大,受电压波动影响较小;硅碳棒的机械强度较好,寿命较长。硅碳棒的缺点是它的工作温度较低,一般在1500K以下,再高就会被氧化而破坏,如果涂一层二氧化钛,可以使工作温度升高到2200K;由于碳化硅材料的升华效应,会使材料粉末沉积在光学仪器表面上,因此,它不能靠近光学仪器附近工作;此外,硅碳棒功率消耗较大。

图 5-12 所示为硅碳棒的辐射输出光谱特性曲线与 900℃ 黑体的辐射输出光谱特性曲线。可以看出,硅碳棒的光谱在 2~6μm 波段内类似于选择性辐射体的光谱,在 7~15μm 波段就接近于黑体辐射。

图 5-13 所示为硅碳棒的光谱发射率与波长的关系曲线。从图中可以看出,在 2~15μm 波段内的平均发射率为 0.8。

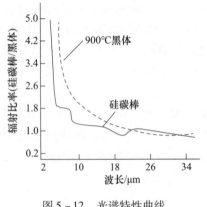

图 5-12 光谱特性曲线

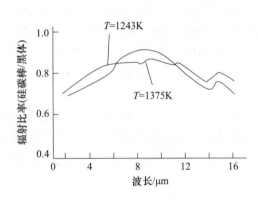

图 5-13 光谱发射率与波长的关系曲线

3. 钨丝灯、钨带灯和钨管灯

钨的熔点较高,蒸发率较小,在可见光波段辐射选择性好,高温下有较高的机械强度,易加工。因此,钨丝灯、钨带灯和钨管灯常用于光度测量、高温测量、光辐射测量、分光测定中。

钨丝灯是近红外测量中常用的辐射源,由于玻璃泡透射区域的限制(玻璃不透波长大于 3.5~4μm),因此这种灯的辐射波长通常在 3μm 以下。有时为了延长红外波段,常将钨丝装在一个充满惰性气体并带有红外透射窗口的灯泡内。根据不同需求,可制作成不同形状的灯丝。使用时,要求供电电源稳定。

钨带灯是将钨带通电加热使其发光的光源。钨带通常做成狭长的条形,宽度约 2mm,厚度约 0.05mm。通电加热后,整条钨带的温度分布并不均匀,两端靠近两极支架处温度较低,中间温度较高,因此,测量时要选择温度均匀的中心部分处的钨带辐射。钨带的电阻很小,因此,钨带灯要求低电压、大电流且稳定的供电电源。钨带灯一般以稳流(或稳压)直流电源供电,在要求不高情况下,也可用电子稳压器输出,经降压后供电。

钨管灯由一根在真空或氩气中通电加热的钨管制成。钨管由 25μm 厚的钨皮制成,一般长 45mm,直径约 2mm,在一端有直径约 1mm 的孔,钨管的辐射就从这个孔沿钨管轴线向外辐射出来。钨管灯的温度变化很小,是最接近黑体的辐射源之一,常被用作光谱分布标准光源。

4. 乳白石英加热管

乳白石英加热管是一种新型红外加热元件,它以天然水晶为原料,在以石墨电极为坩埚发热体的真空电阻炉(1740℃)中熔融拉制而成。在熔融过程中,气体在熔体中形成大量的小气泡,因此外观呈乳白色。乳白石英玻璃材料耐热性能好,可耐200~1300℃高温,热膨胀系数低,有优良的抗热震性和电绝缘性能,此外,还具有很好的化学稳定性,但机械强度和耐冲击性能较差。

乳白石英加热管用作红外辐射源具有以下特点。

(1) 发射率高,并具有选择性发射特性。在 4~8μm 和 11~22μm 波段内,光谱发射率达到 0.92。在 8~11μm 内有较强的选择反射光谱带。

(2) 热容量小,热容量仅为碳化硅及金属管的 1/10。

(3) 工作温度范围广,通常为 400~500℃,也可以制作表面温度为 750℃以下,100℃以上的加热辐射源。

(4) 升温降温快,只需 7~10min。

5.3 人工目标的红外辐射

5.3.1 火箭的红外辐射

飞行中的弹道火箭是一种强烈的红外辐射源,由于火箭发动机在工作时会散发热量、存在空气气动加热和太阳辐射,因此其壳体可达到很高的温度。在飞行的初始阶段,短时间的辐射源是燃料燃烧后的产物和尾焰。

火箭在稠密大气层内飞行时会与空气产生摩擦,导致高热量。由于发动机工作时火箭壳体(尤其是尾部)的温度很高,因此燃烧室内的温度可高达 2000~3000℃。例如,V-2 弹道火箭在稠密大气层内以近 5000km/h 的速度飞行时,其头部的温度可达 950℃。"丘比特"弹道火箭在稠密大气层内飞行时,其头部的温度达到白炽程度,肉眼就能看得很清楚。

射程为 1600km 的火箭穿过稠密大气层时的速度为 3500m/s,其外壳平均温度是 3700K;射程为 8000m 的火箭穿过稠密大气层时的速度为 6700m/s,其外壳平均温度是 7400K;轨道高度为 480km 的人造卫星火箭穿过稠密大气层时的速度为 7600m/s,其外壳平均温度是 8900K。图 5-14 所示为红石式弹道火箭以相当于马赫数 5 的速度在 20km 高度飞行时外壳的辐射特性曲线。红石式弹道火箭的外壳最大辐射方向垂直于它的轴向,

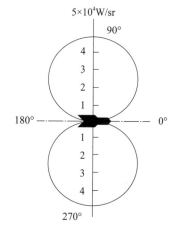

图 5-14 红石式弹道火箭外壳的辐射特性曲线

其辐射强度为 4.4W/sr。当阿特拉斯弹道火箭以相当于马赫数 10 的速度在 40km 高度飞行时,其头部外壳在飞行方向(沿纵轴)的辐射强度为 6×10^4 W/sr。

战术导弹,尤其是战略导弹,一般在其发动机工作时伴随着很强的光辐射,辐射功率可达 $10^5 \sim 10^6$ W(与发动机推力有关)。利用发动机发出的光辐射,可以对导弹进行远距离探测。发动机的光辐射与发动机喷焰的结构和化学组分有关。

喷焰辐射的光谱分布同构成喷焰的分子种类有关。火箭推进剂燃烧产物的含量与氧化剂/燃料比和发动机的工作状态有关。

因为火箭的发动机工作于富油状态,所以喷焰含有可燃烧的燃料,在低高度飞行时,它与大气中的氧气混合后产生补燃,补燃使喷焰温度升高约 500K。随着高度的增加,氧气减少,补燃降低。除了分子成分之外,在喷焰中还可存在固态粒子。火箭发动机喷焰的辐射由分子的辐射带和粒子的散射、辐射带组成。图 5 – 15 所示为含铅的固体推进剂燃烧的近场光谱。由图 5 – 15 可以看出,除了气体分子辐射带外,还含有明显的固体粒子辐射。

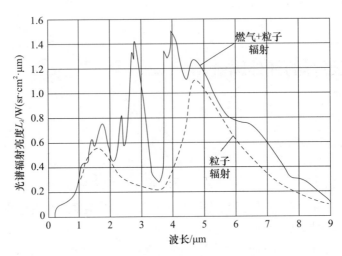

图 5 – 15 固体推进剂的理论光谱辐射

5.3.2 飞机的红外辐射

喷气飞机的红外辐射来源于被加热的金属尾喷管热辐射、发动机排出的高温尾喷焰辐射、飞机飞行时气动加热形成的蒙皮热辐射、对环境(太阳、地面和天空)辐射的反射。由于喷气飞机所使用的发动机类型、飞行速度、飞行高度及有无加力燃料等因素不同,因此其辐射情况也有很大的区别。

涡轮喷气发动机有两个热辐射源,即尾喷管和尾焰。从无加力燃料室发动机的后部来看,尾喷管辐射远大于尾焰辐射。但有加力燃料室后,尾焰就成为了主要的辐射源。

尾喷管是被排出的气体加热形成的圆柱形腔,可以视为一个长度与半径比为 3~8 的黑体型辐射源,利用其温度和喷管面积可以计算出它的辐射出射度。在工程计算时,往往把涡轮喷气发动机视为发射率为 0.9 的灰体,其温度等于排出气体的温度,面积等于排气喷嘴的面积。就现在的发动机而言,只能在短时间内(如起飞时)经受高达 700℃ 的排出气体温度;在长时间飞行时能经受 500~600℃ 的温度,低速飞行时可降到 350℃ 或 400℃。

尾焰的主要成分是二氧化碳和水蒸气,它们在 2.7μm 和 4.3μm 波长附近有较强的辐射。由于大气中含有水蒸气和二氧化碳,当辐射在大气中传输时,在 2.7μm 和 4.3μm 波长附近往往容易引起吸收衰减。但由于尾焰的温度比大气的温度高,在上述波长处,尾焰辐射的谱带宽度比空气吸收的谱带宽度宽,所以某些弱谱线辐射就超出了大气的强吸收范围,在大气的强吸收范围外,其传输衰减要比大气吸收谱带内小得多,这种现象在 4.3μm 波长处的二氧化碳吸收带内最为显著。因此,从探测的角度来看,4.3μm 波长处的发射带要比 2.7μm 波长处的更有用(可以减少太阳光线干扰,同时具有较好的大气透射)。

由于通过排气喷嘴的膨胀是绝热膨胀,用绝热过程公式 $T^{-\lambda}P^{\gamma-1}$ = 常数可以得到通过排气喷嘴膨胀后的气体温度为

$$T_2 = T_1 \left(\frac{P_2}{P_1}\right)^{\frac{\gamma-1}{\gamma}} \tag{5-66}$$

式中:T_2 为通过排气喷嘴膨胀后的气体温度,T_1 为尾喷管内的气体温度(排出气体温度),P_2 为膨胀后的气体压强,P_1 为尾喷管内的气体压强,γ 为气体的定压热容与定容热容之比。对于燃烧的产物,γ = 1.3。

对于现代亚声速飞行的涡轮喷气飞机,P_2/P_1 的值约为 0.5。如果假设其膨胀至周围环境的压力值,则式(5-66)变为

$$T_2 = 0.85 T_1 \tag{5-67}$$

因此,喷嘴处尾焰的热力学温度约比尾喷管内的气温低 15%。

可以看出,尾焰的辐射亮度与排出气体中气体分子的温度和数目有关,这些值取决于燃料的消耗,它是飞机飞行高度和节流阀位置的函数。

涡轮风扇发动机就是在涡轮喷气发动机上装置风扇。如果风扇位于压缩机前面,则称为前向风扇;如果风扇位于涡轮后面,则称为后向风扇。涡轮风扇发动机将吸取更多的空气产生附加的推力。

涡轮风扇发动机比涡轮喷气发动机的辐射低,这是因为涡轮风扇发动机的排出气体的温度较低。涡轮风扇发动机的尾焰形状和温度分布与涡轮喷气发动机大不相同。具有前向风扇时,过量的空气相对于发动机以轴线同心地被排出,在羽状气柱周围形成了一个冷套,发动机的尾焰比一般的涡轮喷气发动机的尾焰小得多。在后向风扇发动机中,一些过量的空气与尾喷管中排出的热气流混合,发动机的尾焰和尾喷管的温度都降低了。

飞机在空中飞行时,当速度接近或大于声速时,气动加热产生的飞机蒙皮热辐射不能忽视,尤其是在飞机的前向和侧向。飞机蒙皮温度 T_s 为

$$T_s = T_0 \left[1 + k\left(\frac{\gamma-1}{2}\right)Ma^2\right] \tag{5-68}$$

式中,T_s 为飞机蒙皮温度;T_0 为周围的大气温度;k 为恢复系数,其值取决于附面层中气流的流场,层流取 0.82,紊流取 0.87;γ 为空气的定压热容和定容热容之比,通常取 1.3;Ma 为飞行马赫数。

因为太阳可以近似看作 5900K 的黑体辐射,所以飞机反射的太阳光谱类似于大气衰减后的 5900K 黑体辐射光谱。飞机反射的太阳光辐射主要集中在近红外 $1\sim3\mu m$ 和中红外 $3\sim5\mu m$ 波段内,而飞机对地面和天空热辐射的反射主要集中在远红外 $8\sim14\mu m$ 和中红外 $3\sim5\mu m$ 波段内。

飞机红外辐射强度随方位角变化的关系曲线称为辐射方向图,它是表征飞机红外辐射特征的重要参数。在 $0°\sim180°$ 极坐标平面内,由于不同方位上可观测到的喷口和尾焰投射面积不同,因此红外辐射强度也不同,一般随方位角的增大,红外辐射强度减小。图 5-16 和图 5-17 所示为米格 21 飞机发动机在非加力和加力状态下,在 $3\sim5\mu m$ 波段的辐射强度方向图。

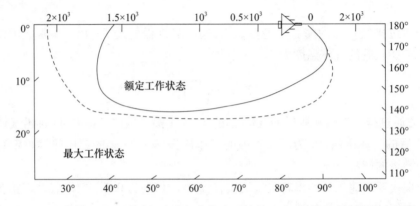

图 5-16 米格 21 飞机发动机在非加力状态下的 $3\sim5\mu m$ 波段的辐射强度方向图

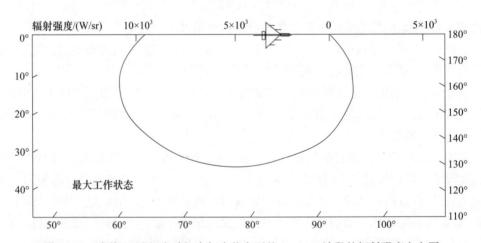

图 5-17 米格 21 飞机发动机在加力状态下的 $3\sim5\mu m$ 波段的辐射强度方向图

飞机红外辐射包含尾喷管和蒙皮的近似为灰体连续谱的热辐射,以及有选择性的带状谱的喷焰气体辐射。其红外辐射光谱随飞机工作状态(加力或非加力状态)和目标的方位角的变化而变化。在非加力状态下,飞机尾向的辐射光谱是峰值波长位于 $4\mu m$ 左右的连续谱。但在实际应用中,由于大气中水蒸气和二氧化碳分子的吸收,在 $2.7\mu m$ 和 $4.3\mu m$ 波长附近易形成凹陷。图 5-18 所示为通过 200 英尺大气观察并用 3 个不同的光谱分辨率测量的飞机喷气尾焰的光谱。

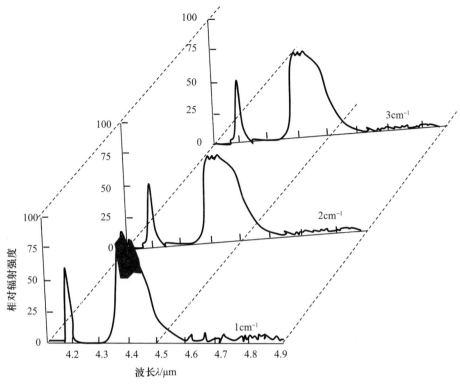

图 5-18 飞机喷气尾焰的光谱

5.3.3 坦克的红外辐射

不同型号的坦克由于使用的发动机功率不同或效率不同,采用的热伪装与屏蔽措施不同,因此红外辐射特性也不同。如 M48 坦克的发动机排气装置位于坦克底部,而 T-58 坦克的发动机排气装置位于侧面,发动机性能较差,所以在相同速度下,T-58 坦克表面的红外辐射温度较高,尤其在排气装置的一侧,辐射温度明显变高。因此,T-58 坦克与 M48 坦克相比,在红外波段更容易被探测和识别。

由于坦克形状复杂、各部分结构不同,因此从不同方位上观测,坦克表面的红外辐射温度有所差别。表 5-3 所列为对 T-58 坦克在水平方向、不同观测方位测量得到的平均辐射亮度。

表 5-3 对 T-58 坦克在水平方向、不同观测方位测量得到的平均辐射亮度

观测方位	平均辐射亮度($W/(sr \cdot m^2)$)	
	$8 \sim 14 \mu m$ 波段	$3 \sim 5 \mu m$ 波段
左外侧	50.2	3.81
右外侧	45.5	2.9
尾向	58.4	6.24
前向	47.5	2.9

由于白天太阳会对坦克进行辐射加热,且昼夜环境温度会发生变化,因此静止状态或运动状态的坦克表面温度会随时间的变化而变化。在日出前 5~6h,表面温度最低,日出后,在太阳光的照射下,表面温度逐渐升高,在下午 2—3 时,表面温度最高,然后表面温度又慢慢下降,一直降到日出前的极小值。表 5-4 所列为 T-58 坦克白天和晚上的平均辐射亮度。

表 5-4 T-58 坦克白天和晚上的平均辐射亮度

测量时间	测量方位	平均辐射亮度(W/(sr·m²))		发动机转速 /(r/min)
		8~14μm 波段	3~5μm 波段	
10:00	左外侧	45.5	2.9	0
21:43	右外侧	38.6	2.29	0
10:42	尾向	47.5	2.9	600
21:25	前向	39	2.33	600

对于静止不动的坦克,受太阳照射的坦克表面的红外辐射温度,比不受太阳照射的坦克表面的红外辐射温度要高出 5~10℃。图 5-19 所示为 2.7~5.3μm 波段的坦克辐射特性曲线。

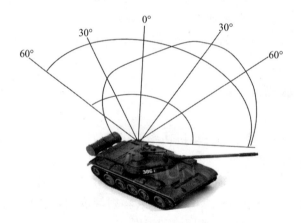

图 5-19 2.7~5.3μm 波段的坦克辐射特性曲线

5.3.4 火炮的红外辐射

火炮炮口喷出的热燃气除了含有一些杂质外,还含有大量的易燃成分,如一氧化碳(CO)、氢气(H_2)、二氧化碳(CO_2)、氮气(N_2)及温度相当高的水蒸气。因此,伴随着炮口闪光的出现,聚集在炮口附近的热燃气将发射大量的红外辐射,从这个区域内发射的辐射称为初次闪光。图 5-20 所示为炮口前的气流图形。气流通过正冲击波时受热而产生的辐射称为中间闪光,和大气混合后,热燃气点燃并燃烧成具有高亮度的火焰,称为二次闪光,这时火炮相当于一个强红外辐射源。

图 5-21 所示为二次闪光的相对辐射光谱分布与火炮距离变化的关系曲线。

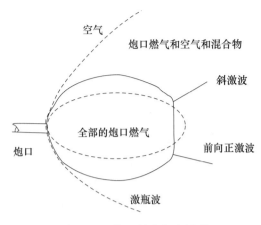

图 5-20 炮口前的气流图形

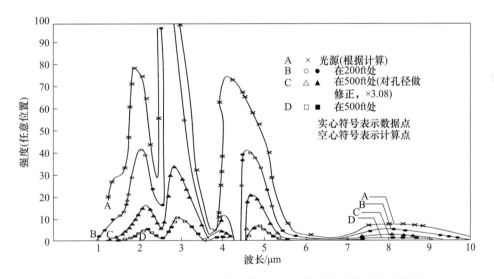

图 5-21 二次闪光的相对辐射光谱分布与火炮距离变化的关系曲线

此外,当火炮射击时,炮管温度升高,当环境温度为 28℃时,以 1 发/秒的速度射出 57 发炮弹后,炮口内的温度可达 124℃。图 5-22 所示为火炮射击后的温度变化情况。

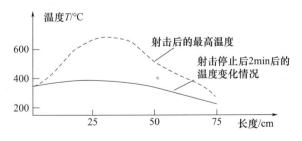

图 5-22 火炮射击后的温度变化情况图

通常情况下,为了避免二次闪光被探测到,常用专用装置将火炮固定在炮口,以防止冲击波的形成。此外,也可以将化学抑制剂加在推进剂中,防止点燃炮口的易燃气体。

5.3.5 红外诱饵的辐射

红外诱饵是可以最有效地干扰各类红外制导武器的重要手段之一。按红外诱饵的辐射源性质,红外诱饵可以分为烟火剂类诱饵、凝固油料类诱饵、红外热气球诱饵和红外箔条。

(1) 烟火剂类诱饵。该诱饵是利用物质燃烧时的化学反应产生大量烟云,并发射红外辐射的一种诱饵。烟火剂一般由燃烧剂、氧气剂和胶黏剂按一定比例配制而成,其中燃烧剂常选用燃烧时能产生大量热量的元素,如 Er、Al、Ca、Mg 等。这类诱饵的辐射波长一般为 $1.8 \sim 5.2 \mu m$。若添加了四氧化钛,则辐射波长可拓展到 $8 \sim 12 \mu m$。

(2) 凝固油料类诱饵。凝固油料燃烧将产生 CO、CO_2、H_2O 等物质,并发射红外辐射,它们是选择性辐射。CO_2 红外辐射的主要光谱带是 $2.65 \sim 2.8 \mu m$、$4.15 \sim 4.45 \mu m$、$13 \sim 17 \mu m$;H_2O 红外辐射的主要光谱带是 $2.55 \sim 2.84 \mu m$、$5.6 \sim 7.6 \mu m$、$12 \sim 30 \mu m$。

(3) 红外热气球诱饵。这类诱饵在特制气球内充以高温气体作为红外诱饵。

(4) 红外箔条。金属箔条的一面涂以无烟火箭推进剂作为引燃药,在投放时,大量箔条燃烧在空气中形成"热云",来吸引红外寻的导弹。金属箔条的另一面光滑,散布在空中,通过对太阳光的散射,在紫外波段、可见光波段和近红外波段对导弹形成干扰。

5.3.6 人体的红外辐射

人体皮肤的发射率是很高的,波长在 $4 \mu m$ 以上的发射率的平均值为 0.99,且与肤色无关。

皮肤温度是皮肤和周围环境之间辐射交换的复杂函数,并且与血液循环和新陈代谢有关。当人体皮肤剧烈受冷时,其温度可降低到 $0°C$。在正常室温环境下,当空气温度为 $21°C$ 时,裸露在外部的脸和手的皮肤温度大约是 $32°C$。假定皮肤是一个漫辐射体,有效辐射面积等于人体的投影面积(对于男子,其平均值可取 $0.6 m^2$)。当皮肤温度为 $32°C$ 时,裸露皮肤的平均辐照度为 $93.5 W/sr$。若忽略大气的吸收,则在 $305 m$ 的距离处,它所产生的辐照度为 $10^{-3} W/m^2$,其中大约有 32% 的能量处在 $8 \sim 13 \mu m$ 波段,仅有 1% 的能量处在 $3.2 \sim 4.8 \mu m$ 波段。

习题及小组讨论

5-1 名词解释

红外辐射源、绝对黑体、有效发射率

5-2 填空题

(1) 任何发射红外波段电磁波的物体均可称为_____。

(2) 红外辐射源一般分为_____辐射源、_____辐射源、_____辐射源和_____辐射源。

(3) 腔体辐射理论是制作_____的基础,主要有_____理论、_____理论等。_____理论考虑的是任意形状的腔体,没有假设腔壁是漫反射表面,但计算比_____理论复杂。

(4) _____常作为红外分光光度计中的红外辐射源,它有寿命长、工作温度高、黑体特性好、不需要水冷等特点。

(5) 飞行中的弹道火箭是一种强烈的红外辐射源,在飞行的初始阶段,短时间的辐射源是_____和_____。

(6) 喷气飞机的红外辐射来源于被加热的_____热辐射、发动机排出的_____焰辐射、飞机飞行时气动加热形成的_____辐射、对_____辐射的反射。

(7) 按红外诱饵的辐射源性质,红外诱饵可分为_____诱饵、_____诱饵、_____诱饵和_____。

5-3 问答题

(1) 在红外技术中,黑体炉的主要用途是什么?

(2) 列举实验室常用的红外辐射源。

(3) 分析在飞机尾焰中加入碳颗粒,可以减少飞机尾焰 3~5μm 波段辐射的原因。

5-4 计算题

用古费理论计算:

(1) 对于球形腔,表面发射率为 0.8 的不锈钢材料,要求直径为 20mm 的圆形开口,若要求有效发射率达到 0.998,如何设计腔长?

(2) 若用表面发射率为 0.5 的材料,当几何因子 $l/R=9$ 时,球形腔、圆柱形腔及圆锥形腔的 ε_0 各是多少?

5-5 知识总结及小组讨论

(1) 回顾、总结本章知识点,画出思维导图。

(2) 随着国际形势发生变化,中国人民解放军在20世纪90年代末提出了"新三打三防"为内容的军事训练科目。所谓"新三打"就是指打武装直升机、打巡航导弹、打隐身飞机。分析并讨论这3种打击对象的红外辐射特性。

第 6 章

红外辐射在大气中的传输

本章教学目标 >>>

知识目标：(1) 熟悉大气的组成和大气的气象条件。
　　　　　　(2) 分析大气对红外辐射的吸收、散射作用。
能力目标：能够分析大气消光作用对成像系统的影响。
素质目标：培养学生理论联系实际，强军报国的使命感和责任感。

本章引言 >>>

　　地球表面环绕着厚厚的大气层，它是人类赖以生存的重要条件。目标探测采用的现代图像探测器都是以大气作为辐射的传输媒介。而大气本身对辐射的吸收、散射等作用会导致辐射能的衰减。因此，大气的传输特性直接影响探测器的探测效果，尤其在红外探测系统中，很多技术指标的制定都与大气条件相对应。本章在讲解大气组成及气象条件基础上，讨论大气成分对红外辐射传输的影响。

6.1　大气组成

6.1.1　大气的基本组成

　　包围着地球的大气层，每单位体积中大约有78%的氮气和21%的氧气，另外还有不到1%的氩(Ar)、二氧化碳(CO_2)、一氧化碳(CO)、一氧化二氮(N_2O)、甲烷(CH_4)、臭氧(O_3)、水汽(H_2O)等成分。除氮气、氧气外的其他气体统称为微量气体。

　　除上述气体成分外，大气中还有悬浮的尘埃、液滴、冰晶等固体或液体微粒，这些微粒通称为气溶胶。有些气体成分相对含量变化很小,称为均匀混合的气体,例如氧气、氮气、二氧化碳、一氧化氮等。有些气体含量变化很大,如水汽和臭氧。大气的气体成分在日夜都存在一定的离子和自由电子。除去大气中的水汽和气溶胶粒子的大气称为干洁大气。海平面大气的成分如表6-1所列。

表6-1 海平面大气的成分

气体	相对分子质量	容积百分比/%
氮(N_2)	28.0134	78.084
氧(O_2)	31.998	20.9476
氩(Ar)	39.948	0.934
二氧化碳(CO_2)	44.00995	0.0332
氖(Ne)	20.183	0.001818
氦(He)	4.0026	0.000524
氪(Kr)	83.80	0.000114
氢(H_2)	2.01594	0.00005
氙(Xe)	131.30	0.0000087
甲烷(CH_4)	16.043	0.00016
一氧化二氮(N_2O)	44	0.000028
一氧化碳(CO)	28	0.0000075

6.1.2 大气的气象条件

大气的气象条件,是指大气的各种特性,如大气的温度、强度、湿度、密度等,以及它们随时间、地点、高度的变化情况。一般来说,大气的气象条件是很复杂的,尤其是地球表面附近的大气更是经常变化,这就给我们研究大气特性带来了很大的困难。为了对所使用的红外装置的性能作出评价,就需要对红外装置应用地区的气象条件作以详细的调研。有了充分的气象资料之后,我们方可恰当地、较为准确地估算大气对红外辐射的衰减。

图6-1所示为海拔100km内大气温度随高度变化的情况。为了便于描述温度随海拔高度的变化情况,一般将地球大气分为4个同心层。从海平面到10km高度之间的大气,称为对流层。在对流层中,随着高度的增加,温度逐渐降低。海拔在10~25km之间的大气层称为同温层,或称为平流层。在同温层内大气的温度基本保持不变。海拔25~80km的大气层称为中层大气,也称为中间层。在25~50km内随着高度的增加温度逐渐升高,在50~60km的区域温度达到最高。这段内温度的升高是由于臭氧对太阳紫外线的选择吸收所致。尽管臭氧的大部分位于30km

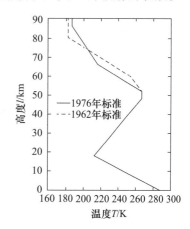

图6-1 标准大气温度-高度廓线

以下,但是臭氧的形成和消失却主要在30km以上。在60~80km内随着高度的增加温度逐渐降低。海拔80~8000km称为热层。其中在80~90km之间温度达到最低,以后温度又以每千米4℃的速率上升。在100km以上,昼夜气温有很大的差异,这是由于电离层中白昼与夜间离子浓度有很大变化的缘故,而最高温度是出现在白昼。

大气的压强也是随着高度的不同而变化的。我们所说的高度,一般是指海拔高度。在同温层以下的大气,通常称为低层大气。由于常用的红外装置大都在低层大气中使用,所以这是人们最关心的部分。在这样的区域测量温度所用的工具就是实验室中常用的温度计、电阻温度计以及温差电偶。由于空气密度较大,热量由空气到温度表的传导作用,足以使温度表可靠地指示出空气的温度。同时也由于该处空气密度较大,所以古典流体动力学的运动方程可以应用。又因为气压并不大,所以,可应用理想气体状态方程,即

$$p = kn(z)T(z) \tag{6-1}$$

式中:p 为空气的压强(Pa);k 为玻耳兹曼常数;$T(z)$ 为指定高度 z 处的热力学温度;$n(z)$ 为空气的分子数密度,即在高度 z 处每单位体积内的分子数目。

式(6-1)说明了空气的压强、分子数密度以及绝对温度之间的关系。

在指定高度上的大气压强,恰好等于它上面的空气所施加的压强。因此,大气压强随着温度的增加而降低。

6.2 大气吸收

6.2.1 水蒸气吸收

在大气中,水表现为气体状态时就是水蒸气。水蒸气在大气中,尤其在低层大气中含量较高,是对红外辐射传输影响较大的一种组分。在大气组分中,水是唯一能以固、液、气3种状态同时存在的成分。固态时表现为雪花和微细的冰晶形式,液态时表现为云、雾和雨,而气态就是水蒸气。水的固态和液态对红外辐射主要起散射作用,而气态的水蒸气,虽然人眼看不见,但它的分子对红外辐射有着强烈的选择性吸收。

下面描述水蒸气含量的基本概念。

1. 水蒸气压强

水蒸气压强是大气中水蒸气的分压强,用符号 P_w 表示,单位为 Pa。Pa 为 $1m^2$ 面积上受到 1N 的力。

2. 饱和水蒸气压

在饱和空气中,水蒸气在某一温度下开始发生液化时的压强,称为该温度下的饱和水蒸气压,用 P_s 表示。根据理论计算和实验证明,饱和水蒸气压与温度有关,随温度的升高而迅速增大。

3. 饱和水蒸气含量

某一空气试样中,处于某一温度时,单位体积内所能容纳最大可能的水蒸气的质量,用 ρ_s 表示,其单位是 g/m^3。饱和空气中所含的水蒸气含量,即饱和水蒸气密度,只与温度有关。ρ_s 数值如表 6-2 所列。

4. 绝对湿度

单位体积空气中所含有的水蒸气的质量,用符号表 ρ_w 示,单位为 g/m^3。绝对湿度,也就是水蒸气密度。

5. 相对湿度

单位体积空气中所含水汽的质量与同温度下饱和水蒸气质量之比,用百分数 Rh 表示,即

$$Rh = \frac{\rho_w}{\rho_s} = \frac{p_w}{p_s} \qquad (6-2)$$

由式(6-2)可知,如果已知大气的相对湿度,可以用相对湿度乘以同温度下的 ρ_s 值,就得到了绝对湿度。

6. 露点温度

当夜间空气温度降低时,一部分空气中的水分会析出,形成露水或霜。这说明在水蒸气含量不变的情况下,由于温度的降低,能够使空气中原来未达到饱和的水蒸气变成饱和水蒸气,多余的水分就会析出。使水蒸气达到饱和时的温度称为露点温度。

由于温度降低过程中水蒸气含量并没有改变,因此,测定露点温度就是测定空气中的绝对湿度。在 100% 的相对湿度时,周围环境的温度就是露点温度。露点温度越低,则表示空气中的水分含量越少。人们常通过测定露点温度来确定空气的绝对湿度和相对湿度,所以露点温度也是空气湿度的一种表示方式。例如,当测得了某一气压下空气的温度是 20℃,露点温度是 12℃,那么,就可以从表 6-2 中查得 20℃ 时的饱和水汽含量为 17.22g/m³,12℃ 时的饱和水汽含量为 10.57g/m³,则此时空气的绝对湿度为 10.57g/m³,相对湿度为 10.57/17.22×100% = 60%。露点温度的测定,在农业上意义很大。由于空气的湿度下降到露点温度时,空气中的水蒸气就凝结成露。如果露点温度在 0℃ 以下,那么气温下降到露点温度时,水蒸气就会直接凝结成霜。知道了露点温度,可以预报是否发生霜冻,使农作物免受损害。

7. 可凝结水量

红外辐射的吸收与它所通过的路径中的分子数有关,因此就需要用一个量来表示沿视线方向所含的水蒸气数量,这个量称为可凝结水量,又称为可降水量。它是沿光线方向上所有的水蒸气在与光束有相同截面的容器内凝结成水层的厚度。需注意的是,可凝结水量是指空气中以水蒸气状态存在的、可以凝结成水的蒸汽折合成液体水的数量,不包括已经凝结的以及悬浮在空气的微小水滴等。例如,有一大气圆筒,其直径与所用的光学系统直径相同,长度是从光学系统到目标的距离,如图 6-2 所示。

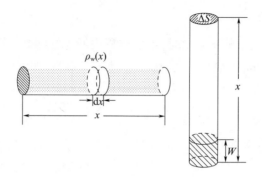

图 6-2 可凝结水量的计算

如果该圆柱的截面积为 ΔS，长度为 x，假定圆柱中的所有的水蒸气都凝结成液态水，这些水布满圆柱截面，并且在该容器内的厚度为 W，则 W 称为可凝结水量。若大气的绝对湿度为 $\rho_w(x)$（路程中 x 处的水蒸气密度），而液态水的密度为 $\rho_水$，则因为可凝结水的质量应等于全路程长的圆柱体内全部水蒸气的质量，因此有

$$\rho_水 \Delta S W = \int_0^x \rho_w(x) \Delta S \mathrm{d}x \tag{6-3}$$

式中：ΔS 为所用光学系统的截面积，是一个常量，因此可凝结水量为

$$W = \frac{1}{\rho_水} \int_0^x \rho_w(x) \mathrm{d}x \tag{6-4}$$

如果水蒸气密度是均匀的，即 $\rho_w(x) = \rho_w$，与 x 无关，则有

$$W = \frac{1}{\rho_水} \rho_w(x) \mathrm{d}x \tag{6-5}$$

对水蒸气是均匀分布的情况，则为

$$W = \rho_w x \tag{6-6}$$

要注意的是，在式(6-4)、式(6-5)中，ρ_w 是水蒸气的密度，以 g/m³ 为单位，而 x 是以 km 为单位的路程数值，得到的 W 是以 mm 为单位的可凝结水量的数值，称为可凝结的毫米数。倘若 $x = 1$km，则对于 1km 长的路程，有

$$W' = \rho_w \tag{6-7}$$

这里，W' 是单位路程可凝结水量，单位为 mm/km。

例 设空气温度为 298K，相对湿度 $Rh = 60\%$，求 10km 水平路程长的可凝结水量。

解 298K 即 25℃，由表 6-2 可查得饱和水蒸气密度是 $\rho_s = 22.8$g/m³，再由式(6-2)求其绝对湿度为

$$\rho_w = \rho_s Rh = 22.80 \times 60\% \approx 13.68 \text{g/m}^3$$

由式(6-6)可以求得可凝结水量为

$$W = \rho_w x = 13.68 \times 10 = 136.8 \text{mm}$$

因为是水平路程，所以近似地把 $\rho_w(x)$ 看成是均匀的，是和 x 无关的常数 ρ_w。

需注意的是，不要把给定厚度的可凝结水的吸收和相同厚度的液体水的吸收弄混了，事实上，10mm 厚的液体水层，在超过 1.5μm 的波段上，辐射就不能通过它了。然而，在任一大气窗口内，含有 10mm 可降水量的路程的透射率都超过 60%。

8. 水蒸气的分布

水蒸气是由地面水分蒸发后送到大气中的气体。由于大气中的垂直交换作用,使水蒸气向上传播,而且随着离蒸发源距离的增大,水蒸气的密度会变小。此外,低温及凝结过程也影响大气中水蒸气的含量。由于这些因素的作用,大气中水蒸气的密度随着高度的增加而迅速减少。大气平均每增加 16km 的高度,大气压强要降低一个数量级。水蒸气大约每增加 5km 的高度,其分压强就降低一个数量级。几乎所有的水蒸气都分布在对流层以下,水蒸气压强随高度的变化规律类似于大气压强随高度的变化规律。

在特定的区域中,水蒸气的含量有很大变化,甚至于在短短一小时内,就可以发现水蒸气的显著变化。同一气候区在不同季节的水蒸气含量的差别很大,同一时间不同气候区的水蒸气含量差别也很大。图 6-3 所示为各气候区在不同海拔高度的单位水平路程上可凝结水量的典型数值,其单位为 mm/km。中纬度不同季节的大气中水蒸气含量的值如表 6-2 所列。

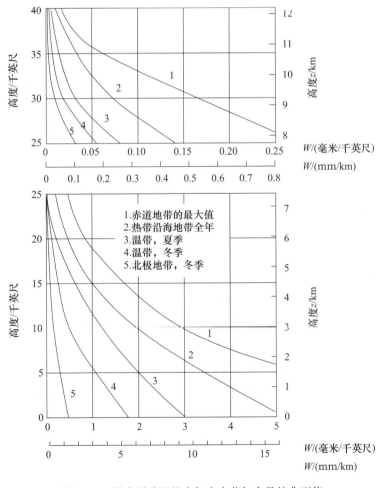

图 6-3 沿水平路程的大气中水蒸气含量的典型值

表6-2 大气中的饱和水蒸气量

温度/℃	气候区编号									
	0	1	2	3	4	5	6	7	8	9
-20	0.89	0.81	0.74	0.67	0.61	0.56				
-10	2.15	1.98	1.81	1.66	1.52	1.40	1.28	1.81	1.08	0.98
-0	4.84	4.47	4.13	3.81	3.53	3.24	2.99	2.99	2.54	2.34
0	4.84	5.18	5.54	5.92	6.33	6.67	7.22	7.70	8.22	8.76
10	9.33	9.94	10.57	11.25	11.96	12.71	13.50	14.34	15.22	16.14
20	17.22	18.14	19.22	20.36	21.55	22.80	24.11	25.49	27.00	28.45
30	30.04	31.70	33.45	35.28	37.19	39.19				

6.2.2 二氧化碳吸收

随着高度的不断增加，二氧化碳的含量缓慢减少，而水蒸气的含量却急剧减少。因此，在高空，水蒸气对红外辐射的吸收退居次要地位，二氧化碳的吸收变得更为重要，如图6-4所示。

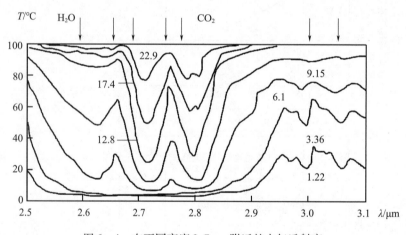

图6-4 在不同高度2.7μm附近的大气透射率

从图6-4可以看出，最下面的一条曲线是在1.22km的高度测得的，由于此高度水蒸气有较宽的吸收带，尽管二氧化碳在2.7μm附近有吸收带，但仍然避免不了受到水蒸气吸收带的掩盖，因此在这一吸收区，二氧化碳的吸收就看不出来了。从图6-4还可以看出，随着高度的增加，二氧化碳的吸收变得越来越显著，对红外辐射的衰减起主要作用。在6.1km的高度上，大气中水蒸气的含量减少，二氧化碳的吸收变得比较明显；在9.15km的高度上，由于水蒸气的含量更少，水蒸气对红外辐射的吸收作用实际上已经消失，仅剩下二氧化碳的吸收带；到22.9km，还可以看出有明显的二氧化碳吸收带。

大气中的二氧化碳含量也有涨落的时候。有迹象表明，在近50年来，大气中的二氧化碳含量略有缓慢增加，这可能是燃烧了巨量燃料的结果。在特定区域的上空二氧化碳的含量还会受到短期因素的影响，使其含量偏离平均值。例如，在茂密森林上空的大气中,白天几个小时之内就可以发现二氧化碳含量的减少,这是因为在有太阳光照射时,二氧化碳被用于光合作用;在大城市的上空,二氧化碳的含量通常要有所增加,这是因为有汽车、火车等交通工具以及各种工程的排气。不管二氧化碳含量变化如何,在大多数的计算中,均可采用含量体积比 0.033%。

6.2.3 臭氧及其他成分吸收

1. 臭氧的形成和分解

氧气对于波长小于 $0.2\mu m$ 的紫外辐射具有强烈的吸收作用,氧气还能吸收 $0.24\mu m$ 附近的辐射。分子氧吸收了波长小于 $0.24\mu m$ 的一个光量子的能量之后,就能完全分解为原子氧。

一个氧分子和一个氧原子在有另一个中性分子时(中性分子可以是氧也可以是氮),如果发生碰撞,就可以生成臭氧。当臭氧吸收了波长小于 $1.10\mu m$ 辐射的能量以后,就会发生臭氧的分解过程。由于分解臭氧所需要的能量很小,因此臭氧在阳光下是十分不稳定的。臭氧吸收了这样一个光量子时就要分解成一个氧分子和一个氧原子,然后由一个臭氧的分子和一个氧原子又可生成两个氧分子。

臭氧的形成和分解过程并不是个别进行的。在同一时间和空间内,臭氧一方面在形成,另一方面又在分解。由于这样的形成和分解过程就决定了臭氧的浓度分布以及臭氧层的温度,臭氧在大气中的成分是可变的原因也在于此。在同温层内臭氧对红外辐射的吸收是很重要的。在很高的高度上,不会产生重新复合,而在低空紫外辐射的强度减弱了,又不能产生氧分子的分解。但由于有机物的腐烂、光化学作用,也可以在地球表面附近形成臭氧。在低空,臭氧的含量通常在亿分之一左右。例如,在海平面上臭氧的浓度约为亿分之三。

2. 臭氧的分布

臭氧含量随着高度的分布,大致是在 5~10km 高度浓度开始慢慢增加,然后增加较快,在 10~30km 处含量达到最大值。再往上,浓度又重新减少,到 40~50km 时,含量是极少的,几乎是零。由于观察时的地理条件和季节天气情况的不同,所测得的臭氧含量随高度的分布也是不一致的。臭氧的含量通常是以标准温度和气压下,在某一高度以上每一千米所具有的臭氧的大气厘米数表示,或以毫米数表示。大气中臭氧含量随高度的分布曲线如图 6-5 所示。

由图可以看出,最大的臭氧含量是在 10~30km 之间,并且在标准温度和气压的情况下,每千米臭氧量为 10^{-2} cm 左右。臭氧层的高度随季节的不同而不同,随着纬度的不同也有显著的变化。

臭氧的吸收带为 $2.7\mu m$、$4.75\mu m$、$9.6\mu m$、$14.2\mu m$,其中,主要的是 $4.75\mu m$、$9.6\mu m$、$14.2\mu m$ 的吸收带,在 $9.6\mu m$ 处的吸收带最强。在海平面上,由于存在更强的二氧化碳和水蒸气吸收带,臭氧的 $4.75\mu m$ 和 $14\mu m$ 吸收带一般都显不出来;又由于海平面上的臭氧的浓度很低,约是亿分之三,所以在考虑低空大气吸收时,通常可以忽略臭氧的吸收。例如，通过16km的海平面水平路程，才刚刚能探测到臭氧的9.6μm吸收带。表6-3所列为臭氧9.6μm吸收带的有效透射率数据。这里假设该带是9.4~9.8μm的一个吸收带，而在带的上下限之外认为是无吸收的。

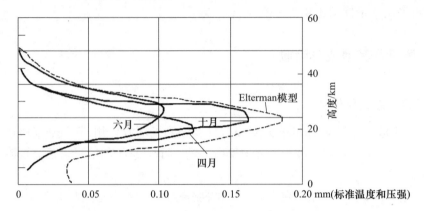

图6-5 在指定高度以1km垂直路程内的臭氧含量

表6-3 臭氧9.6μm吸收带的有效透射率

臭氧含量(atm·cm)	0.1	0.2	0.5	1
有效透射率(9.4~9.8μm)	0.53	0.47	0.37	0.30

在斜路程或垂直路程，臭氧的吸收就较为重要了。当系统工作在高空时，臭氧的吸收就明显了，必须予以考虑。因为太阳光线要穿过高浓度的臭氧区，所以臭氧的吸收带在太阳谱中是极明显的。

6.3 大气中的散射粒子

6.3.1 散射粒子的尺寸

大气中含有的气体分子和悬浮微粒能够对红外辐射产生散射衰减。大气的气体分子主要是氮分子和氧分子，它们在大气中所占的体积比是最高的。在纯净的大气中，由于气体分子密度的涨落会破坏大气的均匀性，就会产生气体分子本身所引起的散射。大气中含有一些比气体分子大得多的微粒，它们的存在会使大气的均匀性遭到更大的破坏。弥散在大气中的气溶胶的尺寸比分子大得多且分布很广，组成成分也不一样，它们包括霾、云、雾、小雨滴和冰晶等。霾是指弥散在大气溶胶各处的细小微粒，它由很小的盐晶粒、极细小的灰尘或者燃烧物烟尘等组成，在湿度大的地方，湿气凝聚在这些微粒上，可使它们变大，形成凝结核。这种凝结核的存在是大气发生凝结的关键。当凝结核的半径逐渐增大，超过1μm时，就会形成小水滴或小冰晶，这就形成了雾。云的成因和雾的成因相似，地面附近称为雾，云则位于高空，从空中落下的水滴称为雨。还有一些悬浮在大气中的固体微粒,包括尘埃、烟雾等。其中烟雾是指工业和交通工具排出的废物所污染的雾,一般在工业和城市的上空会出现烟雾。表6-4所列为主要散射粒子的尺寸和粒子数密度。

表6-4 主要散射粒子的尺寸和粒子数密度

类型	半径/μm	粒子数密度/cm^{-3}
空气分子	10^{-4}	10^{19}
凝结核	10^{-3}	$10^2 \sim 10^4$
霾	$10^{-2} \sim 1$	$10 \sim 10^3$
雾滴	$1 \sim 10$	$10 \sim 100$
云滴	$1 \sim 10$	$10 \sim 300$
雨滴	$10^2 \sim 10^4$	$10^{-5} \sim 10^{-2}$

6.3.2 散射粒子的浓度和分布

气溶胶的空间分布随时间和地区的变换而变化,并随着距离地面高度的增加粒子数密度迅速降低。气溶胶的归一化分布模型如图6-6所示。

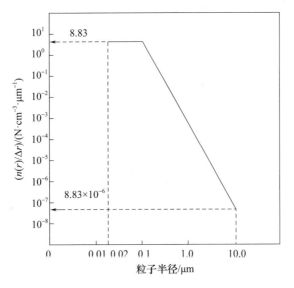

图6-6 气溶胶的归一化分布模型

依据此模型得到的粒子数密度随半径变化的归一化分布函数为

$$\frac{n(r)}{\Delta r} = C \times 10^4 \quad (0.02\mu m < r < 0.1 \mu m) \tag{6-8}$$

$$\frac{n(r)}{\Delta r} = C r^{-4} \quad (0.1\mu m < r < 10\mu m) \tag{6-9}$$

$$\frac{n(r)}{\Delta r} = 0 \quad (r < 0.02\mu m; r > 10\mu m) \tag{6-10}$$

这个分布函数用 $\Delta r = 1\mu m$ 和 $C = 8.83 \times 10^{-4}$ 归一化了,即在整个所示尺寸范围下面的积分变为1。

对于良好天气情况下堆积云中水滴的尺寸和密度分布函数为

$$n(r) = 2.373 r^6 \cdot \exp(-1.5r) (\text{cm}^{-3} \cdot \mu m^{-1}) \qquad (6-11)$$

该分布函数是对100个粒子/cm^3 归一化的。由式(6-11)得到的分布曲线如图6-7所示。对该曲线下面的面积积分得到每立方厘米100个水滴。

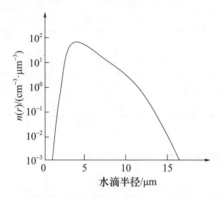

图6-7 良好天气堆积云中水滴的尺寸与密度分布曲线

从图6-7可以看出,半径4μm附近具有分布最大值。为了得到大气中任意高度处悬浮微粒尺寸分布,只需要把归一化分布函数乘以表6-5中的 n 值即可。

表6-5 不同高度下两种能见度粒子数密度

高度/km	23km 能见度(晴朗)/(粒子数·cm^{-3})	5km 能见度(霾大气)/(粒子数·cm^{-3})
0	2.828×10^3	1.378×10^4
1	1.244×10^3	5.030×10^3
2	5.471×10^2	1.844×10^3
3	2.256×10^2	6.731×10^2
4	1.192×10^2	2.453×10^2
5	8.987×10^1	8.987×10^1
6	6.337×10^1	6.337×10^1
7	5.990×10^1	5.990×10^1
8	6.069×10^1	6.069×10^1
9	5.918×10^1	5.918×10^1
10	5.775×10^1	5.775×10^1
11	5.417×10^1	5.417×10^1
12	5.785×10^1	5.785×10^1
13	5.156×10^1	5.156×10^1
14	5.048×10^1	5.048×10^1
15	4.744×10^1	4.744×10^1
16	4.511×10^1	4.511×10^1

续表

高度/km	23km 能见度(晴朗)/(粒子数·cm^{-3})	5km 能见度(霾大气)/(粒子数·cm^{-3})
17	4.458×10^1	4.458×10^1
18	4.314×10^1	4.314×10^1
19	3.634×10^1	3.634×10^1
20	2.667×10^1	2.667×10^1
21	1.933×10^1	1.933×10^1
22	1.455×10^1	1.455×10^1
23	1.113×10^1	1.113×10^1
24	8.826×10^0	8.826×10^0
25	7.429×10^0	7.429×10^0
30	2.238×10^0	2.238×10^0
35	5.990×10^{-1}	5.990×10^{-1}
40	1.550×10^{-1}	1.550×10^{-1}
45	4.082×10^{-2}	4.082×10^{-2}
50	1.078×10^{-2}	1.078×10^{-2}
70	5.750×10^{-5}	5.750×10^{-5}
100	1.969×10^{-8}	1.969×10^{-8}

从表6-5可以看出，在5km以上的高度，两种能见度的粒子数密度相同，在5km以下的高度，两种能见度的粒子数密度随着高度的增加按指数减少。

大气能见度是反映大气透明度的一个指标，一般定义为具有正常视力的人在当时的天气条件下还能够看清楚目标轮廓的最大地面水平距离。能见度和当时的天气情况密切相关。当出现降雨、雾、霾、沙尘暴等天气时，大气透明度较低，因此能见度较差。表6-6是能见度的等级表，其中大气透射率是指每千米的大气透射率，衰减系数包含大气的吸收系数和散射系数。

表6-6 能见度等级表

等级	能见度状态	能见度/km	气象条件	大气透射率	衰减系数
0	极差	<0.05	浓雾	$<10^{-34}$	>78
1	很差	0.05~0.2	大雾、稠密的大雪	$10^{-8.5}$	19.5
2		0.2~0.5	中雾、大雪	$10^{-3.4}$	7.8
3	较差	0.5~1	薄雾、中雪	0.02	3.9
4		1~2	暴雨、中雨薄雾或雪	0.14	1.95
5	中等	2~4	大雨、小雾或小雪	0.38	0.98
6		4~10	中雨、很小的雾或雪	0.68	0.39
7	好	10~20	无沉积物或小雨	0.82	0.195
8	很好	20~50	无沉积物	0.92	0.078
9	非常好	>50	洁净的大气	>0.92	<0.078

6.3.3 散射的种类

大气可以看成是由无数个大小不等的微粒组成的。组成大气的微粒包括各组元的分子、尘埃、凝结核以及云、雾、雨、雪等。电磁辐射投射到孤立或相互结合的微粒上所产生能量的改变,称为散射衰减。如果散射体的半径为 r,大气中所传播的辐射波长为 λ,则当 $\lambda \gg r$ 时,就称为瑞利散射,如在纯净的大气中,由于气体分子本身造成的散射,就属于瑞利散射,它是使天空呈现蓝色和落日呈现红色的原因。当 $r=\lambda$ 时,就称为米氏散射,如当水滴的半径和入射辐射波长差不多相等时发生的散射。如果球形散射体的半径 $r \gg \lambda$,所发生的散射称为无选择性散射,或称为非选择性散射,这也是雾和云呈现白色的原因。

6.4 大气对红外辐射的散射

6.4.1 散射的一般方程

假设介质对红外辐射只有散射作用,则红外辐射传输 x 距离被散射后的辐射功率满足

$$P_\lambda(x) = P_\lambda(0)\exp[-\mu_s(\lambda)x] \qquad (6-12)$$

式中:$p_\lambda(0)$ 为红外辐射初始的功率,$\mu_s(\lambda)$ 为散射系数。

因此,纯散射后辐射的透射率为

$$T_s(\lambda,x) = \exp[-\mu_s(\lambda)x] \qquad (6-13)$$

如果散射系数是 x 的函数,则

$$P_\lambda(x) = P_\lambda(0)\exp\left[-\int_0^x \mu_s(x)\mathrm{d}x\right] \qquad (6-14)$$

且有

$$T_s(\lambda,x) = \exp\left[-\int_0^x \mu_s(x)\mathrm{d}x\right] \qquad (6-15)$$

其中

$$\mu_s(\lambda) = \mu_m(\lambda) + \mu_p(\lambda) \qquad (6-16)$$

式中:$\mu_m(\lambda)$ 为分子散射系数,$\mu_p(\lambda)$ 为粒子散射系数。

如图 6-8 所示,功率为 p_λ 的辐射入射到截面积为 $\mathrm{d}A$ 的散射体积元上,体积元内粒子总的散射面积为 $\mathrm{d}A_{\lambda,s}$,向各个方向散射的总功率为 $\mathrm{d}P\lambda$,则

$$-\frac{\mathrm{d}P\lambda}{P\lambda} = \frac{\mathrm{d}A_{\lambda,s}}{\mathrm{d}A} \qquad (6-17)$$

$$\mathrm{d}A_{\lambda,s} = \sigma_\lambda N_s \qquad (6-18)$$

式中:σ_λ 为散射粒子的平均散射截面;N_s 为散射粒子数。

式(6-17)可改写为

$$-\frac{dP_\lambda}{P_\lambda} = \frac{dA_{\lambda,s}}{dA} = \frac{\sigma_\lambda N_s}{dA} = \frac{\sigma_\lambda n_s dA dx}{dA} = \sigma_\lambda n_s dx \quad (6-19)$$

式中:n_s 为体积元内散射粒子数密度。

$$\ln \frac{P_\lambda(x)}{p_\lambda(0)} = -\sigma_\lambda n_s x \quad (6-20)$$

由式(6.20),得

$$P_\lambda(x) = P_\lambda(0)\exp(-\sigma_\lambda n_s x) \quad (6-21)$$

因此,散射系数

$$u_s(\lambda) = \sigma_\lambda n_s \quad (6-22)$$

通常用散射面积比来衡量一种粒子的散射本领,即

$$K(\lambda) = \frac{\sigma_\lambda}{\pi r^2} \quad (6-23)$$

散射粒子的平均散射截面积与粒子横截面面积的比值称为散射面积比,对于具有相同散射截面的粒子群,散射系数为

$$\mu_s(\lambda) = \pi r^2 K(\lambda) n_s \quad (6-24)$$

对于 m 种不同类型的粒子群,散射系数为

$$\mu_s(\lambda) = \pi \sum_{j=1}^{m} r_j^2 K_j(\lambda) n_{sj} \quad (6-25)$$

对于散射元浓度随半径连续变化的大量粒子,散射系数为

$$\mu_s(\lambda) = \pi \int_{r_1}^{r_2} r^2 K(\lambda) n_s(r) dr \quad (6-26)$$

$n_s(r)$ 由气溶胶尺度分布决定。

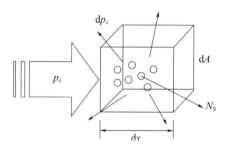

图 6-8 散射体积元

6.4.2 瑞利散射、米氏散射和分子散射

1. 瑞利散射

入射光入射到线度小于光波长的微粒上,散射光和入射光波长相同,这种散射现象称为瑞利散射。有些光学性质不均匀的介质能够产生强烈的散射现象,这类介质一般称为"浑浊介质",它是指在一种介质中悬浮着另一种介质,例如大气中有烟、雾、或乳胶状溶

液等。瑞利提出，如果浑浊介质中悬浮微粒的线度为波长的1/10，不吸收光能，并呈各向同性，则在与入射光传播方向成θ角的方向上，单位介质的散射光强度为

$$I(\theta) = \alpha \frac{N_0 V^2}{r^2 \lambda^4} I_i (1 + \cos^2\theta) \quad (6-27)$$

式中：$\alpha = 1 - \frac{n_1}{n_2}$，是表征介质浑浊程度的因子；$n_1$，$n_2$分别为均匀介质和悬浮微粒的折射率；$N_0$为单位体积介质中悬浮微粒的数目；$V$为一个悬浮微粒的体积；$r$为散射微粒到观察点的距离；$I_i$为入射光的强度；$\lambda$为光波的波长。

式(6-27)表明了散射光的功率强度与波长的四次方成反比，这个规律称为瑞利定律。红光的波长是紫光波长的1.8倍，因而紫光的散射将是红光的$(1.8)^4 \approx 10$倍，这说明当粒子的线度比波长小时，白色光入射时会出现蓝色散射光。

瑞利散射具有以下特点。

(1) 散射光的强度与入射光波长的四次方成反比。这表明，光波越短，散射光的强度越大。用它可以说明许多自然现象，如天空呈蓝色，旭日和夕阳呈红色。

(2) 散射光的强度随观察方向的变化而变化。

(3) 散射光是偏振光。如图6-9所示，自然光入射时，散射光有一定程度的偏振（偏振程度与θ角有关）。在与入射光垂直的方向上，散射光是线偏振光；在入射光的方向上，散射光仍为自然光；而在其他方向上散射光为部分偏振光。

散射光强可以用公式表示为

$$I_\theta = I_{\pi/2}(1 + \cos^2\theta) \quad (6-28)$$

式中：I_θ为与入射光成θ角方向上的散射光的强度；$I_{\frac{\pi}{2}}$是$\theta = \pi/2$方向上的散射光的强度。光束沿oz轴旋转360°时就得到光沿z方向传播时散射光强度的分布，光束沿ox轴旋转360°就得到散射光强度在空间所有方向上的分布。

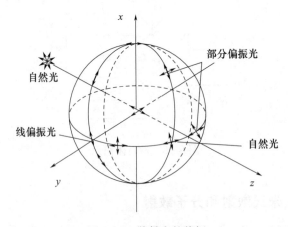

图6-9 散射光的偏振

2. 米氏散射

当大气中粒子的直径与辐射的波长相当时发生的散射称为米氏散射。这种散射主要由大气中的微粒，如烟、尘埃、小水滴及气溶胶等引起。米氏散射的辐射强度与波长的二

次方成反比,散射在光线向前的方向比向后的方向更强,方向性比较明显。如云雾的粒子大小与红外线的波长($0.7615\mu m$)接近,所以云雾对红外线的辐射主要是米氏散射。因此,多云潮湿的天气对米氏散射的影响较大,米氏散射是人工降雨的理论基础。

当媒质中含有大量线度比波长大的粒子时,自然光入射会观察到白色散射光,这是因为大粒子散射不满足瑞利定律。例如,天空中的云是大气中水滴组成的,这些水滴的线度甚至比可见光的波长更大,瑞利散射定律不适用。各种波长的长度有几乎相同强度的散射,这就是云雾呈白色的缘故。

米氏散射具有如下特点。

(1)散射光的强度与入射光波长的较低次方成反比。这表明,光波越短,散射光的强度越大。

(2)散射光的偏振度与散射粒子的尺寸成正比,与入射光波长成反比。

(3)散射的强度有比较明显方向性。沿入射光方向的散射光的强度大于逆入射光方向的散射光的强度。

3. 分子散射

由于分子热运动造成密度的局部涨落引起的散射称为分子散射。由于分子的热运动,在一个小体积内,分子数目将或多或少地变化,用统计物理的方法可以计算出这种分子数目的涨落。理想气体对自然光的分子散射光强为

$$I(\theta) = \frac{2\pi^2 (n-1)^2}{r^2 N_0 \lambda^4} I_i (1 + \cos^2\theta) \tag{6-29}$$

式中:n 为气体的折射率;N_0 为单位体积的分子数目;r 为散射点到观察点的距离;I_i 为入射光的强度;λ 为光波的波长。

分子散射也满足瑞利定律。根据瑞利定律,浅蓝色和蓝色光比黄色和红色的光散射得更厉害,因此散射光中波长较短的蓝光占优势,又如白昼的天空之所以是亮的,完全是大气散射太阳光的结果,如果没有大气层,在白昼,人们仰望天空将看到光耀炫目的太阳悬挂在漆黑的背景中,这是航天员常见到的景象。

清晨日出或傍晚日落时,看到太阳呈红色,这是因为此时太阳光几乎平行于地面,由于太阳光要穿过很厚的大气层,蓝色光被散射得多,直射到我们眼中的是红光,因而可以看见火红的朝阳或夕阳。

习题及小组讨论

6-1 填空题

(1)大气中除了气体成分外,大气中还有悬浮的尘埃、液滴、冰晶等固体或液体微粒,这些微粒通称为_____。

(2)如果把大气中的水汽和气溶胶粒子除去,这样的大气称为_____大气。

(3)为了对红外装置的性能作出评价,需对红外装置将要应用的地区的_____做详细的调查和研究。

(4) 一般将地球大气分成4个同心层,即_____层、_____层、_____层和_____层。

(5) 水的固态和液态对红外辐射主要起_____作用,气态的水蒸气对红外辐射有着强烈的_____作用。

(6) 雾滴的半径远大于可见光的波长,其形成的散射与_____无关,所以雾呈白色。

6-2 问答题

(1) 分析发生瑞利散射和米氏散射的条件及两种散射的特点。

(2) 试用散射原理解释天空为什么是蓝色,而朝阳和晚霞却是红色。

(3) 辐射在大气中传输主要有哪些光学现象?

(4) 大气中主要有哪些散射粒子?

6-3 知识总结及小组讨论

(1) 回顾、总结本章知识点,画出思维导图。

(2) 众所周知,红外技术不仅为现代化部队提供了夜间行动和作战能力,而且为部队提供了军事情报,提高武器系统的命中精度,改善武器系统抗电子干扰的能力。请谈谈研究红外辐射的传输特性在军事领域的意义。

第 7 章

红外成像系统

本章教学目标 >>>

知识目标：(1) 熟悉红外探测器及红外成像系统结构,领会工作原理。
(2) 领会典型红外探测器特性。
(3) 分析红外成像系统中的信号处理。
能力目标：根据实际需求给出相应解决方案,并分析影响成像系统性能的因素。
素质目标：培养学生解决红外技术领域复杂问题的工程思维。

本章引言 >>>

  红外成像系统可将物体自然发射的红外辐射转变为可见的红外图像,从而使人眼的视觉范围扩展到远红外区。本章着重讲解主被动红外成像系统及典型红外探测器的结构及工作原理,讨论红外成像系统中的信号处理,分析红外成像系统的综合特性。

7.1 主动红外成像系统

  主动红外夜视系统用红外变像管作为光电转换器件,工作时用近红外光束照射目标,将目标反射的近红外辐射转换为可见光图像,实现有效地"夜视"。这种系统最早应用于第二次世界大战期间,它具有背景反差好,成像清晰以及不受外界照明的影响等优点,迄今为止,主动红外夜视系统在军事、公安和其他许多部门都仍有大量应用。

7.1.1 主动红外夜视仪组成及工作原理

  主动红外夜视仪一般由五部分组成,即红外探照灯、成像光学系统、红外变像管、高压转换器和电池,如图7-1所示。

红外探照灯发出的红外辐射照射前方目标,由光学系统的物镜组接收被目标反射回来的红外辐射,并在红外变像管的光阴极面上形成目标的红外图像。变像管对红外图像进行光谱转换、电子成像和亮度增强,最后在荧光屏上显示出目标的可见图像。于是,人眼即可通过目镜观察到放大后的目标图像。

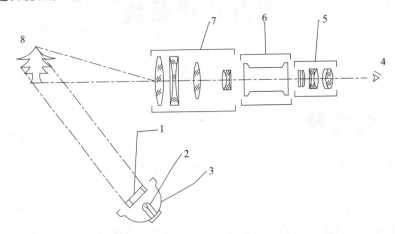

图7-1 主动红外夜视仪工作原理简图
1—红外滤光片;2—光源;3—反射镜;4—人眼;5—目镜;6—变像管;7—物镜;8—目标。

主动红外夜视系统的工作波段在 $0.76 \sim 1.2 \mu m$ 的近红外光谱区,其长波限由变像管的光阴极决定。选用上述工作波段有以下优点。

(1)在此波段内,一般绿色波段的反射率比暗绿色涂漆高得多,如图7-2所示,这使得主动红外夜视仪在观察普通地面背景中的军事目标时,能得到高对比度的图像。若在可见光谱,绿色植物的反射光谱与暗绿色漆的反射光谱分量相当,主动红外夜视仪就很难区分植被背景与军事目标。

(2)实践证明,摘下的绿叶在几小时后,其红外反射率急剧下降。利用这点,主动红外夜视仪又容易识别用砍下的树叶形成的伪装。

(3)相对于可见光而言,近红外辐射的大气散射小,有更好的穿透能力。

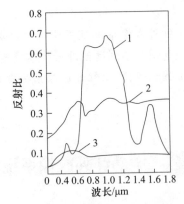

图7-2 典型目标的反射光谱曲线
1—绿色草木;2—混凝土;3—暗绿色漆。

主动红外夜视仪自带照明光源,工作不受环境照度条件的限制,即使在完全黑暗的场合,它也能正常使用。同时,若使探照灯以小口径光束照射目标,就可在视场中充分突出目标的体貌特征,以更高的对比度获得清晰的图像。另外,主动红外夜视仪技术难度较低,成本低廉,维护、使用简单,容易推广,图像质量较好,在军事上仍得到应用。例如夜间观察、瞄准、车辆驾驶、舰船夜航等。

主动红外夜视仪的缺点也很突出,其中最致命的是容易暴露自己。另外,它体积较大,耗电较多,并且其观察范围只局限于被照明的区域,视距还受探照灯尺寸和功率的限制等。

7.1.2 红外变像管

红外变像管是主动红外夜视系统的核心,它是一种高真空图像转换器件,其功用是完成从近红外图像到可见光图像的转换并把图像增强。红外变像管包括光电阴极、电子光学系统、荧光屏和高真空管壳四部分。

1. 红外变像管的分类

从结构材料上分,红外变像管分为金属结构型和玻璃结构型;从工作方法分又分为连续工作方式和选通工作方式。而选通像管主要用于选通成像和测距。

2. 红外变像管的工作过程

不管哪一种变像管都是由3个基本部分组成,即银氧铯(Ag-O-Cs)光阴极,电子光学系统和荧光屏。近红外辐射图像成像在光阴极面上,光阴极产生正比于各点入射辐射强度的电子发射而形成电子流密度与红外辐射强度相应的电子图像;该电子图像被电子光学系统成像到荧光屏上;荧光屏在高能电子轰击下发射出正比于电子密度的可见光图像;从而完成了从近红外到可见辐射图像转换过程。

红外变像管的光阴极是对近红外敏感的银氧铯光敏层,光谱响应范围是 $0.3 \sim 1.2\mu m$,其峰值灵敏度在 $0.8\mu m$ 附近,长波限为 $1.2\mu m$,光灵敏度为 $30 \sim 40\mu A/lm$,量子效率 $<1\%$。它的热发射电流大,在室温下热发射电流密度可达 $10^{-12} A/cm^2$。热发射造成的附加背景降低图像对比度,但因其对红外辐射敏感而成为实用型光阴极。

红外变像管的电子光学系统把光电阴极上的电子图像传递到荧光屏上,并在传递中完成电子能量的增强和图像几何尺寸的缩放。它一般都采用静电聚焦方式(也有少数采用电磁聚焦)。通常玻璃型变像管用双筒式经典电子聚焦透镜,而金属结构的变像管用准球对称静电聚焦系统。

红外变像管的荧光屏是完成电-光转换的单元,它是在基底上敷盖荧光粉而制成的。现在所用的荧光粉一般是银激活的硫化锌、硫化镉($ZnS \cdot CdS:Ag$)及铜激活的硫化锌、硒化锌($ZnS \cdot ZnSe:Cu$)(编号P-20)及铜激活的硫化锌($ZnS:Cu$)等物质。其中P-20的发光颜色为黄绿色,峰值波长为 $0.56\mu m$,10%余辉的对应时间为 $0.05 \sim 2ms$,粉粒直径约为 $3.5\mu m$(控制在 $1 \sim 6\mu m$ 范围内),以保证分辨力。为提高屏的质量和防止光朝阳极方向反馈,粉层上要蒸镀铝层,即荧光屏的铝化。铝化使屏的亮度提高、对比度改善。铝层厚度的优选可保证铝化的效果,同时又使电子束在穿过铝层时能量损失最小。

7.1.3 红外探照灯

红外探照灯为主动红外夜视仪提供观察场景照明,其组成包括红外光源、抛物面反射镜、红外滤光片、灯座和调焦机构,如图7-3所示。

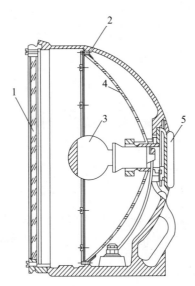

图7-3 红外探照灯结构示意图
1—滤光片;2—座架;3—白炽灯泡;4—反射镜;5—调焦系统。

常用的红外光源有热辐照射源(如卤钨灯)、气体放电光源(如氙灯)、半导体光源(如镓砷发光二极管)、激光光源(如YAG激光器、GaAs激光二极管)等。光源一般安置在抛物面反射镜的焦点处,抛物面反射镜把光源在一定立体角范围内的辐照准直为沿光轴方向传播的平面波,它一般是在玻璃或金属镜基上蒸镀高反射比的膜层而成。膜层材料可用银、铝、金、铜等。

红外滤光片的作用是吸收红外光源辐射的可见光成分,而让近红外辐射以很高的透射比通过。这种滤光片一般有两类:一是玻璃类,是透红外的玻璃经着色而成;二是贴膜式,即在普通透红外辐射的钢化玻璃上贴以吸收可见光的膜层而制成(这种膜层是用有机染色剂染色的塑料膜或有机胶膜)。在采用半导体镓砷光源(发射的是接近单色的近红外光,峰值波长约$0.94\mu m$)和近红外区的激光光源时,不需要红外滤光片。对红外滤光片的要求,除了透射比和光谱特性之外,还希望它热稳定性、防潮性和机械性能好,能承受光源工作的高温。

灯座后的调焦机构可以调节探照灯照明光束的发散角,在更换光源或反射镜后也可调节。

在主动红外系统中,对红外探照灯有下列要求。

(1)探照灯的辐射光谱(光源与滤光片的组合光谱)要与变像管阴极的光谱响应有效匹配,并在匹配的光谱范围内有高的辐射效率。这就要求在仪器的工作波段,光源有足够的辐射强度和高的辐射效率以及滤光片有高的透射比。

(2)有一定的照射范围,探照灯发出的光束其散射角应与仪器的视场角基本吻合。这样既保证了仪器观察目标所要求的照明,也减少了自身暴露的可能性。垂直方向的散射角可以比夜视仪器的视场稍小,以减少大气散射对仪器观察的影响。

(3)红光暴露距离要短。红光暴露距离是指:夜间在探照灯光轴方向上,观察者由远至近向探照灯靠近,当人眼刚能发现探照灯滤光片所透过的红光时,观察者与探照灯之间的距离。为保证在对方使用同类仪器情况下自身的隐蔽性,红光暴露距离应尽可能短,其远近与红外滤光片的短波起始波长及辐射源的功率有关。

(4) 在结构上应保证容易调焦,滤光片和光源更换方便。

(5) 探照灯应尽量做到体积小、重量轻、寿命长、工作可靠。

7.1.4 主动红外夜视系统的光学系统

主动红外夜视仪的光学系统与微光夜视仪的大体相同,物镜是强光力的透射式物镜或折返式物镜;目镜具有一定的放大倍率且一般出瞳直径很大。由于在物镜与目镜之间设置有变像管,故物镜与目镜的光束限制要分别考虑。在考虑物镜系统的光束结构时,物镜框被视为孔径光阑,光阴极面的有效范围称为视场光阑的通孔。而考虑目镜系统时,变像管荧光屏的有效面积决定了目镜的视场角,人眼瞳孔是它的出瞳。可见,由于红外变像管的存在,使射向物镜的光线与自目镜出射的光线不再一一对应,成像光束的结构失去了连续性,因而整个光学系统不能连成一体来考虑入瞳与出瞳的共轭关系。这种情况,在微光夜视仪中依然存在。这都是因为光电成像器件破坏了成像光束的连续性。

7.1.5 直流高压电源

1. 对直流高压电源的要求

夜视仪器中的变像管和像增强器需要很高能量才能完成图像增强的任务。这些能量则要由高压电源提供。主动夜视仪器中的红外变像管需要 1.2~2.9 万伏的工作电压,而像增强器则需要几千~几万伏工作电压。

直视夜视系统对高压电源的主要要求如下。

(1) 为光电成像器件提供所需的稳定直流高压,以使像管在实际工作情况下保持合适的输出亮度。

(2) 性能稳定,在高低温环境下保证仪器正常工作。

(3) 防潮、防震、体积小、重量轻且耗电省。

2. 直流高压电源工作原理

目前,夜视仪器采用晶体管直流变换器式高压电源,其框图如图 7-4 所示,各部分作用如下。

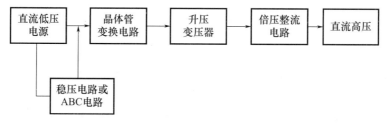

图 7-4　直流高压电源框图

(1) 直流低压电源:通常为几伏到二十几伏,由干电池或蓄电池提供,其作用是为高压电源提供能量。

(2) 晶体管变换器:主要由晶体三极管、升压变压器的初级绕组和反馈绕组构成,其作用是将直流低压变为高频交流低压。

(3) 升压变压器:将低压交流脉冲升为高压交流,输出可达数千至上万伏。

(4) 倍压整流电路:由高压整流二极管(或高压硅堆)、高压电容和高压变压器次级绕组构成。它把变压器次级绕组上的交流高压整流并倍压到所需直流高压。

(5) 稳压电路:其作用是保证晶体管变换电路有稳定的输入电压,以使电源的高压输出稳定。(其各部分原理从略)

3. 晶体管直流高压电源实用电路介绍

图 7-5 所示为某火箭炮红外瞄准镜高压电源原理图。

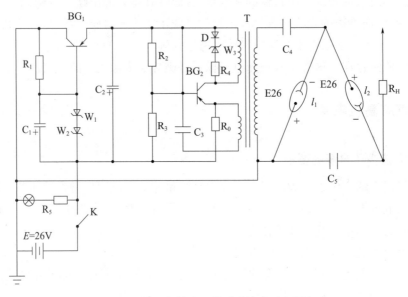

图 7-5 反坦克火箭炮红外瞄准镜高压电源电路

该电路由供电电源、稳压电路、单管自激振荡器、升压变压器和倍压整流电路构成。图中 E 为 26V 坦克车上的供电电源,它由蓄电池和发电机联合供电。通常供电电源有 ±15% 左右的波动。为使变像管工作电压稳定,在供电电源和振荡器之间加入稳压电路以消除 E 的波动对输出高压的影响。由 BG_1、W_1、W_2、R_1、C_1、C_2 构成稳压电路。BG_1 为调整管,W_1、W_2 提供 20V 左右的基准电压,R_1 为稳压管限流电阻,以保证一定的工作电流;C_1 为旁路电容以降低电流脉动。20V 的稳定电压经滤波电容 C_2 后到自激振荡电路。自激振荡部分由 BG_2 及其周围元件组成,它把 20V 直流稳定电压转换为脉冲电压,经升压变压器 T 升至 9kV,再通过二倍压整流电路,得到 18kV 的直流高压提供给变像管。电阻 R_H 串联在电源输出端和变像管之间作为防强光电阻。光强增加多少倍,R_H 上的压降也增加多少倍,在强光瞬间,加到变像管的电压急剧下降,使变像管灵敏度也下降而起到保护变像管的作用。但不能完全保护。

7.1.6 大气后向散射和选通原理

1. 大气后向散射

在主动红外夜视系统中,通常把红外探照灯安装在接收器附近,在照射远距离目标时,探照灯光轴非常接近仪器光轴。照射目标的光束通过大气时要被大气散射,其中一部分散射辐射后向进入观察系统,这就是后向散射。后向散射在仪器像面上造成一个附加背景而降低了图像对比度和清晰度。在能见度差的条件下,这一影响则成为主动红外夜视系统成像性能的一个基本限制因素。

单从减轻后向散射的影响而言,采用窄光束的探照灯,使观察系统光轴尽量远离探照灯的光轴等措施会有一定的作用,但它们实施常会影响系统的实用性。

2. 选通技术的基本原理

选通工作方式的主动红外夜视仪采用脉冲红外激光辐照目标,以带选通电极的变像管取代普通红外变像管,按到达光学系统的时间先后来鉴别目标光束和散射光束,并将散射光束拒之门外,只允许目标光束到达像面。这是抑制大气后向散射影响的有效措施。

采用这种方式时,选通像管成为关键。它在光阴极与锥形阳极之间增设选通电极。当选通电极加上比阴极更低的电位时,光电阴极的电子发射被阻遏,变像管呈"关闭"状态。只有给选通电极加上适当的聚焦电位时,阴极发射的光电子才能到达荧光屏,变像管呈"导通"状态。利用"选通"性能,设计专门电路控制选通电极的电位,使得当由目标返回的光束到达观察系统时,变像管正好呈"导通"状态,在其余时间内,变像管一律是"关闭"的。

红外探照灯的脉冲激光源(如阵列式 GaAs 激光器等)应有足够高的能量和足够多的脉冲时间。例如,当脉冲持续时间 $\Delta \tau = 100 \text{ns}$ 时,光在一个脉冲时间间隔内的传播距离约为 30m,这时,目标前后 ±15m 之内的大气后向散射还是会进入系统形成像面附加背景。在此范围之外的后向散射对成像没有影响。通常认为,$\Delta \tau = 100 \sim 200 \text{ns}$ 是可行的,可以取得良好的图像效果。

由于荧光屏发光的滞后和余辉,人眼察觉不出图像在时间上的不连续。

由上可知,实现合理的"选通"需要脉冲激光器与选通变像管在时序上的严格协调与配合。例如,要观察前方 1200m 处的目标,考虑激光束的来回时间约为 $\tau = 8 \mu s$,于是应使变像管的选通时刻比激光脉冲发出时刻滞后 $8 \mu s$。若激光脉冲的持续时间为 $\Delta \tau = 200 \text{ns}$,则选通的结果是使观察者看到前方 1200 ± 30m 范围内的景物;若 $\Delta \tau = 100 \text{ns}$,则只能看到 1200 ± 15m 范围内的景物。显然,从排除大气后向散射的影响而言,希望激光脉冲的持续时间 $\Delta \tau$ 尽可能小;而考虑保证观察有足够的"景深"时,又希望 $\Delta \tau$ 尽量大些。这就出现了矛盾,暴露选通技术的局限性。好在像管选通的时间间隔和激光脉冲的持续时间、脉冲重复频率都有足够的调节范围,使这种缺陷得到弥补。

选通技术的应用使主动红外夜视仪兼有测距功能,使我们不仅能实现有效的观察,还能测得目标的距离。同时,由于使用脉冲激光照射目标,也减少了暴露自己的可能,在一定程度上弥补了主动红外夜视仪容易被敌发现的缺点。

7.1.7 视距估算

视距是主动红外夜视仪总体性能的综合指标。它受环境、天候、系统性能、人眼视觉及目标等因素的影响,这里只能讨论近似估算。

1. 目标照度

设目标是线度尺寸不大的平面物,且处于光学系统光轴垂直的平面内,离系统的距离为 R,探照灯轴向光强为 I,则目标照度为

$$E_0 = I\tau_a/R^2 \tag{7-1}$$

式中:τ_a 为大气在距离 R 上的透射比(通常可在 $0.76 \sim 1.3 \mu m$ 波段内取透射比的平均值来计算)。

2. 目标反射亮度

假设目标为朗伯反射体,则其反射亮度为

$$L_0 = \rho E_0/\pi = \rho I\tau_a/(\pi R^2) \tag{7-2}$$

式中:ρ 为目标的反射比。

3. 变像管阴极面上的照度

设观察系统入瞳口径为 D,物镜焦距为 f',则目标反射光经物镜聚焦后在阴极面形成照度

$$E_c = \frac{\pi}{4} L_0 \tau_a \tau_0 (D/f')^2 = \frac{\rho I}{4R^2} \tau_0 \tau_a^2 (D/f')^2 \tag{7-3}$$

式中:τ_0 为物镜的透射比。

4. 变像管荧光屏的发光亮度增益为 G,则荧光屏上的目标像的亮度为

$$L_1 = GE_c K_G/\pi = \frac{GK_G}{4\pi R^2} \rho I \tau_0 \tau_a^2 \left(\frac{D}{f'}\right)^2 \tag{7-4}$$

式中:K_G 为红外亮度增益修正系数。

出现上述修正系数是因为:通常 G 值是在 2856K 色温的标准 A 光源辐照下测得的,不同色温的光源有不同的光谱分布,其与变像管光阴极的匹配情况就不同,加之探照灯的光源也不是标准 A 光源。实践表明,对银氧铯光阴极,若光源色温在 $2810 \sim 3000K$ 之间,则上述 $K_G \approx 1$。一般白炽灯在此色温范围内,故可取 $K_G \approx 1$。在采用砷化镓等光源时,要计算相应的修正系数。

5. 荧光屏上的背景亮度

在不计大气后向散射造成的背景时,荧光屏上的背景是由光阴极热电子发射所形成,即

$$L_b = j_D G/(\pi S_H) \tag{7-5}$$

式中:L_b 为背景亮度,j_D 为光阴极热发射电流密度,S_H 为光阴极红外灵敏度。

6. 别列克条件

观察者欲从荧光屏上感知目标图像,则图像亮度 L_1、背景亮度 L_b 须满足别列克条件,即

$$L_1/L_b \geqslant \xi \tag{7-6}$$

式中:ξ 与目标图像对人眼的张角及背景亮度有关,如图 7-6 所示。

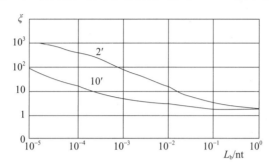

图 7-6 不同目标视角时系数 ξ 与背景亮度的关系曲线($1\text{nt} = 1\text{cd/m}^2$)

7. 估算的视距

联立式(7-4)～式(7-6),三式中取等号,则得到主动红外夜视仪视距(最大观察距离)估算值为

$$R_m = \frac{\tau_a}{2}\left(\frac{D}{f'}\right)\left(\frac{\rho I \tau_0 S_H}{j_D \xi} K_G\right)^{\frac{1}{2}} \tag{7-7}$$

由此看出,增大观察系统物镜的相对孔径和透射比、提高探照灯的轴向光强度、选用红外灵敏度高而暗发射电流小的变像管都可增大视距。式中因子 ξ 体现了人眼视距因素的影响——在其他条件不变时,目标图像对人眼张角的增大和荧光屏亮度的提高都使人眼有更高的对比灵敏度(对应于更小的 ξ 值),即视距更远。

7.2 被动红外成像系统

自然界中的一切物体,只要它的温度高于热力学零度,总是在不断地发射辐射能。从原理上讲,只要能探测并收集这些辐射能,就可以通过重新排列来自探测器的信号形成与景物辐射分布相对应的红外图像。图 7-7 所示为一幅红外图像,再现了景物各部分的辐射起伏,因而能显示出景物的特征。

红外成像技术能把目标与场景各部分的温度分布、反射率(投射到物体上面被反射的辐射能与投射到物体上的总辐射能之比)差异转变为相应的信号,再转换为可见光图像。这种把不可见的红外辐射转换为可见光图像的装置称为红外热像仪。20 世纪 50 年代后期迅速发展起来的光子探测器(如 InSb、Ge:Hg),其快速响应特点使红外图像的实时显示成为可能。60 年代初,德州仪器公司和休斯公司分别实施发展热像仪的计划,于 1965 年

制成样机。至1974年,约研制出60多种热像仪,用于陆、海、空三军。1981年,采用扫积型器件(SPRITE)的通用组件热像仪在英国诞生。此后,热像仪在军事上得到广泛应用。

图7-7 红外图像实例

陆军已将其用于夜间侦察、瞄准、火炮及导弹火控系统、靶场跟踪测量系统;空军已用于夜间导航、空中侦察及机载火控系统;海军已用于夜间导航、舰载火控及防空报警系统。星载热像仪可用于侦察地面和海上目标,也可用于对战略导弹的预警。热像仪的服役大大提高了部队的夜战能力,是战斗力的标志之一。

热像仪的温度分辨力很高(0.1~0.01℃),使观察者容易发现目标的蛛丝马迹。它工作于中、远红外波段,使之具有更好地穿透雨、雪、雾、霾和常规烟幕的能力(相对于在可见光和近红外区工作的装备而言);它不怕强光干扰,且昼夜可用,使之更适用于复杂的战场环境;由于它在常规大气中受散射影响小,故通常有更远的工作距离。例如,步兵手持式热像仪作用距离为2~3km,舰载光电火控系统中的热像仪,对海上目标跟踪距离约10km,地-空监视目标距离为20km。也正是由于它以远红外辐射为信息载体,故具有很好的洞察掩体和识破伪装的本领。热像仪输出的视频信号可以多种方式显示(黑白图像、伪彩色图像、数字矩阵等),可充分利用飞速发展的计算机图像处理技术方便地进行存储、记录和远距离传送,这是个突出的优势。

7.2.1 被动红外成像系统工作原理与结构

1. 被动红外成像系统工作原理

光学系统将景物发射的红外辐射收集起来,经过光学滤波后,将景物的辐射能量分布会聚到位于光学系统焦平面的探测器光敏面上。光机扫描器包括两个扫描镜组,一个做垂直扫描,一个做水平扫描。扫描器位于聚焦光学系统和探测器之间。当扫描器工作时,从景物到达探测器的光束随之移动,在物空间扫出像电视一样的光栅。当扫描器以电视光栅形式将探测器扫过景物时,探测器逐点接收景物的辐射并转换成相应的电信号。或者说,光机扫描器构成的景物图像依次扫过探测器,探测器依次把景物各部分的红外辐射转换成电信号,经过视频处理的信号,在同步扫描的显示器上显示出景物的红外图像。图7-8所示为最简单的光机扫描型红外成像系统的工作原理。

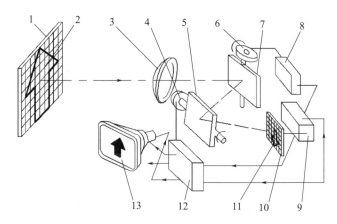

图7-8 光机扫描型红外成像系统工作原理
1—物平面;2—箭头形物;3—物镜;4—高低同步器;5—高低扫描平面镜;
6—水平同步器;7—水平扫描反射镜;8—水平同步信号放大器;9—前放及视频信号处理器;
10—像平面;11—单元探测器;12—高低同步信号放大器;13—显示器。

图7-9所示为红外成像系统的工作过程。热像仪的红外光学系统把来自目标景物的红外辐射聚焦于红外探测器上,探测器与相应单元共同作用,把二维分布的红外辐射转换为按时序排列的一维视频信号,经过后续处理,变成可见光图像显示出来。

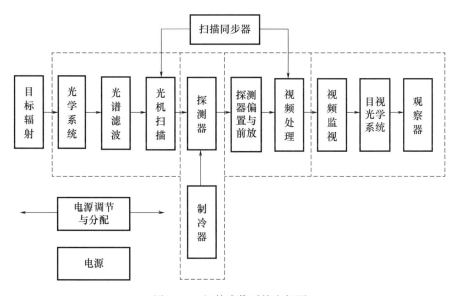

图7-9 红外成像系统方框图

2. 红外成像系统的类型和组成

目前的红外成像系统可分为两大类,即光机扫描型和非扫描型。

图7-8所示的红外成像系统就是光机扫描型,借助光机扫描器使单元探测器依次扫过景物的各部分,形成景物的二维图像。在光机扫描红外成像系统中,探测器把接收的辐

射信号转换为电信号,可通过隔直流电路把背景辐射从目标信号中消除,从而获得对比度良好的红外图像。所以,尽管这种类型的红外成像系统存在着结构复杂、成本高的缺点,仍然受到重视,取得很大进展并日趋完善。

非扫描型红外成像系统利用多元探测器阵列,使探测器中的每个单元与景物的一个微面元对应,因此可取消光机扫描。凝视型红外成像系统就属于这种类型。近年来,硅化物肖特基势垒焦平面阵列技术有了长足进展,利用硅超大规模集成电路技术,可以获得高均匀响应度、高分辨率探测器面阵,大大推动了非扫描型红外成像技术的迅速发展和步入实用化。热释电红外成像系统也属于非扫描型红外成像系统。采用热释电材料做靶面,制成热释电摄像管,直接利用电子束扫描和相应的处理电路,组成电视摄像型热像仪,完全取消了光机扫描,从而使结构简化,又不需要制冷,成本也随之降低,但性能不及光机扫描型红外成像系统。

图 7-9 所示为红外成像系统方框图,从图中可看出,整个系统包括 4 个组成部分,即光学系统、红外探测器及制冷器、电子信号处理系统和显示系统。

7.2.2 被动红外成像系统的基本参数

1. 光学系统入瞳口径 D_0 和焦距 f'

热像仪光学系统的 D_0、f' 是决定其性能、体积和重量的重要因素。

2. 瞬时视场

在光轴不动时,系统所能观察到的空间范围就是瞬时视场,它取决于单元探测器的尺寸及红外物镜的焦距,决定系统的最高空间分辨力。

若探测器为矩形,尺寸为 $a \times b$,则

$$\alpha = a/f' \tag{7-8}$$
$$\beta = b/f' \tag{7-9}$$

即为瞬时视场平面角(常以 rad 或 mrad 表示)。

3. 总视场

总视场是指热像仪的最大观察范围,通常以水平方向、垂直方向的两个平面角来描述。

4. 帧周期 T_f 与帧频 f_p

系统构成一幅完整画面所花的时间称为帧周期或帧时(以秒计);而一秒钟内所构成的画面帧数称为帧频或帧速,故

$$f_p = 1/T_f \tag{7-10}$$

5. 扫描效率 η

热像仪对景物成像时,由于同步扫描、回扫、直流恢复等都需要时间,而这些时段内不产生视频信号,故将其归总为空载时间 T'_f。于是,差值 $(T_f - T'_f)$ 即为有效扫描时间,它与

帧周期之比就是扫描效率。

$$\eta = (T_f - T'_f)/T_f \quad (7-11)$$

6. 驻留时间

系统光轴扫过一个探测器所经历的时间称为驻留时间,记为 τ_d,是光机扫描热像仪的重要参数。

若帧周期为 T_f,扫描效率为 η,热像仪采用单元探测器,则探测器驻留时间 τ_{d1} 即为

$$\tau_{d1} = \eta \cdot T_f \alpha\beta/(A \cdot B) \quad (7-12)$$

式中:A,B 为热像仪在水平方向、垂直方向的视场角;α,β 为瞬时视场角。

当探测器是由 n 个与行扫描方向正交的单元探测器组成的线列时,则驻留时间 τ_d 为

$$\tau_d = n\tau_{d1} = n \cdot \eta T_f \alpha\beta/(A \cdot B) \quad (7-13)$$

可见,在帧周期和扫描效率相同的条件下,把 n 个同样的单元探测器沿着与行扫描正交的方向排成线列,则在单个探测器上的驻留时间便延长至 n 倍,这对提高热像仪的信噪比是有利的。

必须注意,探测器的驻留时间应大于其时间常数。

7.3 红外光学系统

红外光学系统主要由红外物镜系统和扫描系统组成。

7.3.1 红外物镜系统

1. 透射式红外光学系统

透射式红外光学系统也称折射式红外光学系统,它一般由几个透镜构成,如图 7-10 所示。透射式系统的主要优点是:无挡光,加工球面透镜较容易,通过光学设计易消除各种像差。但这种光学系统光能损失较大,装配调整比较困难。

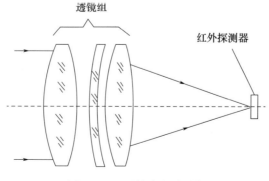

图 7-10 透射式光学系统

2. 反射式红外光学系统

由于红外辐射的波长较长，能透过它的材料很少，因而大都采用反射式红外光学系统。按反射镜截面的形状不同，反射系统有球面形、抛物面形或椭球面形等几种。以下介绍几种典型的反射系统。

牛顿系统的主镜是抛物面，次镜是平面，如图 7-11 所示。这种系统结构简单，易于加工，但挡光大，结构尺寸也较大。

卡塞格林系统的主镜是抛物面，次镜是双曲面，如图 7-12 所示。这种系统较牛顿系统挡光小，结构尺寸也较小，但加工比较困难。

格利高利系统的主镜是抛物镜，次镜是椭球面，如图 7-13 所示，其加工难度介于牛顿系统与卡塞格林系统之间。

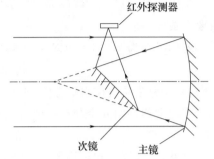

图 7-11 牛顿光学系统示意图

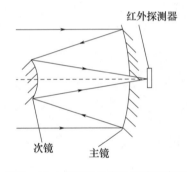

图 7-12 卡塞格林光学系统示意图

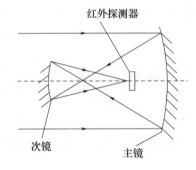

图 7-13 格利高利光学系统示意图

在实际工作中，应用最广的是球面镜和抛物镜。反射镜的性能很大程度上取决于反射表面的状态以及反射层局部的破损、玷污和潮湿，因此要仔细保护好反射镜表面的清洁和完整性。反射式光学系统的优点是：对材料要求不太高、重量轻、成本低、光能损失小、不存在色差等。但其缺点是：有中心挡光，有较大的轴外像差，难于满足大视场、大孔径成像的要求。

3. 折反射组合式光学系统

由反射镜和透镜组合的折射反射式光学系统可以结合反射式和透射式系统的特点，采用球面镜取代非球面镜，同时用补偿透镜来校正球面反射镜的像差，从而获得较好的像质。但这种系统往往体积大，加工困难，成本也比较高，典型的折反射系统列举如下。

施密特系统的主镜是球面反射镜，其前面安装有一校正板，如图 7-14 所示。可根据校正板厚度的变化来校正球面镜的像差，但这种系统的结构尺寸较大，校正板加工困难。

马克苏托夫系统的主镜为球面镜，采用负透镜（称为马克苏托夫校正板）校正球面镜的像差，如图 7-15 所示。若把光阑和马克苏托夫校正板设在主镜的球心附近，则可以进一步减小物镜的轴外像差。

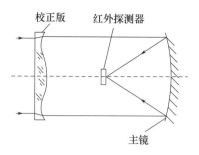

图 7 – 14 施密特光学系统示意图

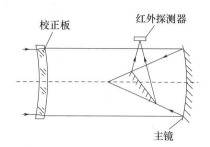

图 7 – 15 马克苏托夫光学系统示意图

7.3.2 光机扫描系统

常用的光机扫描部件有摆动平面镜、旋转反射镜鼓、旋转折射棱镜、旋转折射光楔等。它们单独或组合成为常用的几种扫描机构。

1. 旋转反射镜鼓作二维扫描

能兼作行扫、帧扫的反射镜鼓如图 7 – 16 所示。它是一个多面体,其每一侧面与旋转轴构成不同的倾角 θ_i。例如,第 1 面倾角 $\theta_1=0$;第 2 面倾角 $\theta_2=\alpha$;第 3 面倾角 $\theta_3=2\alpha$;第 i 面 $\theta_i=(i-1)\alpha$,如此等等。这样,当第一面扫完第一行转到第二面时,光轴在列的方向上也偏转了 α 角。若使 α 角正好对应于探测器面阵(或并扫线阵)在列方向的张角,则这个单一的旋转反射镜鼓就可兼有二维扫描的功能。这种方案结构紧凑,帧扫描效率很高,适于中低档水平的热像仪和手持式热像仪采用。

由于反射镜鼓的反射面系绕镜鼓的中心轴线旋转,致使反射面位置又相对于光线的位移,这种位移若出现在会聚光路中,则会产生"散焦"现象,影响像质,故反射镜鼓多用在平行光路中。

2. 平行光路中旋转反射镜鼓与摆镜组合

图 7 – 17 所示机构为旋转反射镜鼓作行扫描、摆镜做帧扫描的实例。镜鼓、摆镜均在平行光路中,其外形尺寸必须保证有效光束宽度 D_0 和所要求的视场角 2ω,故比较庞大,加之摆镜运动的周期性往复以及在高速摆动情况下使视场边缘不稳定,不易高速扫描,所以这种二维扫描机构无附加像差,实施容易。

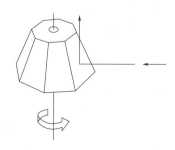

图 7 – 16 产生带扫描的多面镜鼓

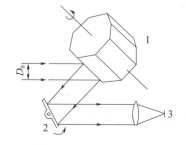

图 7 – 17 旋转镜鼓作行扫描,摆镜作帧扫描
1—反射镜转鼓;2—摆镜;3—探测器。

3. 平行光路中反射镜鼓加会聚光路中摆镜

图7-18所示机构为由会聚光路中摆镜绕平面内的轴线摆动完成帧扫描,由准直镜组之间(平行光路)的反射镜鼓绕与图面垂直的轴线旋转完成行扫描。这种机构扫描效率与上述"2"相同,但由于摆镜在会聚光路中,摆动时产生"散焦"而影响像质,不宜作大视场扫描用。

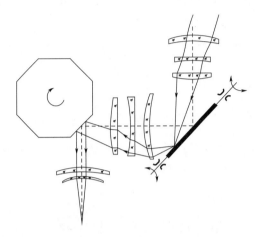

图7-18 会聚光束摆镜扫描系统

4. 折射棱镜与反射镜鼓组合

图7-19所示系统中,四方折射棱镜,在前置望远镜的会聚光路里旋转执行帧扫描,而反射镜鼓2位于物镜前的平行光路里旋转做行扫描。前者转轴与图面垂直,后者转轴在图面内。由于折射棱镜扫描效率比摆镜高,故这种组合的总扫描效率比前一方案高。加之反射镜鼓处在经望远镜压缩的平行光路中,故尺寸可以相对减小。但折射棱镜在会聚光路中产生像差,且折射棱镜要旋转,系统像差设计较难。如果设计得当,可用于大视场及多元探测器串并扫的场合。

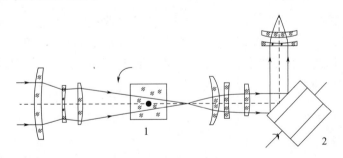

图7-19 折射棱镜帧扫描
1—旋转折射棱镜;2—旋转反射镜鼓。

5. 会聚光路中两旋转折射棱镜组合

图7-20所示的结构为由会聚光路中两旋转的折射棱镜组合完成二维扫描。其中帧扫描在前,转轴与图面垂直;行扫描棱镜在后,转轴在图面内且与光轴正交。二者棱面数

量相当(图中是八棱柱体)。由于行扫描棱镜入射面靠近物镜焦平面,这里光束宽度变窄,故其厚度尺寸可以小些,使之易于实现高速旋转,达到高速扫描。

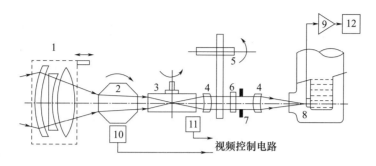

图 7-20　AGA680 型热像仪原理图

1—物镜;2—帧扫棱镜;3—行扫棱镜;4—聚光棱镜;5—调制器;6—滤光片;7—光阑;8—探测器;
9—前置放大器;10—帧扫同步脉磁传感器;11—行扫同步脉磁传感器;12—阴极射线管。

这种系统的最大优点是扫描速度快,扫描效率高(帧频可达 20Hz,若用多元探测器,帧频可达 50Hz);缺点是像差设计困难。

由于它的高帧频特点,使之能与普通电视兼容,因而成为高速热像仪采用的扫描方案,如现在最具代表性的高速热像仪 AGA 系列。

6. 两个摆动平面镜组合

用两个摆轴互相垂直的平面镜可构成二维扫描机构,其中一个完成行扫描,另一个完成帧扫描。图 7-8 所示的单元探测器光机扫描热像仪即为一例。由于摆动平面镜可安置在平行光路或会聚光路中,给系统方案设计留有较多的选择余地。但由于摆镜稳定性差,不宜做高速扫描。

实际应用的扫描机构还有旋转 V 形镜、旋转多面体内镜鼓、旋转物镜序列、摆动探测器列阵等。

7.4　红外探测器

7.4.1　红外探测器的用途及类型

在红外成像系统中,红外探测器作为辐射能接收器,通过其光电变换作用,将接收的辐射能变为电信号,再将电信号放大、处理,形成图像。红外探测器是构成红外成像系统的核心器件。

红外探测器有热探测器和光子探测器两大类。

热探测器,如热敏电阻、热电偶、热释电探测器等。这类探测器吸收红外辐射后,使敏感元件温度上升,引起与温度有关的物理参数改变。

光子探测器是通过光子与物质内部电子相互作用，产生电子能态变化而完成光电转换的探测器。

目前，在热成像系统中，主要利用光子探测器，因为无论在响应的灵敏度方面或是响应速度方面，都优于热探测器。光子探测器又分为光导型和光伏型两类。

光导型探测器是利用半导体的光电导效应制成的。光电导效应就是半导体材料吸收入射光子后，半导体内有些电子和空穴从原来不导电的束缚态转变为能导电的自由状态，从而使半导体的电导率增加的现象。光电导探测器可分为单晶型和多晶薄膜型两类。多晶薄膜型光电导探测器的种类较少，主要有响应于 $1 \sim 3\mu m$ 波段的硫化铅（PbS）、响应于 $3 \sim 5\mu m$ 波段的硒化铅（PbSe）和碲化铅（PbTe）（PbTe 探测器有单晶型和多晶薄膜型两种）。单晶型的光电导探测器可分为本征型和掺杂型两种。本征型的探测器早期以锑化铟（InSb）为主，只能探测 $7\mu m$ 以下的红外辐射，后来发展了相应波长随材料组分变化的碲镉汞（$Hg_{1-x}Cd_xTe$）和碲锡铅（$Pb_{1-x}Sn_xTe$）三元化合物探测器。掺杂型红外探测器主要是锗、硅和锗硅合金掺入不同杂质而制成的多种掺杂探测器，如锗掺金（Ge:Au）、锗掺汞（Ge:Hg）、锗掺锌（Ge:Zn）等。掺杂探测器在历史上起过重要作用，今后在远红外波段仍有重要应用。硅掺杂探测器的性能与锗掺杂探测器的性能类似，但很少使用。

光伏型探测器是利用半导体的光伏效应制成的，它与光电导效应不同，光伏效应需要一个内部电势垒，由内部电场把光激发的空穴-电子对分开。产生光伏效应的最普通形式是用一些标准工艺制备的半导体 PN 结，PN 结内、外吸收光子后产生电子和空穴。在结区外，它们靠扩散进入结区；在结区内，电子受静电场作用漂移到 N 区，空穴漂移到 P 区。N 区获得附加电子，P 区获得附加空穴，结区获得附加电势差，它与 PN 结原来存在的势垒方向相反，将降低 PN 结原有的势垒高度，使得扩散电流增加，直到达到新的平衡为止。如果把半导体两端用导线连接起来，电路中就有反向电流流过，用灵敏电流计可以测量出来；如果 PN 结两端开路，可用高阻毫伏计测量出光生伏特电压，这就是 PN 结的光伏效应。

常用的光伏探测器有锑化铟（InSb）、碲镉汞（HgCdTe）和碲锡铅（PbSnTe）等。

7.4.2 红外探测器的特性参数

表征红外探测器性能的基本参数有响应度、噪声等效功率、探测率、比探测率、时间常数及光谱响应、背景限制的比探测率等，这些参数是预估系统性能的重要依据。在不同的系统中，选择不同的探测器也必须依照这些参数来选择。

1. 响应度

探测器的响应度是表征探测器对辐射敏感程度的参数。它表征探测器将入射的红外辐射转变为电信号的能力。响应度 R 的定义是探测器输出电压 U_s 或电流 I_s 与入射到探测器光敏面积上的辐射度通量 ϕ 之比，即

$$R = U_s/\phi, R = I_s/\phi \tag{7-14}$$

2. 噪声等效功率

在实际应用中,红外探测器不仅接收到入射的辐射信号,而且在探测器中总会有噪声存在。很明显,噪声的存在限制了探测器对微弱辐射信号的探测能力,即探测器能探测到的最小辐射功率受到限制。噪声等效功率的定义是,探测器输出信号功率与噪声功率相等时,入射到探测器上的辐射功率,表示为

$$\text{NEP} = \frac{EA_d}{V_s/V_n} \quad (\text{W}) \tag{7-15}$$

式中:E 为入射到探测器上的辐照度;A_d 为探测器光敏面积;V_s 为探测器输出信号电压的均方根值;V_n 为输出的噪声电压的均方根值。

这一参数表征了探测器所能探测的最小辐射功率的能力,该值越小,表示探测器的性能越好。这不符合一般的习惯,所以要引入下面的参数。

3. 探测率与比探测率

噪声等效功率的倒数称为探测率,即

$$D = 1/\text{NEP} \quad (\text{W}^{-1}) \tag{7-16}$$

显然,D 越大,探测性能越好。这一参数描述的是探测器在它的噪声电平之上产生一个可测量的电信号的能力,即探测器能响应的入射功率越小,则探测率越高。但是,作为表征探测器性能的综合参数仍不完善,还没有考虑器件的光敏面积和测量电路的频带宽度。两只探测器光敏面积不同,测量电路带宽不同,则探测率值也不同。为了能方便地对不同的探测器进行比较,需要把探测率 D 归一化到测量电路带宽 1Hz、探测器光敏面积为 1cm²,这样就能方便地比较不同测量带宽、不同光敏面积的探测器的探测率值。

归一化的探测率又称比探测率。通常用 D^* 表示,即

$$D^* = D\sqrt{A_d \Delta f} \quad (\text{cm} \cdot \text{Hz}^{1/2} \cdot \text{W}^{-1}) \tag{7-17}$$

这一参数与测试条件有关,在给出 D^* 值时应说明测试条件,如 $D^*(500,800,1)$,该值表示对 500K 黑体探测,调制频率为 800Hz,放大器带宽 1Hz 时的比探测率。

4. 时间常数

当一定功率的辐射突然入射到探测器的敏感面上时,探测器的输出电压要经过一定的时间才能上升到与这一辐射功率相对应的定值。当辐射突然清除时,输出电压也要经过一定的时间才能下降到辐射照射前的值。以一个矩形的辐射脉冲照射到探测器上,观察其输出信号波形,会发现输出信号上升或下降都落在矩形脉冲之后。大多数情况,信号按 $(1-e^{-t/\tau})$ 的规律上升或下降,其中 τ 就定义为探测器的时间常数或响应时间。换句话说,探测器的时间常数就是输出信号电压从零值上升到最大值的 63% 所需的时间。

现代光子探测器的时间常数很短,可达微秒甚至纳秒数量级。在热成像系统中,探测器的时间常数要小于探测器扫描的驻留时间。

5. 光谱响应

相同功率的各单色辐射入射到探测器上,所产生的信号电压与辐射波长的关系称

为探测器的光谱响应,通常用单色辐射的响应度 R_λ 或光谱比辐射 D_λ^* 对波长作图来描述探测器的光谱响应。图 7-21 所示为光子探测器和热探测器的理想光谱响应曲线。

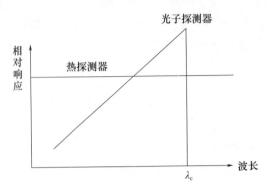

图 7-21 探测器的理想光谱响应形状

由图可见,两类探测器的光谱响应曲线是很不一样的。对于光子探测器,只有入射光子能量大于 $h\nu$ 时,才能产生光电效应使探测器有输出。也就是说,仅仅对波长小于 λ_c 的光子才有响应。在波长小于 λ_c 的范围内,光子探测器的响应度随波长增加,到截止波长 λ_c 处突然下降为零。这样,光子探测器的光谱比探测率 D_λ^* 可写为

$$D_\lambda^* = \begin{cases} (\lambda/\lambda_c)D_{\lambda c}^*, & \lambda \leq \lambda_c \\ 0, & \lambda > \lambda_c \end{cases} \tag{7-18}$$

对于热探测器,其响应度只与吸收辐射功率有关,而与波长无关,可以认为

$$D_\lambda^* = D^* \tag{7-19}$$

上述指的是理想曲线,实际曲线可能有偏离。例如,光子探测器的实际响应并不在 λ_c 处突然截止,而在 λ_c 附近逐渐下降。一般规定响应度下降到峰值的 50% 处的波长为截止波长。

6. 背景限制的比探测率

理想光子探测器将吸收波长小于截止波长的全部入射光子,因为这些理想探测器本身不产生噪声,其性能受背景辐射光子数起伏产生的噪声,即光子噪声所限制。当探测器性能受到背景光子的噪声限制时,这种探测器称为背景限制的探测器。

在一定的波长上,背景限制的光导型探测器 D^* 的理论最大值为

$$D_\lambda^* = \frac{\lambda}{2hc}\left(\frac{\eta}{Q_b}\right)^{1/2} \tag{7-20}$$

式中:h 为普朗克常数;c 为真空中光速;λ 为波长;Q_b 为入射到探测器上的半球背景光子辐射出射度。

将 h 和 c 值代入式(7-20),得

$$D_\lambda^* = 2.52 \times 10^{18} \lambda \left(\frac{\eta}{Q_b}\right)^{1/2} \tag{7-21}$$

对于光伏型探测器,由于没有复合噪声,式(7-21)应乘以 $\sqrt{2}$,因此,得

$$D_\lambda^* = 3.56 \times 10^{18} \lambda \left(\frac{\eta}{Q_b}\right)^{1/2} \qquad (7-22)$$

已有不少光子探测器接近背景限。

7.4.3 常用红外探测器

对于红外探测器的基本要求如下。
(1) 要有尽可能高的探测率,以提高系统的热灵敏度。
(2) 工作波段应与被测目标的辐射光谱相适应,以便接收尽可能多的红外辐射。
(3) 用于并扫的多元探测器,各单元探测器的特性要均匀。
(4) 探测器的响应速度快,即时间常数小,以适应快速扫描的要求。
(5) 为使热成像系统小型轻便,探测器制冷要求不宜太高,最好能有非制冷的探测器。

常用红外探测器及其性能参数如表 7-1 所列,常用探测器的光谱响应曲线如图 7-22 所示。

表 7-1 常用红外探测器的性能

探测器	模式	响应波段 $\Delta\lambda/\mu m$	峰值比探测率 /(cm·Hz$^{1/2}$·W^{-1})	响应时间 τ/s	阻值 R/Ω	工作温度 T/K
LATGS	热释电	1~38 (KBr 窗口)	$(3\sim10)\times10^8$	$<10^{-3}$	$\geq 10^{11}$	300
LiTaO$_3$	热释电	2~25 (Ge 窗口)	$4\sim5^8$	$<10^{-3}$	$\geq 10^{12}$	300
锰-镍-钴氧化物	热敏(浸没)	2~25 (Ge 窗口)	$2\sim5^8$	$(2\sim3)\times10^{-3}$	200~250k	300
PbS	光导	1~3	$(5\sim7)\times10^{10}$	$(1\sim10)\times10^{-4}$	100~500k	300
PbS	光导	1~3.7	1×10^{11}	$(1\sim3)\times10^{-4}$	100~500k	196
InAs	光伏	1~3.8	$(1\sim2)\times10^9$	$<10^{-6}$	2~50	300
InSb	光导(浸没)	2~7	2×10^9	$<10^{-7}$	50~100	300
InSb	光伏	3~5	$(0.5\sim1.6)\times10^{11}$	$<10^{-8}$	1~10k	77
HgCdTe	光伏	7~14	$(0.1\sim1)\times10^{10}$	$<5\times10^{-9}$	30~100	77
HgCdTe	光导	8~14	$(0.5\sim1)\times10^8$	$<10^{-6}$	50~100	193
HgCdTe	光导	2~5	$(0.5\sim1)\times10^{10}$	$<10^{-6}$	300~10^3	300
HgCdTe	光导	2~5	$(2\sim5)\times10^9$	$<10^{-6}$	300~10^3	253
PbSnTe	光伏	8~14	$(0.1\sim1)\times10^{14}$	$<10^{-8}$	20~50	77
Ge:Hg	光导	6~14	$(2\sim4)\times10^{10}$	$<10^{-7}$	$10^2\sim10^3$k	38

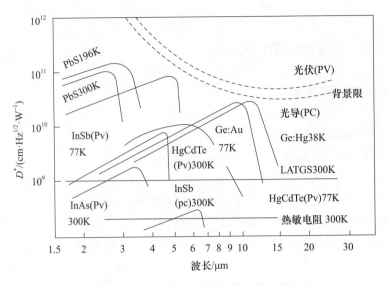

图 7-22 常用红外探测器的光谱响应曲线

7.4.4 红外焦平面阵列器件

红外焦平面阵列器件(infrared focal plane array,IRFPA)就是将 CCD 技术引入红外波段所形成的新一代红外探测器,具有对红外辐射敏感并兼有信号处理功能的探测器。它是现代红外成像系统的关键器件,广泛应用于红外成像、红外搜索与跟踪系统、导弹寻的器、空中监视和红外对抗等领域。红外焦平面阵列可以使红外系统结构简单、性能增加、可靠性提高。它代表了红外探测器的发展方向,是一个国家红外技术水平的标志。

1. IRFPA 的工作条件

IRFPA 通常工作于 $1\sim3\mu m$,$3\sim5\mu m$ 和 $8\sim12\mu m$ 的红外波段,并多数探测 300K 背景中的目标。典型的红外成像条件是在 300K 背景中探测温度变化为 0.1K 的目标。表 7-2 所列为用普朗克定律计算的各个红外波段 300K 背景的光谱辐射光子密度。

表 7-2 各红外波段 300K 背景辐射的光子密度及其对比度

波长/μm	1～3	3～5	8～12
300K 背景辐射光子通量密度/(光子/($cm^2\cdot s$))	约 10^{12}	约 10^{16}	约 10^{17}
光积分时间(饱和时间)/μs	10^6	10^2	10
对比度(300K 背景)/ %	约 10	约 3	约 1

由表 7-2 可见,随波长的变化,背景辐射的光子密度增加,通常光子密度高于 $10^{13}/(cm^2\cdot s)$ 的背景称为高背景条件。因此 $3\sim5\mu m$ 或 $8\sim12\mu m$ 波段的室温背景为高背景条件。表 7-2 中同时列出了各个波段的辐射对比度,其定义为:背景温度变化 1K 所引起光子通量变化与整个光子通量的比值。它随波长增大而减小。IRFPA 要在高背景、低对比度条件下工作,给设计、制造带来了许多问题并提出了很高的要求,增加了研制的难度。

2. IRFPA 的特点

与分立型多元探测器阵列相比,红外焦平面阵列具有以下优点。

(1)放在光学系统焦平面上的探测器芯片,实现了光电转换和信号处理功能。在驱动电路信号的驱动下,可在积分时间内将各元件的光电信号多路传输至一条或几条输出线,以行转移或帧转移视频信号的形式输出,为后续处理带来了极大的方便。

(2)红外焦平面阵列的元数可以扩展到材料和工艺技术允许的规模。

(3)探测器结构简化,可靠性提高。

(4)红外焦平面阵列元数增多,使红外成像系统分辨力和灵敏度得以大幅提高,使红外系统的性能大幅度提升,系统功能极大增强。

3. IRFPA 的分类

IRFPA 可从不同角度进行分类,按照工作温度划分可分为制冷型和非制冷型;按照工作波段划分可分为近红外、中红外及远红外型;按照光电转换机理划分可分为热探测器型和光子探测器型;按照成像方式划分可分为扫描型和凝视型;按照结构形式划分可分为单片式和混合式两种。

1)扫描型和凝视型 IRFPA

当线阵(或面阵)IRFPA 的光敏元数目较小时,光学系统焦平面处器件所对应的物空间不能满足红外系统总视场要求,必须借助光机扫描系统,在水平和垂直两个方向进行扫描,此时的 IRFPA 称为扫描型 IRFPA。如果 IRFPA 某个方向的光敏元数目可以满足视场要求,可以省去这个方向的光机扫描。

如果 IRFPA 两个方向的光敏元数目都可以满足视场要求,则在没有光机扫描的情况下,物空间取样是每一景物元对应于一焦平面阵列单元,即焦平面"凝视"整个视场,系统无移动部分,此时的 IRFPA 称为凝视型 IRFPA。在凝视型 IRFPA 中,由二维多路传输器进行水平和垂直方向的电子扫描。使用凝视型 IRFPA 的红外系统有许多优越性:首先,由于取消了机械扫描,减少了红外系统的复杂性,提高了系统的可靠性,同时系统的尺寸、重量将大大减小;其次,由于几乎可以利用所有的入射辐射,因而提高了系统的热灵敏度。

2)单片式和混合式 IRFPA

(1)单片式焦平面阵列。通常 IRFPA 设计必须考虑辐射探测、电荷存储和多路传输读出等几种主要功能。单片式 IRFPA 将探测器阵列与信号处理和读出电路集成在同一芯片上,在同一个芯片上完成所有功能。单片式 IRFPA 可分为 3 类:第一类是全单片式 IRFPA,其中探测器阵列、信号存储与多路传输器采用与硅超大规模集成电路技术兼容的处理工艺,集成在相同的硅基片上,如图 7-23(a)、(b)所示。第二类也是全单片式 IRFPA,不过这里采用本征 HgCdTe 和 InSb 这类窄带隙半导体材料,替代硅制作信号处理电路,将光电转换与信号处理功能一起集成在窄带隙半导体材料上,如图 7-23(c)所示。第三类是部分单片式 IRFPA,这种方法是将成熟的硅集成电路技术和成熟的窄带隙半导体(或微测辐射热计)器件技术的优点结合起来的一种单片式设计,如图 7-23(d)所示。

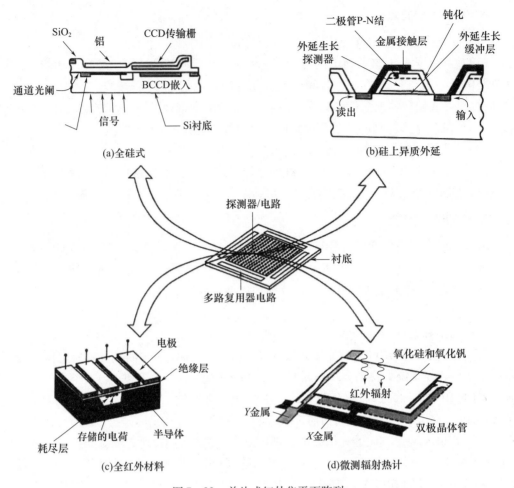

图 7-23 单片式红外焦平面阵列

(2) 混合式焦平面阵列。混合式焦平面阵列是将红外探测器阵列和信息处理电路两部分分别进行制作,然后再通过镶嵌技术把二者互连在一起。连接方式有两种:一种是直接用导线连接,称为直接注入方式;另一种是为了改善性能,在两部分之间通过缓冲级(含有源器件的电路)进行连接,称为间接注入方式。由于探测器和信号处理的制造工艺都已相对成熟,因此可分别选择最佳的设计,使混合式焦平面阵列的制作和性能达到最优。图 7-24 所示为常用的倒装式混合结构。在探测器阵列和硅多路传输器上分别预先做上铟柱,然后将其中一个芯片倒扣在另一个芯片上,通过两边的铟柱对接,将探测器阵列的每个探测元与多路传输器一对一地对准配接起来。这种互连方法称为铟柱倒焊技术,如图 7-24(a)所示。采用这种结构时,探测器阵列的正面被夹在中间,红外辐射只有透过芯片才能被探测器接收。光照可以采用两种方式,即前光照式(光子穿过透明的硅多路传输器)和背光照射式(光子穿过透明的探测器阵列衬底)。一般来说,背光照射式更为优越,这是因为多路传输器一般都有一定的金属化区域和其他不透明的区域,这将缩小有效的透光面积;并且,如果光从多路传输器一面照射,则光子必须 3 次通过半导体表面,而这 3 个面中只有 2 个面便于蒸镀适当的增透膜,而背光照射式仅有一个表面需要镀增透膜,并且这个表面不含有任何微电子器件,不需要任何特殊处理;探测器阵列的背面可减薄到几微米厚,以减少对光的吸收损失。

混合式焦平面阵列的另一种结构是环孔型结构,如图7-24(b)所示。探测器芯片和多路传输器芯片胶接在一起,通过离子注入在芯片上制作光伏型探测器,用离子铣穿孔形成环孔,或者先生成环孔使P型材料在环孔周边变型,形成P-N结,再通过环孔淀积金属使探测器与多路传输器电路互连,形成混合式结构。环孔互连比倒焊互连有更好的机械稳定性和热特性。如果探测器芯片是以薄膜的形式外延生长在多路传输器芯片上的,再制作探测器并与电路互连,就成了单片结构的第二种形式。

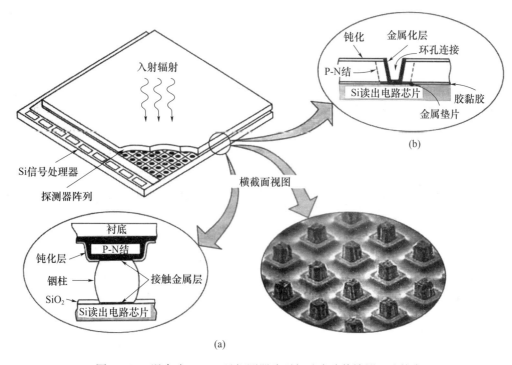

图7-24 混合式IRFPA及探测器阵列与硅多路传输器互连技术

混合式结构还可以用同样类型的背光照射探测器阵列制成Z形结构(图7-25)。它是一种三维IRFPA组件,其工艺过程是将许多集成电路芯片一层一层地叠起来,以形成一个三维的"电子楼房",因此命名为Z形结构。探测器阵列放置于层叠集成电路芯片的底面或侧面,每个探测器具有一个通道。由于附加了许多集成电路芯片,所以在焦平面上可以完成许多信号处理功能,如前置放大、带通滤波、增益和偏压修正、模数转换以及某些图像处理功能等,扩大了器件自身的信号处理功能,可更有效地缩小整机体积,提高灵敏度。虽然Z形结构技术的发展比其他IRFPA技术困难得多,但它有利于结合厚膜电路技术和微组装技术,进

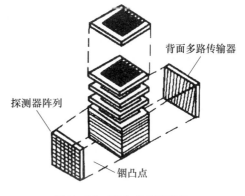

图7-25 混合式Z形结构

一步发展有望使红外整机微型化。

4. 典型的焦平面阵列

1) InSb 焦平面阵列

InSb 是一种比较成熟的中波红外探测器材料。InSb IRFPA 是在 InSb 光伏型探测器基础上,采用多元器件工艺制成焦平面阵列,然后与信号处理电路进行混合集成。早在 2009 年,研究人员就开始规划研制像元间距为 $10\mu m$、像元数为 $6k \times 6k$ 的 InSb 焦平面阵列,并提出了 $8\mu m$ 间距,兆级像元数的焦平面阵列奋斗目标。20 世纪 80 年代中期,人们所制造的 InSb 焦平面阵列是 58×62 像元的芯片尺寸与如今 4048×4048 像元的芯片尺寸相当,但像元数量增大了 3 个量级。同时,阵列的噪声性能从几百个电子提高到低于 4 个电子。探测器的暗电流从大约 10 个电子/秒降到 0.004 个电子/秒。不同规格的 InSb 焦平面阵列已在许多高背景辐射条件下得到了应用,包括制导系统、拦截系统、商业相机等。

2) HgCdTe 焦平面阵列

HgCdTe 材料是目前最重要的红外探测器材料,在 HgCdTe 焦平面阵列中,使用的光敏元件主要是光伏型探测器,在某些应用,譬如使用相对较少数目的光敏元件,或者要求探测甚长波辐射时,光导型探测器仍然是一种较好的选择。目前已研制了用于空间成像光谱仪的 1024×1024 短波($1 \sim 2.5\mu m$) HgCdTe 焦平面阵列,用于战术导弹寻的器和战略预警、监视系统的 640×480 的中波 HgCdTe 焦平面阵列及应用十分广泛的 $8 \sim 12\mu m$ 的长波 HgCdTe 焦平面阵列。

3) 硅肖特基势垒焦平面阵列

硅肖特基势垒 IRFPA 目前被广泛应用于近红外与中红外波段的热成像,它是目前唯一利用已成熟的硅超大规模集成电路技术制造的红外传感器,代表了当今应用于中红外波段的大面阵、高密度 IRFPA 的最成熟工艺。已实现了 256×256、512×512、640×480、1024×1024、1968×1968 等多种型号的器件。

7.4.5 量子阱红外探测器

量子阱红外探测器(quantum well infrared photodetector,QWIP)作为 20 世纪 80 年代发展起来的一种新型红外探测器,是在半导体晶格物理和分子束外延技术的基础上实现的,主要工作波段可以覆盖中波、长波、甚长波等波段。与传统的 HgCdTe 探测器相比,量子阱红外探测器具有更低的暗电流、更高的响应度等优越特性。然而,量子阱红外探测器由于跃迁选择定则的限制,它们并不能直接探测垂直入射辐射,并且具有比较窄的红外响应波段。

1. 基本组成

量子阱红外探测器是指以量子阱材料为探测器光敏元的红外探测器,最常见的结构如图 7 – 26 所示,主要有发射极、量子阱复合层、接收极等。量子阱复合层由两种具有相似能量带隙的材料交替周期重复生长而成,具有较窄带隙的材料形成势阱层,具有较宽带隙的材料形成势垒层。其中,量子阱的阱宽需要生长得足够薄,这样才会在阱中形成分立的能级。图 7 – 27 所示为一个阱周期能带示意图。量子阱中的能级可以表示为

$$E_n = \frac{h^2 \pi^2 n^2}{2m^* L_W^2} \quad (7-23)$$

式中:m^* 为载流子的有效质量;L_W 为量子阱的宽度;n 为整数(表示阱中的能级数)。

当没有辐照的情况下,电子将会分布在基态附近;而在有光照的情况下,入射光子将会激发基态 E_1 的电子跃迁到激发态 E_2 上,随后将会被外加的偏压搜集加速形成光电流。

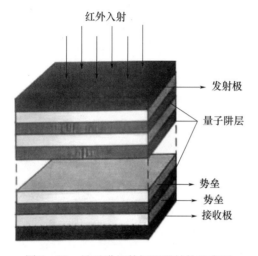

图7-26 量子阱红外探测器结构示意图

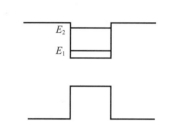

图7-27 一个阱周期能带示意图

2. 探测机理

量子阱红外探测器的工作原理是建立在子带间跃迁基础上的,掺杂量子阱中的电子吸收入射光子后从基态激发到激发态进而形成光电流,实现红外辐射探测,其能带结构如图7-28所示。假设量子阱红外探测器包含 N 个周期的量子阱复合层,那么在没有外加偏压的情况下,量子阱红外探测器的能带如图7-29(a)所示,而当给探测器两端加上偏压时,量子阱红外探测器的能带会发生弯曲,变成从发射极到接收极自上而下排列,如图7-29(b)所示。在没有辐射照射的情况下,电子将会分布在基态附近;而当有辐射照射时,入射光子将会激发基态的电子跃迁到激发态上,随后将会被外加的偏压搜集加速形成光电流,从而实现对红外辐射的探测。

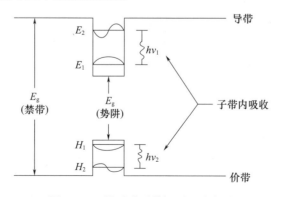

图7-28 量子阱子带间跃迁示意图

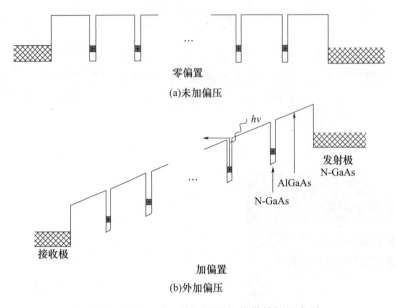

图 7-29 量子阱红外探测器的能带结构示意图

量子阱子带间跃迁能量的大小决定了探测器的峰值响应波长，两者的关系可以表示为

$$\lambda_p = \frac{hc}{E_2 - E_1} \qquad (7-24)$$

式中：h 为普朗克常数；c 为光速；E_1，E_2 分别为量子阱中基态和第一激发态的能量位置，取决于器件结构。

因此，当材料以及材料结构确定以后，就可以确定基态和激发态的能量，进而得到器件的响应波长。

虽然量子阱红外探测器的探测机理与传统光电导探测器类似，都是利用电导率变化实现光辐射探测的。但是，由于量子阱红外探测器的特殊结构，它们之间存在很大的差异。首先，传统光电导探测器是由均匀、同质的光电导材料构成的，光激发是连续的；而量子阱红外探测器是由多个、中间隔有势垒层的量子阱层组成的，量子阱不连续，必然导致光激发也不连续。在量子阱红外探测器中，入射光子只能被量子阱吸收，而量子阱间的势垒宽带比量子阱大很多，一些激发的电子，在没到达接收电极之前，就会被后面的量子阱重新俘获。此外，量子阱红外探测器中发生的是子带间的跃迁，而传统光电导探测器中发生的是价带-导带间的跃迁或者杂质的电离。这些差异，使得针对均匀、同质材料的传统光电导探测器理论，不再适合由不灵敏区（势垒）隔开的、离散量子阱组成的量子阱红外探测器。

3. 主要类型

如图 7-28 所示，当红外辐射入射到量子阱红外探测器的光敏区时，其阱内电子或空穴由于吸收光子而发生子带间的跃迁，从而实现对红外辐射的探测。因此，根据载流子跃迁改变的物理量（电导率或电压）的不同，量子阱红外探测器可分为光电导型和光伏型；

而根据量子阱掺杂材料的不同,量子阱红外探测器又可分为 N 型探测器(N-QWIP)和 P 型探测器(P-QWIP)。N 型探测器材料制备相对比较简单,大多数探测器都采用该类型,最常见的是 N 型光电导量子阱红外探测器。

1) N-QWIP 的分类

在 N-QWIP 中,量子阱导带中基态电子吸收光子能量,跃迁到激发态,并在外电场作用下,进行定向运动,形成光电流,从而实现光辐射到信号电流之间的转换。在探测过程中,电子跃迁模式的不同,导致探测器的特性有所不同。根据电子的跃迁模式,将 N-QWIP 分为 4 类:①束缚态到束缚态跃迁的 QWIP。当有光入射到光敏区时,基态上的电子吸收光子能量后,跃迁到第一激发态,穿出量子阱,在外加偏压下形成光电流,如图 7-30 所示。这种探测器光谱响应线宽较窄,且需要较大的外加偏压。②束缚态到连续态跃迁的 QWIP。量子阱内的电子受到红外光激发后,跃迁到连续态上,不需要隧穿过程就可从量子阱中逃逸出来,如图 7-31 所示,因此大大降低了有效收集光电子所需的偏置电压,暗电流也随之减小。这种 QWIP 有较宽的光谱响应。③束缚态到准束缚态跃迁的 QWIP。激发态正好置于阱顶,为准束缚态,势垒高度与光电离能的高度相同,探测器的暗电流更低,如图 7-32 所示。④微带结构的 QWIP。图 7-33 所示为微带结构的量子阱红外探测器的能带示意图。在该结构中有两种量子阱,一种量子阱的阱宽较大,一种量子阱的阱宽较窄,而且量子阱间的势垒较薄,各量子阱中的束缚能级能够互相耦合,形成微带。在这种结构中,入射红外辐射激发量子阱中的电子进入微带中,并在其中形成振荡,由于垒较薄,那么电子就在微带中传输,直到被另外一个量子阱收集。因此,微带结构的 QWIP 势垒中电子的迁移率比其他 3 种跃迁方式中的迁移率低,暗电流也相应减小。

这 4 种 N 型量子阱红外探测器各有优势。在量子阱结构设计中,通过调节阱宽、组分等参数,使量子阱子带输运的激发态被设计在阱内(束缚态)、阱外(连续态)或在势垒的边缘或稍低于势垒顶(准束缚态),以便满足不同的探测需要,获得最优化的探测灵敏度。

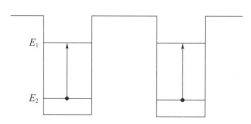

图 7-30 束缚态到束缚态量子阱跃迁机制

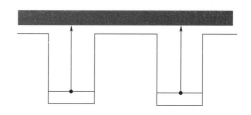

图 7-31 束缚态到连续态量子阱跃迁机制

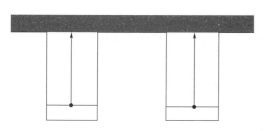

图 7-32 束缚态到准束缚态量子阱跃迁机制

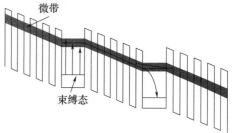

图 7-33 微带结构及跃迁机制

2) P-QWIP 的分类

P 型量子阱红外探测器利用量子阱中空穴子带间跃迁原理实现对红外光的探测。如图 7-34 所示,与 N 型量子阱红外探测器类似,在 P 型掺杂的量子阱红外探测器中,当红外辐射入射到探测器光敏元上,空穴发生类似的子带间的跃迁,并在外电场作用下进行定向运输,形成与入射辐射成正比的光电流,实现对红外辐射的探测。由于量子阱电势导致的轻空穴态和重空穴态的强烈混合作用,价带子带间光跃迁要比导带子带间光跃迁复杂得多。根据跃迁方式的不同,目前应用较广的 P 型 QWIP 可分为 3 类:轻空穴跃迁的拉伸应力层 P-QWIP、重空穴跃迁的压缩应力层 P-QWIP、空穴能态耦合的微带结构 P-QWIP。这些 P 型 QWIP 由于其轻空穴和重空穴能态能够直接吸收垂直入射的红外光,避免了使用光栅等光耦合器件来改变入射光的方向,大大地简化了器件的制备工艺。但是由于重空穴的有效质量较低、载流子迁移率偏低,所以 P-QWIP 的光吸收系数、量子效率一般会低于 N-QWIP,导致其在使用时受到一定的限制。

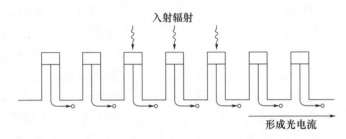

图 7-34 P-QWIP 原理示意图

量子阱红外探测器的典型结构如图 7-35 所示,探测器主要包含衬底、下接触层、量子阱吸收层、上接触层、反射光栅等。根据量子力学跃迁选择定则,只有电矢量垂直于多量子阱生长面的入射光,才能被量子阱子带中的电子吸收,完成探测,垂直入射的红外辐射不能被量子阱红外探测器吸收。因此,通过采取光耦合的方式,使垂直于量子阱生长面的红外辐射改变方向,能被探测器吸收。采用的主要耦合方式有光栅耦合、边耦合、随机反射耦合和波纹耦合等,如图 7-36 所示。其中边耦合为最简单的光耦合方式,多用于单元 QWIP 器件,而光栅耦合、随机反射耦合及波纹耦合多用于焦平面和多色 QWIP 器件。

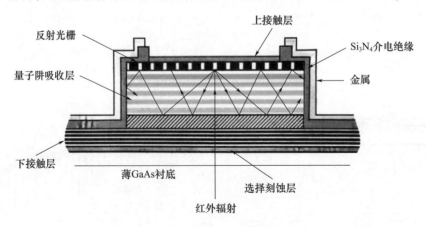

图 7-35 典型 QWIP 器件结构

市面上的量子阱红外探测器主要由 GaAs/AlGaAs、InGaAs/InAlAs 组成,其中少量的器件是由 InGaAs/InP 和 InGaAsP/InP 构成的,极个别器件由 SiGe/Si 和 PbTe(N-I-P-I 结构)构成。

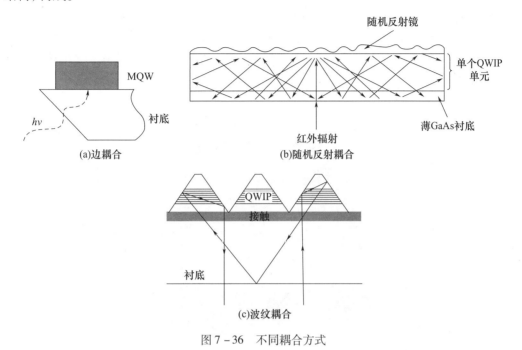

图 7-36　不同耦合方式

7.4.6　量子点红外探测器

量子点红外探测器利用三维受限的量子点材料作为工作区,不仅克服了量子阱红外探测器不能吸收垂直入射辐射的缺陷,还能避免使用耦合装置带来的成本问题,并且显示出了更加优越的性能,如更低的暗电流、更高的增益等。

1. 量子点红外探测器结构

量子点结构是一种在 3 个维度方向上尺寸都小于材料物质波波长的纳米结构。其电子在三个维度方向上的运动都受到限制,具有量子限域效应、宏观量子隧道效应、量子干涉效应和库仑阻塞效应等一系列特殊效应,可派生出许多不同于宏观体材料的电学、光学特性。正是利用量子点的这些特性,人们制作出性能优越的量子点红外探测器。与量子阱红外探测器类似,量子点红外探测器是通过量子点导带中界态到界态或界态到持续态的带间光激发实现对红外辐射探测的。

量子点红外探测器主要采用两种结构:一种是常规结构,也称纵向结构;另一种是横向结构。常规结构的探测器采用与量子阱类似的层状结构,通过载流子从顶端到底端的垂直传输来收集光电流。这种结构的探测器结构简单、易于控制,能形成探测器阵列,因而应用于大多数量子点红外探测器中。横向结构量子点红外探测器的光敏区与两个接触层并排排列,其工作原理与场效应管类似。

1) 常规结构

图 7-37 所示为纵向量子点红外探测器的结构示意图。探测器的衬底位于最底层，其次是缓冲层，再往上是连接层，它与顶层的连接层一样是量子点红外探测器的连接处，一般用作接收极和发射极。从下往上，在接收连接层上面是接触电阻，往上是探测器的主体部分，即多个重复的量子点复合层，它一般是由空间层、湿层、量子点层和掺杂势垒层组成。位于量子点层上面的是顶端连接层和接触电阻，与下面的多层材料一起构成了常规量子点红外探测器。

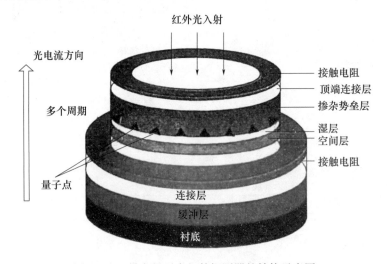

图 7-37 纵向量子点红外探测器的结构示意图

如图 7-38 所示，假设量子点的导带只有两个能级，一个能级对应着电子的基态，另一个能级对应着电子的激发态。当红外光入射到量子点红外探测器的光敏区时，处于基态的电子通过热激发或场辅助隧穿方式从基态跃迁到激发态，而这些处于激发态的电子，在探测器外加偏压的作用下，从探测器的发射极（顶端）向接收极（底端）定向运动，从而形成了由探测器底部到顶部的光电流，完成了对红外光的探测。

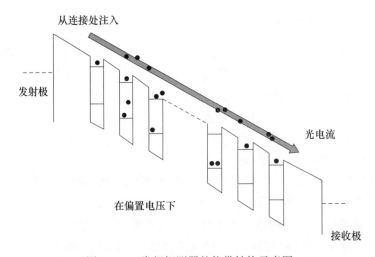

图 7-38 常规探测器的能带结构示意图

2) 横向结构

横向量子点红外探测器结构如图 7-39 所示。探测器的光敏区位于左右两侧欧姆连接之间,光敏区下面是由量子点复合层构成的二维通道。如图 7-40 所示,当有红外光入射到光敏区时,激发的电子恰恰通过两个顶端连接处的二维通道进行传输,从而完成对红外辐射的探测。这种探测器的势垒的作用不是阻止暗电流的产生,而是用于量子点的掺杂调制和提供高移动通道。与纵向量子点红外探测器相比,横向量子点红外探测器显示出更低的暗电流和更高的工作温度,这个差异存在的原因,在于横向量子点红外探测器的暗电流主要来源于量子点内的隧穿和导带间的跃迁。横向量子点红外探测器很难与硅读出电路一起构成红外探测器阵列。

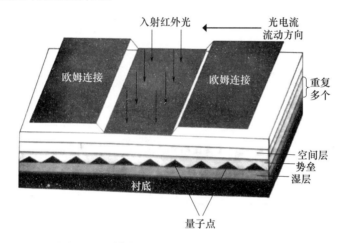

图 7-39 横向量子点红外探测器结构示意图

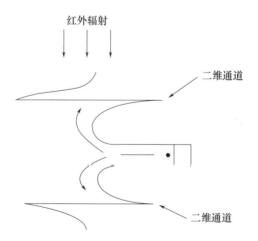

图 7-40 横向量子点红外探测器导带结构及光响应机制示意图

2. 量子点红外探测器的特点

1) 垂直入射光的吸收

量子阱红外探测器由于吸收选择定则,只允许垂直于生长方向(平行于光敏区方向)的极化跃迁发生,不能吸收垂直入射的红外辐射;而量子点红外探测器由于量子点特殊的量子效应,允许平行于和垂直于光敏区的极化跃迁,能明显地观察到其对垂直入射红外辐射的吸收。大多数量子点红外探测器,通过带间光激发,电子从基态跃迁到激发态,实现红外辐射的探测。以常见的 InAs/GaAs 量子点探测器为例,如图 7-41 所示,生长方向(z 方向)上强的限制性呈现为窄势阱;在非平面量子点阵列方向(x 与 y 方向),弱的限制性呈现为宽势阱。由于自组织生长量子点在非平面量子点阵列方向(x 与 y 方向)比生长方向(z 方向)宽,从而生长方向上的强限制性导致了量子点的分层,而非平面方向弱的限制性产生了多个量子点能级。如果入射光垂直入射到探测器表面,电子在非平面内受限能级之间发生跃迁。这种跃迁耗尽了大多数非平面振荡能量,因此平面内激发的电子并不能逃逸,无法形成光电流。而在生长方向上,高振荡能量跃迁使电子从唯一的受限能级跃迁到持续态,产生了主要的探测光电流,这就是量子点红外探测器吸收垂直入射红外光的物理机理。

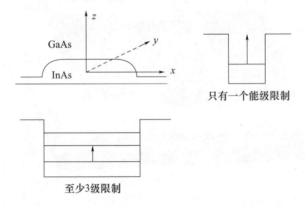

图 7-41 非平面方向和生长方向上的传输示意图

2)载流子寿命长

在量子点红外探测器中,当载流子被激发出来后,如果能级间距大于声子能量时,就会出现"声子瓶颈"效应。此时,不仅电子-空穴散射在很大程度上被抑制,声子散射也应被禁戒,电子-电子的散射成了主要的弛豫过程。由于量子点红外探测器中空穴数量远远小于电子数量,电子是主要载流子,那么电子弛豫过程就变成了主要的载流子弛豫过程。由于电子弛豫本质上非常慢,所以与量子阱红外探测器的载流子寿命相比,量子点红外探测器的载流子寿命变得更长。如果"声子瓶颈"能够完全嵌入量子点红外探测器中,基于载流子寿命与光电导增益之间的关系,长的激发电子寿命直接导致了更高的响应率、更高的工作温度和更高的探测率。

3)暗电流低

由于量子点红外探测器与量子阱红外探测器具有类似的电子跃迁机制,它们都通过统计势垒中的载流子数量来估算整个探测器的暗电流。由于二者的激发能不同,量子点红外探测器的激发能比量子阱红外探测器的激发能大一个量子阱中费米能级的量值,这个差异性直接导致了量子点红外探测器的暗电流比量子阱红外探测器的暗电流更低。研究表明,如果让具有相同截止波长和势垒材料的量子点红外探测器与量子阱红外探测器相比较,理想状态下,量子点红外探测器的暗电流比量子阱红外探测器的暗电流小,只有其 15%~50%。

4）探测率高

由量子点红外探测器的光电导探测机理可知,比探测率主要取决于探测器的噪声电流 i_n 和光电导增益 G_q。噪声电流 $i_n \propto \sqrt{i_d}$,光电导增益 G_q 与体积填充因子 F_t 相关。与量子阱红外探测器相比,量子点红外探测器的暗电流比较小,因此产生较小的噪声。同时,由于量子点红外探测器的光电导增益估算过程中存在一个填充因子 F_t(通常 $F_t < 1$),这必然导致量子点红外探测器具有较大的光电导增益。综合这两个因素,量子点红外探测器的比探测率必然高于量子阱红外探测器的比探测率。

7.5 红外成像中的信号处理

红外成像系统为获取景物图像,首先将景物进行空间分解,然后依次将这些单元空间的景物温度转换成相应的时序视频信号。红外成像中的信号处理的基本任务是:形成与景物温度相应的视频信号,如要测温,还要根据景物各单元对应的视频信号标出景物各部分的温度。红外成像系统与普通的电视摄像系统在信号处理上有许多共同之处,如放大、滤波、全电视信号的合成等。

7.5.1 前置放大器

根据红外探测器输出的信号十分微弱,且含有噪声的特点,对前置放大器的设计要求是:低噪声,高增益,低输出阻抗,大动态范围,良好的线性特征。此外,还要仔细地屏蔽,以消除干扰信号。当探测器和前置放大器的阻抗不匹配时,可采用射极输出电路来解决。当信号振幅变化范围很宽又不可能使用增益转换开关时,可以使用对数增益前置放大器,以保证弱信号获得高增益,强信号得到低增益。为保证系统的低噪声系数,前置放大器的最小增益应为 10 以上,这样才能保证后面各级放大器产生的噪声忽略不计。在大多数系统应用中,前置放大器具有 30～100 的电压增益是最合适的。对于大多数晶体管前置放大器,当电压输出超过几伏时,就开始饱和,故对这种类型的前置放大器,其最大输出信号通常为 1V 左右。所以,前置放大器的动态范围不宜过大,它受到输入端的探测器噪声电平和允许的最大输出信号的限制。

前置放大器设计完成之后,应通过实验来验证各项参数是否满足指标要求,如某些指标达不到要求,应进行反复修改,直到使前置放大器在噪声系数、增益、带宽、稳定性和阻抗匹配等方面均满足指标要求。

7.5.2 直流恢复

信号中的直流成分常常需要在信号处理之前用隔直流的方法将其去掉,这不仅可使信号处理变得简单,而且可达到抑制背景和削弱 $1/f$ 噪声的目的。但是,采用交流耦合时也存在两个较大的问题,即一方面信号直流分量被滤去了,因而输出信号便不具有温度绝对数值的意义;另一方面由 RC 组成的高速交流耦合电路(图 7-42(a)),在对目标进行扫描时会产生以下两种图像缺陷:(1)一个均匀热目标产生的信号是平顶方波,通过交流耦合后产生平顶降,如图 7-42(b)所示。结果造成所显示的图像上目标亮度渐暗并有黑色拖尾,严重时会掩盖掉其他图像细节。(2)当采用多元并扫方式时,如图 7-42(c)所示。各个元件的前置放大器是交流耦合的,设两个元件各自视场中的背景温度分别为 T_1 及 T_2。视场中有一目标,温度为 T_0,且 $T_1 > T_0 > T_2$。理想情况下,即电容为无限大时,信号将无失真地传输,所显示的图像与景物相一致。但实际上耦合电容电压初始值相等,由于 $T_1 > T_2$,则耦合前的电信号 $E_1 > E_2$,使得在进入目标区域的时刻两路信道输出 v_0 的平顶降不同,即

$$\Delta E = \Delta E_1 - \Delta E_2 = (E_1 - E_2) \cdot (1 - e^{-\frac{t}{RC}}) \quad (7-25)$$

式中:ΔE 为两路信道中的输出电压 v_0 之差。在对目标区域成像时,虽然在交流耦合前两路信号电平相同,但耦合后的输出信号却由于电容电压的不同而不同,结果是热背景的信道输出电平要低些,反映在图像上,表现为同一目标温度 T_0,热背景通道显示的亮度要暗于冷背景通道所显示的亮度。

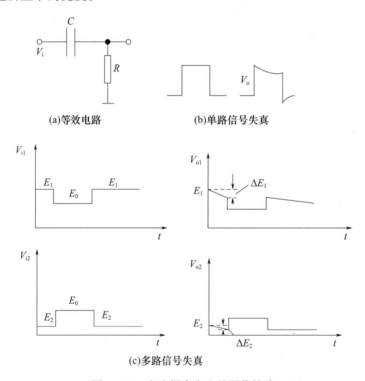

图 7-42 交流耦合产生的图像缺陷

为了减小图像缺陷,需要采用直流恢复技术。图 7-43 所示为一种直流恢复方案,在系统中设置一个热参考源,在扫描周期的无效部分,探测器扫描热参考源。这个参考源可以是无源的源,如光阑;或者是有源的源,如黑体。当探测器扫到这个参考热源时,热成像系统接收到参考源的辐射产生一温度信号,用这个信号作为钳位信号,将温度信号通道的信号钳位

在零电平上。然后再将与环境温度相应的一个直流电平叠加在经过钳位的温度信号上,以进行环境温度补偿。这样,经过钳位及环境温度补偿后的温度信号就具有了绝对意义。

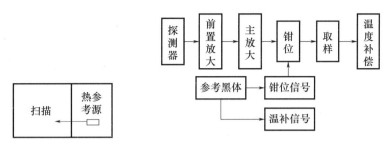

图 7-43 一种直流恢复方案

7.5.3 多路转换技术

当使用多元探测器时,通常要采用多路转换技术把多个信号通道改成单个信号通道。多路转换技术有两种实现方法,即取样保持和 CCD 的并入/串出方式。

取样保持方式是将前置放大器的输出信号送到一个电子开关,电子开关按顺序对每个单元取样并周期地重复这个过程,再将多路通道的输入信号按时间顺序输出给单通道,这种电子开关要实现高速、低噪声是比较困难的。CCD 的并入/串出方式的工作原理如图 7-44 所示。红外探测器并联扫描装置对景物或图像同时取样,并同时将对应单元的辐射信号转换成电信号,这些信号并列注入到 CCD 移位寄存器各单元。各 CCD 单元的电荷量正比于对应的探测器取样信号,然后由一速度较快的时钟脉冲将 CCD 各单元中的电荷移出,经过输出电路便形成了一组串行的与取样信号对应的视频信号,从而完成了由多路传输到单路传输的转换。

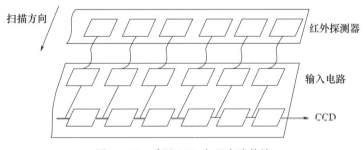

图 7-44 采用 CCD 实现多路传输

7.5.4 通频带选择

确定视频信号处理电路通频带的基本原则是:既要最大可能地使信号不失真又要尽量抑制噪声。通频带由高端频率 f_H 及低端频率 f_L 决定。高端频率 f_H 由成像系统所允许的景物最高空间频率对应的信道中的电信号频率决定,如单元探测器光机扫描方式中,信道中的电信号频率就是元件输出端的电信号频率,即

$$f_H = \frac{1}{2\tau_d}. \tag{7-26}$$

前述交流耦合产生图像缺陷的原因在于有限的时间常数限定了通频带低端截止频率f_L，造成低频信号衰减，平顶下降，因此需适应地选择f_L，通常的方法是根据实际需要给定允许的下跌量，计算出f_L后，考虑$1/f$噪声的影响，最终确定f_L。一般情况下有$f_H \gg f_L$。

7.5.5 温度信号的线性化

由探测器输出的信号电平是目标温度的函数，这个函数由目标辐射特性、红外成像系统的光谱透过特性、探测器的光谱响应特性等决定。显然，这个函数是非线性的。但是，为了显示红外图像和实际温度，要求送到显示器终端的温度信号与目标温度成线性关系。因此，要将探测器输出的信号电压进行线性化变换和校正，使其与温度呈线性关系。

环境温度的补偿是用热敏元件测出的，它的信号电平与温度近似呈线性关系。但是，将这个电平信号送去进行温度补偿时，被补偿的温度信号与温度的关系却是非线性的。因此，要将这个线性的环境温度进行非线性处理，使其与原温度信号的非线性化规律一致，然后再进行补偿。线性化电路可以用非线性电位计、二极管和电阻网络构成。

7.5.6 中心温度与温度范围的选择

红外图像的中心温度和整个红外图像的温度变化范围，因观察对象不同而有所不同。因此，要求显示的中心温度及温度变化范围应该是可以调节的。由于放大器的静态工作点是确定的，则中心温度的选择可通过改变（作为放大器输入信号的）视频信号的直流电平来实现，而温度范围的选择可用改变放大器增益的方法来实现。

7.6 红外图像增强

为了提高图像质量，常利用计算机对红外图像进行数字化处理。通常影响红外图像质量的因素有固定噪声干扰、随机噪声干扰、响应度的差异等。应用计算机对图像进行处理，可抑制噪声、补偿不均匀性，从而提高图像质量及温度观测的精度。由于图像的随机噪声是加性噪声，帧间互不相关且均值为零，采用多帧平均法可提高图像的信噪比。响应度的差异可由对输入到计算机中的图像逐像素地作响应度修正来补偿。对于固定噪声的抑制，可采用帧间相减的方法消除，而由计算机完成图像相减运算是很方便的。

图像增强的方法可分为时间域处理、空间域处理和变换域处理三大类。时间域增强包括时间延迟积分、帧间比较等方法；空间域增强分为点处理和邻域处理，前者包括对比度拉伸、直方图处理等方法，后者常用的有中值滤波、均值滤波等方法；变换域增强是在离散傅里叶变换、小波变换等图像变换的基础上进行各种滤波，最终达到增强的目的。

一种图像增强算法的优劣不是绝对的。由于具体应用的目的和要求不同,所需要的增强技术也大不相同,因此从根本上讲,并没有图像增强的通用标准,观察者才是某种增强方法优劣的最终判断者。增强算法处理的效果,除与算法本身有一定关系外,还与图像的数据特征直接相关。实际应用中应当根据图像数据特征和处理要求来选择合适的方法。

本节根据红外图像的特点,在基本分段线性变换方法的基础上,探索可实时实现红外图像增强的算法。

7.6.1 直方图

灰度直方图是用于表示图像像素值分布情况的统计图表,有一维直方图和二维直方图之分。其中最常用的是一维直方图,其定义是对于数字图像 $f(i,j)$,设图像灰度值为 $a_0, a_1, \cdots, a_{k-1}$,则概率密度函数 $P(a_i)$ 为

$$P(a_i) = \frac{\text{灰度级为 } a_i \text{ 的像素数}}{\text{图像中的总像素数}}, i = 0, 1, 2, \cdots, k-1 \tag{7-27}$$

且有

$$\sum_{i=0}^{k-1} P(a_i) = 1 \tag{7-28}$$

因此,一幅图像的直方图可以反映出图像的特点。当图像的对比度较小时,它的灰度直方图在灰度轴上较小的一段区间上非零,较暗的图像在直方图上主体出现在低灰度值区间,在高灰度区间上的幅度很小或为零,较亮的图像恰好相反。看起来清晰柔和的图像,它的直方图分布比较均匀。

图 7-45 所示为红外图像的直方图。为了比较说明,图 7-46 所示为一幅可见光图像的直方图。比较后可以看出红外图像直方图具有以下特点:①像素灰度值动态范围不大,很少充满整个灰度级空间。可见光图像的像素则分布于几乎整个灰度级空间。②绝大部分像素集中于某些相邻的灰度级范围,这些范围以外的灰度级上则没有或只有很少的像素。可见光图像的像素分布则比较均匀。③直方图中有明显的峰存在,多数情况下为单峰或双峰,若为双峰,则一般主峰为信号,次峰为噪声。可见光图像直方图的峰不如红外图像明显,一般多个峰同时存在。

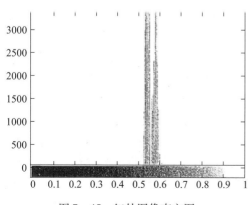

图 7-45 红外图像直方图

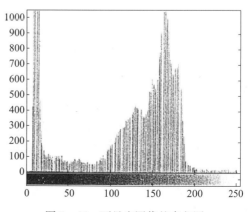

图 7-46 可见光图像的直方图

7.6.2 自适应分段线性变换

在实际应用中,许多图像增强算法由于复杂度、运算量或缺乏硬件支持而难以实现实时处理。人们期望能够找到简便有效、运算速度快、通用性强、改善图像质量的方法,灰度分段线性变换很好地满足了以上要求。

红外图像的目标灰度往往集中在整个图像动态范围内较窄的区间,分段线性变换通过把较窄的目标分布区间展宽,以增强目标与背景的灰度对比度,进而从红外热图像中识别出所感兴趣的目标。同时,由于图像对比度的加大,图像中的线与边缘特征也得到了加强。分段线性变换后,被压缩区间灰度层次的减少换来了被展宽区间(增强区间)灰度层次的丰富。

如图 7-47 所示,灰度分段变换(以 3 段为例)的数学表达式为

$$g(x,y) = \begin{cases} k_1 f(x,y) &, 0 < f(x,y) < f_1 \\ k_2[f(x,y) - f_1] + g_1 &, f_1 \leq f(x,y) < f_2 \\ k_3[f(x,y) - f_2] + g_2 &, f_2 \leq f(x,y) < f_M \end{cases} \quad (7-29)$$

式中:$k_1 = g_1/f_1$;$k_2 = (g_2 - g_1)/(f_2 - f_1)$;$k_3 = (g_M - g_2)/(f_M - f_2)$。

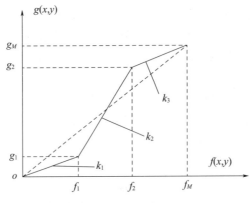

图 7-47 分段线性变换

从 $f(x,y)$ 映射到 $g(x,y)$ 的关系如上式所示。

以上是典型的 3 段分段线性变换,根据同样原理,在实际应用中可根据需要划分为任意个变换区。

在一般情况下,变换前后灰度变换范围是不变的,即 $g_M = f_M$,此时,感兴趣区间的展宽是以其他区间的压缩为代价的,也就是说,增强区间的灰度层次丰富了,对比度增强了,同时,增强区间以外的对比度降低了。但是因为图像增强并不以保真原则为前提,只要能更好地从背景中识别出所感兴趣的目标,那么这种方法就是切实可行的。

分段线性变换的关键在于灰度分段区间的选择,分段线性的选择直接决定了图像增强和削弱的区域。最简单的方法就是采用固定的区间,对所有的图像进行相同的变换。但实际图像的内容大相径庭,其直方图分布也各具特点,所以要找到一个对所有图像都适用的变换区间是不可能的。一种好的算法必须结合图像的具体特征,对于绝大多数图像

有效,这就要求算法具有自适应性。因此,一些学者提出了一种自适应的灰度分段线性变换算法,这种算法对大多数图像都比较适用。

作如下定义:

灰度最频值——直方图中具有最大像素数的灰度级。

频数——灰度值重复次数,即图像中具有某灰度值的像素总数。

$\{a_i, n_i\}$——灰度级 a_i,对应的频数为 n_i。

如果存在 $\{a_0, n_0\}$,其中 a_0 为灰度最频值,n_0 为最频值对应的频数,令 $n_T = n_0 \cdot 10\%$,那么在 $[0, a_0]$ 的灰度区间,必然存在 $\{a_L, n_L\}$ 使得 $[0, a_L]$ 区间所有的 $n_i < n_T$;同样对于 $[a_0, 255]$ 的灰度区间,必然存在 $\{a_R, n_R\}$ 使得 $[a_R, 255]$ 区间所有的 $n_i < n_T$,令

$$g(x,y) = \begin{cases} 0 & , \quad f(x,y) < f_1 \\ \dfrac{1}{f_2 - f_1}[f(x,y) - f_1] & , \quad f_1 \leqslant f(x,y) \leqslant f_2 \\ 1 & , \quad f(x,y) > f_2 \end{cases} \quad (7-30)$$

式中:$f(x,y)$ 是原始图像像素的灰度值,$g(x,y)$ 是增强后的灰度值。

自适应分段线性变换算法的实现过程如下。

(1)统计灰度直方图,找到灰度最频值 a_0 和对应的频数 n_0。

(2)令 $n_T = n_0 \cdot p$。

(3)从直方图的 0 灰度级开始向右搜寻,直到找到 a_L,满足其对应的 $n_L > n_T$,且 $n_{L-1} < n_T$,记下 a_L。

(4)从直方图的 255 灰度级开始向左搜寻,直到找到 a_R,满足其对应的 $n_R > n_T$ 且 $n_{R+1} < n_T$,记下 a_R。

(5)根据上述公式建立查找表。

(6)根据(5)中建立的查找表,对原始图像中的像素逐点进行灰度变换,达到图像增强的目的。

自适应分段线性变换算法具有以下特点。

(1)在基本线性变换的基础上,自适应线性变换增加了搜寻目标线性灰度变换的范围,运算量增加很少,基本线性变换本身具有运算量小的特点,因此该算法可以保证实现的实时性。

(2)自适应线性变换通过搜寻目标灰度范围,保证了信号的大部分能量,并通过对信号部分的拉伸,增加了信号部分的对比度;同时去除了大部分的图像噪声,克服了基本线性变换增加噪声对比度的问题。

(3)阈值 $n_T = n_0 \cdot p$ 中采用了可调比例因子 p,增加了算法的灵活性。

7.7 红外成像系统的综合特性

对红外成像系统来说,系统性能的综合量度是空间分辨率和温度分辨率。本节讨论

用调制传递函数(MTF)描述空间分辨率,用噪声等效温差(NETD)、最小可分辨温差(MRTD)和最小可探测温差(MDTD)描述温度分辨率的理论和方法。

7.7.1 调制传递函数(MTF)

1. 基本概念

传递函数是线性系统理论中的概念,它适宜分析各种线性的、空间不变的和稳定的系统对信号的响应。要将传递函数应用于红外成像系统应满足4个条件:(1)辐射的直接探测;(2)线性信号的处理;(3)成像是空间不变的;(4)系统的变换是单值的(具体地说是非噪声的)。但实际的红外成像系统往往满足不了后3个条件。例如,由于像差使红外光学系统的像质从视场中央到边缘有所改变,以及非线性扫描系统使用电子滤波对同一频率在视场的不同部位具有不同的传递特性,则这种系统在空间上是变化的;探测器阵列在垂直于扫描方向作周期取样,产生非卷积成像;探测器和电子学处理部件有噪声,违反单值变换要求;模拟电路可能是非线性的;在视频处理上可能使用非线性处理来改善系统的动态范围等。因此,红外成像系统并不严格满足传递函数的条件。但是,在特定情况或某些近似下,忽略这些影响,则传递函数仍可有效地应用于红外成像系统,并真实地反映系统的性能。例如,在视场局部区域可近似满足空间不变性,系统工作在线性区域等,则红外成像系统沿扫描方向满足传递函数条件;在分析的图像细节大于扫描间隔时,可忽略垂直扫描线方向的非卷积过程,选择适当的系统角放大率,可忽略扫描光栅的影响,从而使在垂直扫描线方向也可使用传递函数来描述系统的成像质量。

红外成像系统可以看作是一个低通线性滤波器,给红外成像系统输入一个正弦信号(给出一个光强正弦分布的目标),输出仍然是同一频率的正弦信号(目标成的像仍然是同一空间频率的正弦分布),只不过像的对比有所降低,位相发生移动。对比降低的程度和位相移动的大小是空间频率的函数,被称为红外成像系统的对比(调制)传递函数(MTF)和位相传递函数(PTF),这个函数的具体形式则完全由红外成像系统的成像性能所决定,因此传递函数客观地反映了成像系统的成像质量。对于红外成像系统的截止频率,正弦目标的像的对比度降低到零。

目标经系统成像后一般都是能量减少,对比降低和信息衰减。目标经红外成像系统成像后能量和对比降低到不能为接收器感知和分辨,也就谈不上信息。要能分辨目标往往主要是看对比问题。我们能描写目标的特征,是因为其有对比的不同。对不同空间频率的目标,成像系统对其对比传递的情况是不一样的,这一点很好理解。我们用图7-48来说明,图7-48中的(a)图是比较分开的目标(也就是空间频率比较低的目标),经红外成像系统成像,能量扩散后,中间仍然有一间隔,对比仍较好,假设原来两个靠得较近的目标(就是空间频率比较高的目标),如图7-48(b)所

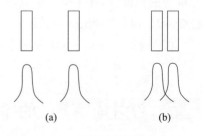

图7-48 不同空间频率目标的对比传递情况

示,经红外成像系统成像,能量扩散后,原来能量很低的地方,由于弥散斑的叠加亦有一定的能量,从而使对比降低了。所以,一般来说红外成像系统对高频目标的对比传递能力差。

所谓分辨率,就是将物体结构分解为线或点,这只是分解物体方法的一种。另一种方法是将物体结构分解为各种频率的谱,即认为物体是由各种不同的空间频率组合而成的。这样红外成像系统的特性就表现为它对各种物体结构频率的反应:透过特性、对比变化和位相推移。空间频率定义为周期量在单位空间上变化的周期数,如图 7 - 49 所示。

设有亮暗相间的等宽度条纹图案,两相邻条形中心之间距离 T_x 称为空间周期(mm),T_x 的倒数称为空间频率(单位是线对/毫米,即 lp/mm)。在红外成像系统中通常用单位弧度中的周期数

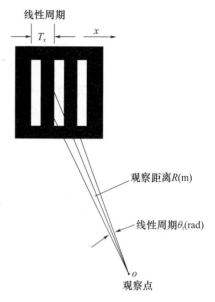

图 7 - 49 空间频率

来表示(c/mrad),若观察点 o 与图案之间的距离为 R(m),则 $\theta_x = T_x/R$(mrad)称为角周期,其倒数即为(角)空间频率 f_x:

$$f_x = 1/\theta_x = R/T_x \qquad (7-31)$$

同理,对于二维图像可以定义垂直方向的空间频率为 f_y。

在红外成像系统中,我们主要关心对比传递情况,即主要考虑调制传递函数。

例如,一个能量正弦分布、平均能量为 b_0、能量起伏为 b_1 的物体,则称这物体的调制度(对比度)为

$$M_0 = \frac{b_1}{b_0} \qquad (7-32)$$

物体调制度反映了物体的对比情况,若物体调制度 $M_0 = 1$,表示 $b_0 = b_1$,此时物体有最大的调制度,若 $M_0 = 0$,表示 $b_1 = 0$,即能量没有起伏,物体有最小调制度。设物体经红外成像系统成像后的调制度为 M_i,则光学系统对某一频率的调制传递函数 MTF 为

$$\mathrm{MTF}(f_x) = \frac{M_i}{M_0} \qquad (7-33)$$

这样可以求出各种频率的 MTF,作出调制传递函数与空间频率关系曲线图,一般的调制传递函数如图 7 - 50 所示。

在实际使用 MTF 评价红外成像系统的质量时,还要解决频率的统一问题。

在红外成像系统中,电子线路信号的时间频率 f_t(Hz)与图像的空间频率 f(c/mrad)是相关的,如单元探测器光机扫描方式的转换公式为

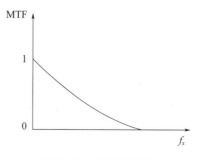

图 7 - 50 MTF 示意图

$$f_t = f\frac{\alpha}{\tau_d} \tag{7-34}$$

式中：α 为瞬时视场角，τ_d 为驻留时间。

按照习惯用法，在红外成像系统的整体性能分析时，常用空间频率来表示，因此电子线路的一些特征频率均需作转换。

线性滤波理论应用于成像系统时，还必须考虑系统角放大率的影响，频域分析必须在确定的一个成像空间，即归一化空间进行。

图 7-51 所示为在屏上观察图像时，物空间和像空间的空间频率与角放大率的关系，物和像的空间频率分别为 $R_0/2\alpha_0$ 和 $R_i/2\alpha_i$，角放大率为

$$\Gamma = \frac{\theta_i}{\theta_0} = \frac{f_0}{f_i} = \frac{R_0\alpha_i}{R_i\alpha_0} \tag{7-35}$$

式中：f_i 为像空间频率，对应角宽度为 θ_i；f_0 为物空间频率，对应宽度为 θ_0。

根据傅里叶变换的伸缩性质，在物象空间转换时，存在一个放大率因子的缩放。红外成像系统性能分析时，归一化空间常使用物空间或扫描空间。

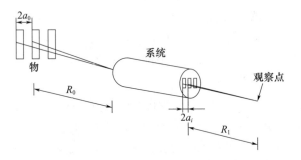

图 7-51　空间频率与角放大率的关系

2. 红外成像过程中各个环节的调制传递函数

红外成像系统模型如图 7-9 所示，根据线性滤波理论，对于由一系列具有一定频率特性（空间的或时间的）的分系统所组成的红外成像系统，只要逐个求出分系统的传递函数，其乘积就是整个系统的传递函数。

1）光学系统的调制传递函数

光学系统的调制传递函数主要受衍射和像差的影响。

衍射限光学系统的传递函数取决于波长及孔径的形式。对于圆形孔径，衍射限下的传递函数 $\text{MTF}_{01}(f \leq f_c)$ 为

$$\text{MTF}_{01} = \frac{2}{\pi}\left\{\arccos\left(\frac{f}{f_c}\right) - \left(\frac{f}{f_c}\right)\left[1 - \left(\frac{f}{f_c}\right)^2\right]^{1/2}\right\} \tag{7-36}$$

式中：f_c 为非相干光学系统的空间截止频率（c/mrad），$f_c = D/\lambda$，D 为光学系统的入瞳直径（mm），λ 为非相干光波长（μm），可取平均工作波长 $(\lambda_1 + \lambda_2)/2$ 为工作波长范围，f 为空间频率（c/mrad）。

非衍射限光学系统中，由像差引起的弥散圆的能量分布为高斯分布，具有圆对称形式，其标准偏差为 σ_r(mm)，在极坐标系中的点扩散函数 $p(r)$ 为

$$P(r) = \frac{1}{\sqrt{2\pi}\sigma_r}\exp(-r^2/\sigma_r^2) \qquad (7-37)$$

设半径 ρ 的弥散圆内所占能量的百分比为 Q,则

$$Q = \frac{\int_0^{2\pi}\int_0^{\rho} P(r)r\mathrm{d}r\mathrm{d}\varphi}{\int_0^{2\pi}\int_0^{\infty} P(r)r\mathrm{d}r\mathrm{d}\varphi} = 1 - \exp(-\rho^2/2\sigma_r^2) \qquad (7-38)$$

由此可知,只要知道范围 ρ 内所要求的能量百分比 Q,就可以求出 σ_r。将 σ_r 转换为角度坐标系中的标准偏差 $\sigma = \sigma_r/f'$,这里 f' 为光学系统焦距。于是,对应非衍射光学系统的 MTF_{o2} 为

$$\mathrm{MTF}_{o2} = \exp(-2\pi^2\sigma^2 f^2) \qquad (7-39)$$

按照线性系统理论,上述两种因素线性无关,光学系统的 MTF_o 为

$$\mathrm{MTF}_o = \mathrm{MTF}_{o1} \cdot \mathrm{MTF}_{o2} \qquad (7-40)$$

2) 探测器的调制传递函数

对光机扫描单元探测器来讲,若单元探测器面积为 $a\times b$ 的矩形,空间张角为 α,β,其响应函数为矩形复式函数 $\mathrm{ct}(x/\alpha)\cdot\mathrm{ct}(y/\beta)$,傅里叶变换为空间频率 f_x,f_y 分离的 sinc 函数之积,则用滤波方法去除新生边带,消除垂直方向的取样效应后,其传递函数为

$$\mathrm{MTF}_{ds} = \frac{\sin(\pi\alpha f_x)}{\pi\alpha f_x} \cdot \frac{\sin(\pi\beta f_y)}{\pi\beta f_y} = \mathrm{sinc}(\alpha f_x) \cdot \mathrm{sinc}(\beta f_y) \qquad (7-41)$$

对 CCD 成像器件来讲,引起其调制传递函数下降的因素有 3 个,即光敏单元的几何尺寸、转移损失率和光敏单元之间的光串扰,CCD 成像器件总的调制传递函数应是这三部分之积。大多数情况下仅考虑光敏单元几何尺寸的影响,在辐照度谱与新生边带不发生混叠,且进行滤波后,可得到其传递函数的表达式

$$\mathrm{MTF}_{dc} = \left[\frac{\sin(\pi\alpha f_x)}{\pi\alpha f_x}\right]^2 \cdot \left[\frac{\sin(\pi\beta f_y)}{\pi\beta f_y}\right]^2 = \mathrm{sinc}^2(\alpha f_x) \cdot \mathrm{sinc}^2(\beta f_y) \qquad (7-42)$$

式中:α,β 为光敏单元的空间张角。

3) 电子电路的调制传递函数

电子电路所传递的信号是时域信号,具有卷积性质,但卷积积分是单侧的,即应该用拉普拉斯变换而不是傅里叶变换求其传递函数,且所得到的传递函数对应时间频率域。在计算红外成像系统的传递函数时,需将电子线路的时域传递函数转换成空域的传递函数,才能进行统一计算。红外成像系统采用的电路形式多种多样,下面以低通和高通电路为例介绍电路的调制传递函数。

从空域频率特性来看,红外成像系统低频特性较好,频率越高,响应特性越差。因此,红外成像系统中采用的前置放大器,视频放大器等电子滤波器都可以用低通滤波器来模拟。

低通滤波器电路图如图 7-52 所示,在时间频率域的传递函数为

$$\mathrm{MTF} = \left[1 + (f_t/f_{t0})^2\right]^{-\frac{1}{2}} \qquad (7-43)$$

式中:f_t 为时间频率(Hz);f_{t0} 为低通滤波器 3dB 频率(Hz),$f_{t0} = \dfrac{1}{2\pi RC}$。

按式(7-43)将 f_{t0} 转换成空间频率域的 3dB 频率 f_0,则可得空间频率域的传递函数为

$$\text{MTF}_{e1} = \left[1 + (f/f_0)^2\right]^{-\frac{1}{2}} \tag{7-44}$$

对于实际系统,可以通过测试其频率特性来得到 f_{t0},但在系统设计和分析时,需预先设定 f_{t0} 的值,由于低通滤波器要传递图像信号,若电子线路带宽较小,则图像信息损失较大,反之若带宽很宽,虽然图像信息可以不失真通过,但是相应地将伴有大量的噪声通过,使输出信噪比下降,因此滤波器的带宽应遵从最大信噪比的要求设计。

在电路中完成类似微分处理的环节是高通 RC 滤波器,如图 7-53 所示,特征频率(高通滤波器上升 3dB 频率) $f_{t0} = \dfrac{1}{2\pi RC}$。

用与低通滤波器类似的方法可得到

$$\text{MTF}_{e2} = \dfrac{f/f_0}{\left[1 + (f/f_0)^2\right]^{\frac{1}{2}}} \tag{7-45}$$

式中: f_0 为高通滤波器在空间频率域的 3dB 频率。

图 7-52 低通滤波器　　　　图 7-53 高通滤波器

4) 显示器的调制传递函数

显示器上的光点亮度分布是高斯分布,所以传递函数为

$$\text{MTF}_m = \exp(-2\pi^2\sigma^2 f^2) \tag{7-46}$$

式中: σ 为显示器光点分布的标准偏差(mrad),分别代入 x 和 y 方向的 σ_x 和 σ_y 就可以描述相应方向上的传递函数。当显示器用方波输入来规定分辨率时,可以分辨的最高空间频率对应的线条图案周期 ρ 与 σ 的关系为 $\sigma = 0.42\rho$。

5) 大气扰动的调制传递函数

一般认为单纯的随机运动或位置误差可以用图像位置的概率密度函数的傅里叶变换来描述,具有高斯型调制传递函数:

$$\text{MTF}_{om} = \exp(-2\pi^2\vartheta_A^2 f^2) \tag{7-47}$$

式中: ϑ_A 为随机振动在归一化空间的角振幅标准偏差(mrad)。代入 x,y 方向的 $\vartheta_{Ax},\vartheta_{Ay}$ 就可以分别描述相应方向的传递函数。

6) 人眼调制传递函数

红外成像系统探测的红外辐射图像需要在显示器上输出,最后由人眼观察并由人脑作出相应判断和决策,故在性能模型中必须考虑人眼的传递特性。人眼可以看作是一个很好的滤波器,并且随光照等级具有非线性性质,一种简化模式的人眼传递函数为

$$\text{MTF}_{eye} = \exp(-Kf/\Gamma) \tag{7-48}$$

式中: Γ 为系统角放大率,其物理意义是系统物象空间的频率转换系数, K 为与显示屏亮度 L 有关的参量,当 L 用 cd/m^2 表示时,有

$$K = 1.272081 - 0.300182\lg L + 0.04261(\lg L)^2 + 0.00197(\lg L)^3 \tag{7-49}$$

眼睛作为接收器,还有一个目标能被发现的极限对比问题,人眼能发现的能量起伏为 0.05,即最大能量为 1,最低能量是 0.95 时也能发现,所以人眼接收感知的极限调制度为 0.026,目视仪各个环节的传递函数值可以以此作为考虑的出发点。

7) 系统的传递函数

红外成像系统总的传递函数为各分系统传递函数的乘积,即

$$\mathrm{MTF} = \mathrm{MTF_o} \cdot \mathrm{MTF_d} \cdot \mathrm{MTF_e} \cdot \mathrm{MTF_m} \cdot \mathrm{MTF_{om}} \cdot \mathrm{MTF_{eye}} \qquad (7-50)$$

7.7.2 噪声等效温差

1. 噪声等效温差的定义

用红外成像系统观察标准试验图案,当红外成像系统输出端产生的峰值信号与均方根噪声电压之比为 1 时的目标与背景之间的温差,称为噪声等效温差。噪声等效温差是表征红外成像系统受客观信噪比限制的温度分辨率的一种量度。用来测量噪声等效温差的标准试验图案如图 7-54 所示,目标与背景均为黑体,目标宽度为红外成像系统分辨单元的数倍。

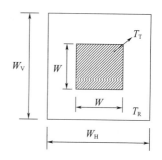

图 7-54 NETD 测试图案

2. 噪声等效温差的表达式及物理意义

假设目标与背景都是朗伯辐射体,先求出红外成像系统分辨单元接收到的辐射功率,再求出由于目标与背景温差引起的接收功率的差异,继而求得信号电压的变化量及信噪比,由定义可得到噪声等效温差的表达式。

对单元探测器光机扫描方式,其噪声等效温差表达式为

$$\mathrm{NETD} = \frac{\pi^{\frac{3}{2}} f' \sqrt{W_H W_V \dot{F}}}{2\sqrt{\eta} \alpha \beta A_0 \int_{\lambda_1}^{\lambda_2} \tau(\lambda) D^*(\lambda) \frac{\partial M_\lambda(T)}{\partial T} \mathrm{d}\lambda} \qquad (7-51)$$

式中:f' 为光学系统的焦距;W_H, W_V 为观察视场角;$\dot{F}$ 为帧速;η 为扫描效率;α, β 为瞬间视场角;A_0 为入瞳面积;$\tau(\lambda)$ 为光学系统的光谱透过率;$D^*(\lambda)$ 为探测器的比探测度;$M_\lambda(T)$ 为目标的光谱辐射出射度;$\lambda_1 \sim \lambda_2$ 为系统工作波段。

式(7-51)中的 NETD、$\dot{F}$ 及 $\alpha\beta$ 是表征一个红外成像系统性能的 3 个主要特征参数,分别反映了系统的温度分辨率、信息传递速率及空间分辨率。当其他参数已确定时,式(7-51)可写为

$$\mathrm{NETD} \propto \frac{\sqrt{\dot{F}}}{\alpha\beta} \qquad (7-52)$$

可见,这 3 个特征参数在性能要求上是相互矛盾的,即存在制约关系,比如要减小噪声等效温差就要牺牲空间分辨率或降低信息传递速率。

噪声等效温差作为系统性能的综合量度也有如下一些不足之处。

(1) 噪声等效温差反映的是客观信噪比限制的温度分辨率,没有考虑视觉特性的影响。

(2) 单纯追求低的噪声等效温差值并不意味着一定有很好的系统性能。例如,增大工作波段的宽度,显然会使噪声等效温差减小。但在实际应用场合,可能会由于所接收的日光反射成分的增加,使系统测出的温度与真实温度的差异增大,这表明噪声等效温差公式未能保证与系统实际性能的一致性。

(3) 噪声等效温差反映的是系统对低频景物(均匀大目标)的温度分辨率,不能表征系统用于观测较高空间频率景物时的温度分辨性能。

因此,噪声等效温差作为系统性能的综合量度是有局限性的。但是噪声等效温差具有概念明确、测量容易的优点,目前仍在广泛采用,尤其在系统设计阶段,采用噪声等效温差作为对系统诸参数进行选择的权衡标准是有用的。

7.7.3 最小可分辨温差

最小可分辨温差是景物空间频率的函数,是表征系统受信噪比限制的温度分辨率的量度。最小可分辨温差的测试图案如图7-55所示。目标为4条带图案,高度为宽度的7倍,目标与背景均为黑体。由成像系统对其一组4条带图案成像,调节目标相对背景的温差,从零逐渐增大,直到在显示屏上刚能分辨出条带图案为止。此时的温差就是在该组目标空间频率下的最小可分辨温差。分别对不同空间频率的条带图案重复上述测量过程,可得到最小可分辨温差曲线。

推导最小可分辨温差的做法是根据图案特点及视觉特性,将客观信噪比修正成视在信噪比,从而得到与图案测试频率有关的在极限视在信噪比下的温差值,即最小可分辨温差:

$$\mathrm{MRTD} = \frac{(S/N)_\mathrm{V}}{1.52} \cdot \frac{\mathrm{NETD}}{\mathrm{MTF}_\mathrm{s}(f_x)} \frac{\sqrt{f_x \beta \rho}}{\sqrt{\dot{F} T_\mathrm{e}}} \quad (7-53)$$

式中:$(S/N)_\mathrm{V}$ 为极限视在信噪比;f_x 为目标的空间频率;T_e 为眼睛的积分时间;ρ 为噪声等效带宽修正值;$\mathrm{MTF}_\mathrm{s}(f_x)$ 是未考虑人眼的红外成像系统的调制传递函数。当系统的其他设计参数已确定时,最小可分辨温差仅是目标空间频率的函数,即

$$\mathrm{MRTD}(f_x) = A \frac{f_x}{\mathrm{MTF}_\mathrm{s}(f_x)} \quad (7-54)$$

式中:A 为比例系数;$\mathrm{MRTD}(f_x)$ 的典型曲线如图7-56所示。

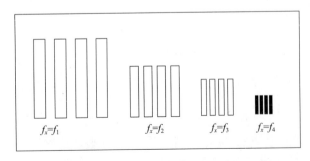

图7-55 最小可分辨温差测试图案

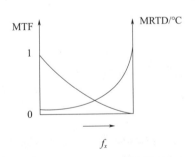

图7-56 最小可分辨温差曲线

最小可分辨温差综合描述了在噪声中成像时,红外成像系统对目标的空间及温度分辨能力。最小可分辨温差存在的问题主要是:它是一种带有主观成分的量度,测试结果会因人而异。此外,未考虑人眼的调制传递函数对信号的影响也是其不足之处。

7.7.4 最小可探测温差

最小可探测温差是将噪声等效温差与最小可分辨温差的概念在某些方面作了取舍后而得出的。具体来说,最小可探测温差仍是采用最小可分辨温差的观测方式,由在显示屏上刚能分辨出目标时所需的目标对背景的温差来定义。但最小可探测温差采用的标准图案是位于均匀背景中的单个方形目标,其尺寸 W 可调整,这是对噪声等效温差与最小可分辨温差标准图案特点的一种综合。

推导最小可探测温差的步骤与最小可分辨温差类似,考虑目标图案及视觉效应后,对测量信噪比进行修正,得到最小可探测温差的表达式:

$$\mathrm{MDTD}(f_x) = \frac{2.14 \cdot \mathrm{MTF}_e(f_x)}{\bar{I}} \mathrm{MRTD}(f_x) \qquad (7-55)$$

式中:$f_x = \frac{1}{2W}$,$\bar{I}$ 为方块目标经系统所成像 $I(x,y)$ 的相对平均值。最小可探测温差在应用上的不便之处就在于要准确地求出方块目标经系统所成像的相对平均值 $\bar{I}$ 是困难的,当方块目标尺寸 W 数值小于探测器张角 α 数值时,可得到如下近似计算公式:

$$\bar{I} = \left(\frac{W}{\alpha}\right)^2 \qquad (7-56)$$

式(7-56)的含义是:在目标与背景的温差不变的条件下,目标小于探测器尺寸时的信号按目标面积与探测器面积之比衰减,在此情况下,最小可探测温差方程用来估算点源目标的可探测性是有价值的。

习题及小组讨论

7-1 名词解释

瞬时视场、帧周期、驻留时间、光电导效应、噪声等效功率

7-2 填空题

(1)主动红外夜视仪由_____、_____、_____、_____和_____五部分组成。

(2)红外成像系统可分为两大类:_____型和_____型。

(3)红外光学系统主要由_____系统和_____组成。

(4)_____是构成红外成像系统的核心器件。

(5) 红外探测器分为_____探测器和_____探测器两大类。光子探测器又分为_____型和_____型两类。

(6) 表征红外探测器性能的基本参数有：_____、_____、_____、_____、及光谱响应、背景限制的比探测率等。

(7) 红外焦平面阵列器件具有对红外辐射敏感并兼有_____功能的探测器。

(8) 混合式焦平面阵列是将_____和_____两部分分别进行制作,然后再通过镶嵌技术把二者互连在一起。

(9) P型QWIP可分为三类：_____P-QWIP、_____P-QWIP、_____P-QWIP。

(10) 量子点红外探测器主要采用_____和_____两种结构。

(11) 红外成像系统为获取景物图像,首先将景物进行_____,然后依次将这些单元空间的景物_____转换成相应的_____。

(12) 多路转换技术有两种实现方法,即_____和_____。

(13) 对红外成像系统来说,系统性能的综合量度是_____分辨率和_____分辨率。

7-3 问答题

(1) 试述红外成像系统中对于红外探测器的基本要求。

(2) 红外物镜系统有哪些类型？各有什么特点？

(3) 与分立型多元探测器阵列相比,分析红外焦平面阵列的特点。

(4) 量子点红外探测器与量子阱红外探测器相比有什么特点。

(5) 分析红外成像系统中采用直流恢复技术的原因。

(6) 要将传递函数应用于红外成像系统中需满足哪些条件。

7-4 知识总结及小组讨论

(1) 回顾、总结本章知识点,画出思维导图。

(2) 红外热成像系统已广泛应用于海、陆、空三军。试述热成像技术对国防现代化的重大意义。

第 8 章

微光与红外图像融合

本章教学目标

知识目标：(1)熟悉图像融合概念、层次及图像融合效果评价指标。

(2)领会微光图像与红外图像特征。

(3)分析图像融合方法。

能力目标： 能够利用图像融合技术解决目标探测、识别问题。

素质目标： 培养学生利用现代工具解决探测识别领域复杂问题的工程思维。

本章引言

随着科学技术的飞速发展，现代战争已经发展到陆、海、空、天四维空间中全面较量的阶段。在现代高技术条件下的局部战争中，夜间观察能力已成为军队战斗力的重要组成部分。单波段夜视技术发展到现在，已经具有相当完整的理论和比较成熟的技术。然而在许多场合，仅靠单一传感器很难完成多种目标背景下的探测和识别任务。利用不同传感器图像信息的互补性可以极大地提高光电探测系统的探测能力。本章主要介绍图像融合概念、图像融合层次及图像融合效果评价指标，并在分析微光图像及红外图像特征基础上，讨论图像融合方法。

8.1 夜视图像特征

8.1.1 微光图像特征

微光图像源于目标及其周围背景对夜晚自然辐射照明的反射，它利用的光谱区域是由月光、星光、大气辉光以及它们的散射所综合形成的夜天光辐射。微光成像传感器只敏感于目标场景的反射,而与目标场景的热对比度无关,因而微光图像有较高的清晰度和空间分辨率,可以提供场景的几何和纹理细节信息,有利于观察者形成对场景的整体认知。

微光图像具有符合人眼观察习惯,细节分辨率高,刻画物体细节能力较好等优点,如图 8-1 所示。

图 8-1 微光图像

另一方面,由图 8-2 可知,可见夜间自然辐射,目标和背景自身的辐射以及反射的光谱在红光及近红外区域,比较强烈,绿色草木和植被在这个光谱范围内也具有强烈反射,而在可见光波段,夜天自然辐射能量比较低,绿草及植被的反射也比较弱,在这个光谱范围内几乎不能根据物体的反射特性来区分植被、绿草、泥土及绿漆。

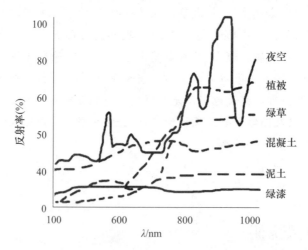

图 8-2 夜天光分布及几种典型材料的光谱反射特性

同时,因为光电阴极输出的电信号是景物在阴极敏感的整个光谱范围内光电阴极积分成像的结果。因而,对于夜晚条件下具有不同反射光谱分布的景物来说,积分成像之后可能具有相同或相近的信号值亮度值,因此输出图像的对比度较小,人眼难以分辨。

除此之外,由于受到像增强器的作用,微光图像还有以下缺点。

(1)由于器件本身的量子效应和各个通道的增益的不一致性,会产生严重的颗粒噪声,这种噪声随着增益加大越发明显。

(2)CCD 的作用也会产生传输损失噪声、电荷噪声、输出放大器噪声和界面态噪声等,但它们对输出图像影响较小。

(3)微光图像的产生受外界环境的影响较大,全黑和非常恶劣的条件下甚至不能工作。

8.1.2 红外图像特征

红外图像信号的大小取决于外界景物之间的温差,其辐射亮度分布主要由被观测景物的温度和发射率决定,即红外图像近似反映了景物温度差或辐射差,所以其具有如下优点。

(1)比较适合观察与背景有较大热对比度的低可视目标。

(2)可以实现"全天候""全被动"观察,即使在全黑和大雾的条件下物体也能发出辐射,形成红外图像。

(3)观察距离较远。

对于自然景物,在一个局部的范围内,由于总存在热平衡的趋势,这种温差不可能很大,同时由于目标和背景的红外辐射需经过大气传输、光学系统、光电转换和电子处理等过程,才被转换成为红外图像,这就决定了红外传感器影像细节的能力较差,如图 8 – 3 所示。

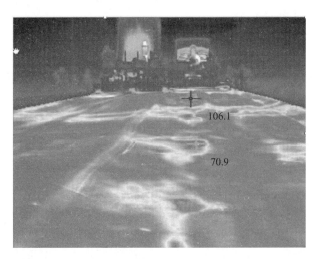

图 8 – 3 红外图像

理想情况下,红外探测器受均匀红外辐射时,各像元的输出信号幅度应完全一致。

红外热成像系统对热辐射物体敏感,热细节对比度很低,动态范围非常有限,在不同目标背景温度下会失去自然表象。另外,热成像系统的非均匀性也是较大的干扰因素。

实际上,由于制作红外探测器器件的半导体材料的不均匀性、掩模误差、缺陷、工艺等因素影响,其输出幅度会出现不均匀现象。使得所获取的影像信号模糊不清、畸变、甚至使传感器失去探测的能力。

综上所述,红外图像具有以下缺点。

(1)红外热图像表征景物的温度分布,是灰度图像,没有立体感,对人眼而言,分辨率低。

(2)由于受景物热平衡、波长、传输距离、大气衰减等因素的影响,红外图像空间相关性强,对比度低,视觉效果模糊。

(3)热成像系统的探测能力和空间分辨率低于可见光 CCD 阵列,使得红外图像的清晰度低于可见光图像。

(4)外界环境的随机干扰和热成像系统的不完善,给红外图像带来多种多样的噪声,比如热噪声、散粒噪声、$1/f$ 噪声、光子电子涨落噪声等。

8.1.3 红外与微光图像比较

首先,在分辨率上面,红外图像的分辨率相对来说比较低,微光图像的分辨率要远远高于红外图像。

其次,在对比度方面,红外图像的对比度要高于微光图像。微光系统靠夜天光照明工作,景物之间的反差小,图像层次不够分明。

再次,在受外界环境的影响方面,微光图像的产生受外界因素影响较大,如天气、星光、烟雾等因素的影响,在烟雾和全黑的条件下,甚至不能正常工作,而与之相比红外则要求较低,因为所有的高于热力学零度的物体都会向外辐射红外线,所以在一些外界环境非常不利的场合下,红外也能工作。

最后,在探测距离上面,外界环境对它们都有一定的影响,如对红外来说,其探测距离与目标背景辐射、大气透过率特性和系统响应特性有关,而对于微光,其探测距离与探测器物镜口径,目标与背景对比,探测器件的积分灵敏度等因素有关,但总的来说红外和微光相比具有较远的距离。

上面对红外与微光图像从分辨率、对比度、使用条件和探测距离 4 个方面进行了比较,它们各自存在一些优缺点,若将它们按照一定的算法进行融合则可以取长补短,充分发挥各自的优势。由于受各自的光电器件光电转换特性的影响,不同的物体辐射可能会产生相同的光电流,这就影响了人们的判断,如红外成像中可能会有两个不同的物体产生相同的辐射,而微光成像中也会有相似的情况出现,例如水泥建筑前的绿色坦克,在微光光电器件的光敏面上反射的光功率产生的光电流相当,所以是很难分辨的,进行融合后,由于红外和微光图像反映的是物体不同性质的成像,即红外为辐射像,而微光为反射成像,所以可以提高系统探测能力。利用微光的良好刻画细节的能力,红外的全天候全被动观察能力和红外的较远的探测距离等优点可以极大地提高夜视系统的性能。

由于红外和可见光两种常用传感器的工作机理不同,所以成像性能有很大差别。红外成像传感器获取目标的红外辐射,依靠探测目标和背景间的热辐射差异来识别目标,尽管红外传感器对热目标的探测性能较好,但其对场景的亮度变化不敏感,因而红外图像清晰度和空间分辨率低,不适于观察者对场景细节的认知。

8.2 图像融合基本概念

8.2.1 图像融合的概念

信息融合(information fusion)又称为数据融合,这一概念在20世纪70年代末被提出来时并未引起人们的重视。随着科学技术的迅速发展,面对不同源数据的急剧增加和信息超载的问题,对大量的不同源、同源不同时的信息进行消化、解释与评估的技术需求更为迫切,人们越来越认识到信息融合的重要性,尤其是在军事指挥自动化和机器人领域中的目标跟踪与识别、态势评估等方面的广泛应用中,信息融合技术得到了长足的发展。

在多传感器系统中,各传感器的信息可能具有不同的特征:实时的或非实时的、快变的或缓变的、模糊的或确定的、相互支持的或互补的、相互矛盾的或竞争的。多传感器信息的特点包括冗余性、补偿性、关联性等,这些是信息融合能够产生效果的基础。

信息融合的基本原理是模拟人脑综合处理信息的过程,充分利用多个传感器资源,通过合理支配和使用这些传感器及其观测信息,把多个传感器在空间或时间上的冗余或互补信息依据某种准则进行组合,以获得被测对象的一致性解释或描述,通过数据组合,达到最佳的协同作用,提高系统的有效性。

信息融合的范围很广,其定义为"信息融合是一种多水平的、多方面的处理过程,它对多源数据自动检测、关联、相关、估计和复合,以达到精确地进行状态估计和身份估计,以及完整、及时地进行态势评估和威胁估计的目的"。也有学者认为"融合是一系列传感器数据的合成,以产生比单一信号更准确、更可靠的结果"。

综合各种论述,一般认为信息融合就是对来自多个传感器的数据进行检测、关联、相关、估计和综合等多级、多方面的处理,以获得对被测对象的精确估计与评价,通过传感器之间的协调及互补,克服单传感器的不确定性和局限性,提高系统的整体识别性能。

图像融合是信息融合的一个分支,它是将来自不同源、不同时间、不同媒质、不同表示方式的图像数据,按一定的准则综合成对被感知对象比较精确的描述,其可以从多幅图像中抽取出比任何单一图像更为准确、可靠的信息。图像融合在遥感观察、智能控制、无损检测、指挥自动化等领域具有广泛的应用,是热门的信息处理技术。图像融合的优点主要包括改善图像质量、提高几何配准精度或信噪比、生成三维立体效果、实现实时或准实时动态观测、克服目标提取与识别中图像数据的不完整性、扩大传感的时空范围等。

8.2.2 图像融合的层次

信息融合分为3个层次,即像素级融合、特征级融合和决策级融合。

1. 像素级融合

像素级融合又称为数据级融合,是直接在采集到的原始数据层上进行的融合,是最低层次的融合,其直接利用原始数据或经过必要预处理的数据进行融合处理,如图 8-4 所示。像素级融合的优点是能保持尽可能多的原始信息,提供其他层次融合所不能提供的细微信息,其缺点是处理的传感器数据量大、处理时间长、实时性差。由于传感器原始数据的不确定性、不完全性和不稳定性较大,因此要求融合过程具有较高的降噪和纠错能力;要求各传感器信息有一个像素的配准精度,所以要求传感器信息来自同质传感器;融合系统中的数据传输量大,抗干扰能力较差。

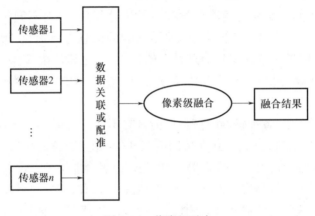

图 8-4 像素级融合

2. 特征级融合

特征级融合属于中间层次的融合,先对来自传感器的原始信息进行特征提取,然后对特征信息进行综合分析和处理。一般提取的特征信息是像素信息的充分表示量和充分统计量,然后按特征信息对多传感器数据进行分类、汇聚和综合,如图 8-5 所示。

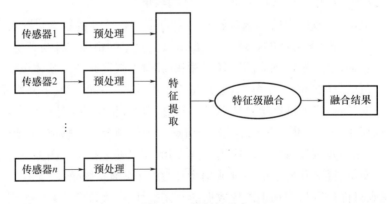

图 8-5 特征级融合

特征级融合的优点是压缩了大量的融合数据,便于实时处理,减小了数据的不确定性。由于所提取的特征直接与决策分析有关,因此融合结果能最大限度地给出决策分析所需要的特征。

3. 决策级融合

决策级融合是一种高层次的融合,首先对每个传感器本身的数据进行初步决策处理,包括预处理、特征提取、识别或判决,以得出检测目标的初步结论,然后进行关联处理、决策层融合判决,最后获得联合推断结果,如图 8-6 所示。决策级融合是直接针对具体决策目标的,除具有实时性好的优点外,还可以在少数传感器失效的情况下仍给出最终决策,且这种联合决策比任何单传感器决策都更精确、更明确,融合系统具有很好的灵活性,对信息传输的带宽要求低。

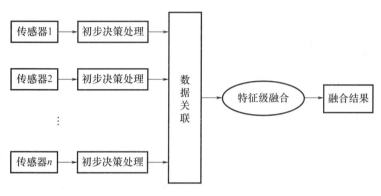

图 8-6 决策级融合

对一般的融合过程,随着融合层次的提高,对数据的抽象性要求越高,对传感器的同质性要求越低,对数据表示形式的统一性要求越高,数据转换量越大,同时系统的容错性增强;随着融合层次的降低,融合所保持的背景细节信息越多,但融合处理的数据量越大,对融合使用的各个数据间的配准精度要求越高,并且融合方法对数据源及其特点的依赖性越强,容错性越低。表 8-1 所列为信息融合各层次的性能比较。

表 8-1 信息融合各层次的性能比较

特征	融合层次		
	像素级	特征级	决策级
信息量	大	中	小
信息损失	小	中	大
预处理工作量	小	中	大
容错性	差	中	好
对传感器的依赖性	强	中	弱
抗干扰性	差	中	好
分类性能	好	中	差
融合方法的难易	难	中	易
系统开放性	差	中	好

图像融合遵循信息融合的规律,由低到高也可分为 3 个层次,即像素级融合、特征级融合、决策级融合。像素级融合直接对图像传感器采集的数据进行处理,从而获得融合图

像。特征级融合属于中间层次，它是利用从图像中提取的特征信息进行综合分析和处理的，提取的特征信息往往是像素信息的充分表示量或充分统计量，然后按特征信息对图像数据进行分类、聚集和综合。决策级融合是高层次的融合，它是在对各图像分别进行预处理、特征提取、初步识别和判决的基础上，对各图像的决策进行相关处理的，融合的结果为指挥控制决策提供依据。其中，像素级图像融合是其他高层次融合的基础，是目前研究的重点，也是获取信息最多、检测性能最好、适用范围最广的融合方法。如未加特殊说明，后面所指的图像融合方法均是指像素级融合。

8.3 图像融合预处理

8.3.1 图像增强

图像增强作为一大类基本的图像处理技术，其目的是对图像进行加工处理，以得到对具体应用而言的视觉效果更"好"、更加"有用"的图像。图像增强的主要目的是：改变图像的灰度等级，提高图像对比度；消除边缘和噪声，平滑图像；突出边缘或线状地物，锐化图像；合成彩色图像；压缩图像数据量，突出主要信息等。图像增强的方法主要分为空间域增强和频率域增强两种。空间域增强是通过改变像元及相邻像元的灰度值来增强图像，而频率域增强是对图像进行傅里叶变换，然后对变换后的频率域图像的频谱进行修改，达到增强的目的。图像增强的主要内容如图 8-7 所示。

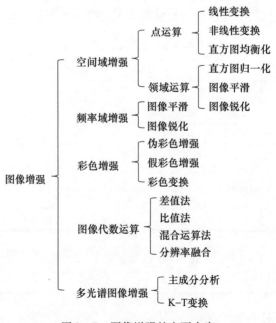

图 8-7 图像增强的主要内容

1. 空间域增强

1）线性变换与非线性变换

（1）线性变换。

对像元灰度值进行变换可使图像的动态范围增大，图像的对比度扩展，图像变得清晰，特征明显。如果变换函数是线性或分段线性的，这种变换即为线性变换。

线性变换是按比例扩大原始灰度级的范围，以充分利用显示设备的动态范围，使变换后图像的直方图的两端达到饱和。如图 8-8 所示，原图像 $f(i,j)$ 的对比度较差，灰度范围为 $[a_1,a_2]$；经线性变换后的图像 $g(i,j)$ 的对比度提高了，灰度范围扩大为 $[b_1,b_2]$。变换的公式可定义为

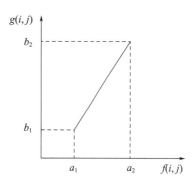

图 8-8 线性变换增强

$$\frac{g(i,j)-b_1}{b_2-b_1}=\frac{f(i,j)-a_1}{a_2-a_1} \quad (8-1)$$

式中：$f(i,j)\in[a_1,a_2]$，$g(i,j)\in[b_1,b_2]$，于是有

$$g(i,j)=\frac{b_2-b_1}{a_2-a_1}[f(i,j)-a_1]+b_1 \quad (8-2)$$

分段线性变换在实际工作中，在图像的灰度值范围内取几个间断点，每相邻的两间断点之间采用线性变换，每段的直线方程不同，可以拉伸，也可以压缩，断点的位置可由用户根据处理的需要确定。

（2）非线性变换。

变换函数数是非线性的，即为非线性变换。常用的非线性函数有指数函数、对数函数。

指数函数主要用于增强图像中亮的部分，扩大灰度间隔，进行拉伸；而对于暗的部分，缩小灰度间隔，进行压缩。对数函数主要用于拉伸图像中暗的部分，而在亮的部分压缩。

指数函数的数学表达式为

$$x_b = b\mathrm{e}^{ax_a} + c \quad (8-3)$$

对数函数的数学表达式为

$$x_b = b\lg(ax_a+1)+c \quad (8-4)$$

式中：x_a 为变换前图像的每个像元的灰度值；x_b 为变换后图像的每个像元的灰度值。a，b，c 是为了调整函数曲线的位置和形态而引入的参数。

（3）直方图均衡化和规定化。

原始图像的灰度分布集中在较窄的范围内，使图像的细节不够清晰，对比度较低。为了使图像的灰度范围拉开或使灰度均匀分布，从而增大反差，使图像细节清晰，以达到增强的目的，通常采用直方图均衡化及直方图规定化两种变换。直方图均衡化是将原图像的直方图通过变换函数变为均匀的直方图，然后按均匀直方图修改原图像，从而获得一幅灰度分布均匀的新图像。直方图规定化是指使一幅图像的直方图变成规定形状的直方图而对图像进行变换的增强方法。规定的直方图可以是一幅参考图像的直方图，通过变换，

使两幅图像的亮度变化规律尽可能地接近;规定的直方图也可以是特定函数形式的直方图,从而使变换后图像的亮度变化尽可能服从这种函数分布。直方图规定化的原理是对两个直方图都进行均衡化,变成相同的归一化的均匀直方图。以此均匀直方图作为媒介,再对参考图像进行均衡化的逆运算即可。

2) 空间增强

空间增强是有目的地突出图像上的某些特征,如突出边缘或线性地物;也可以有目的地去除某些特征,如抑制图像上在获取和传输过程中所产生的各种噪声。空间增强的目的性很强,处理后的图像从整体上看可能与原图像差异很大,但却突出了需要的信息或削弱了不需要的信息,从而达到了增强的目的。

空间增强在方法上强调了像元与其周围相邻像元的关系,采用空间域中邻域处理的方法,在被处理像元周围的像元参与下进行运算处理,这种方法也称为"空间滤波"。

(1) 邻域处理。

对于图像中的任一像元 (i,j),把像元的集合 $\{i+p,j+q\}$ (p、q 取任意整数)称为该像元的邻域,常用的邻域有 4 - 邻域和 8 - 邻域。

在对图像进行处理时,某一像元处理后的值 $g(i,j)$ 由处理前该像元 $f(i,j)$ 小邻域 $N(i,j)$ 中的像元值确定,这种处理称为局部处理,或称为邻域处理。邻域运算的计算表达式为

$$g(i,j) = \varphi_N[N(i,j)] \tag{8-5}$$

式中:φ_N 表示对 $N(i,j)$ 邻域内像元进行的某种运算。

(2) 卷积运算。

卷积运算是在空间域上对图像进行邻域检测的运算。选定一个卷积函数,又称为"模板",实际是一个 $M \times N$ 的小图像,例如 3×3、5×5 等。图像的卷积运算是运用模板来实现的。

模板运算方法是选定运算模板 $\varphi(m,n)$,其大小为 $M \times N$。从图像的左上角开始,在图像上开一个与模板同样大小的活动窗口 $f(m,n)$,使图像窗口与模板像元的灰度值对应相乘再相加。计算结果 $g(i,j)$ 作为窗口中心像元的新的灰度值。模板运算的公式为

$$g(i,j) = \sum_{m=1}^{M} \sum_{n=1}^{N} f(m,n) \cdot \varphi(m,n) \tag{8-6}$$

然后沿同一行将模板向右移动一列,图像上的窗口也对应移动,按式(8-6)计算并把结果作为新窗口中心像元的新的灰度值,依次类推,逐列逐行将全幅图像扫描一遍,产生新的图像。

在实际应用中,经常使图像窗口与模板像元的灰度值对应相乘再相加,相加的总和再除以模板内所有值的和作为中心像元新的灰度值。模板运算的公式为

$$g(i,j) = \frac{\sum_{m=1}^{M} \sum_{n=1}^{N} f(m,n) \cdot \varphi(m,n)}{\sum_{m=1}^{M} \sum_{n=1}^{N} \varphi(m,n)} \tag{8-7}$$

若模板的和为 0,则除以 1。

(3)平滑。

图像在获取和传输的过程中,由于传感器的误差及大气的影响,会在图像上产生一些亮点("噪声"点),或者图像中出现亮度变化过大的区域。为了抑制噪声、改善图像质量或减少变化幅度、使亮度变化平缓所做的处理称为图像平滑。

平滑的主要方法有均值平滑和中值滤波。

(4)锐化。

为了突出边缘和轮廓,线状目标信息,可以采用锐化的方法。锐化可使图像上边缘与线性目标的反差提高,因此也称为边缘增强。

平滑通过对邻域窗口内的图像积分使得图像边缘模糊,锐化则通过对邻域窗口内的图像微分使图像边缘突出、清晰。最常用的微分方法是梯度法。

2. 频率域增强

在图像中,像元的灰度值随位置变化的频繁程度用频率来表示,这是一种随位置变化的空间频率。对于边缘、线条、噪声等特征,如河流、湖泊的边界,道路,差异较大的地表覆盖交界处等具有高的空间频率,即在较短的像元距离内灰度值变化的频率大;而均匀分布的地物或大面积的稳定结构,在较长的像元距离内灰度值逐渐变化。因此,在频率域增强技术中,平滑主要是保留图像的低频部分而抑制高频部分,锐化则保留图像的高频部分而削弱低频部分。频率域增强方法如图 8-9 所示,首先将空间域图像 $f(x,y)$ 通过傅里叶变换为频率域图像 $F(u,v)$,然后选择合适的滤波器 $H(u,v)$ 对 $F(u,v)$ 的频谱成分进行增强得到图像 $G(u,v)$,再经过傅里叶逆变换将 $G(u,v)$ 变回空间域,得到增强后的图像 $g(x,y)$。

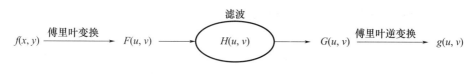

图 8-9 频率域增强流程图

3. 彩色增强

研究表明,人的眼睛对灰度级的分辨能力较差,正常人的眼睛只能够分辨 20 级左右的灰度级,而对彩色的分辨能力远远大于对灰度级的分辨能力,达到对灰度级分辨能力的几十倍以上。因此,将灰度图像变为彩色图像以及进行各种彩色变换可以明显改善图像的可视性。几种常用的彩色增强方法如下。

1)伪彩色增强

伪彩色增强是把一幅黑白图像的不同灰度按一定的函数关系变换成彩色,得到一幅彩色图像的方法。

密度分割法是对单波段黑白遥感图像按灰度分层,对每层赋予不同的色彩,使之变为一幅彩色图像。它是伪彩色增强中最简单的方法。把黑白图像的灰度范围划分成 N 层并赋值,再给每一个赋值区赋予不同的颜色 C_1、C_2、C_3、$\cdots$,依此类推,生成一幅彩色图像。由于计算机显示器的色彩显示能力很强,因此在理论上完全可以将黑白图像的 256 个灰度级以 256 种色彩表示。

密度分割中的彩色是人为赋予的,与地物的真实色彩毫无关系,因此也称为伪彩色。黑白图像经过密度分割后,图像的可分辨力得到明显提高。

2）假彩色增强

假彩色增强是彩色增强中最常用的一种方法,它与伪彩色增强不同,如遥感图像的假彩色增强处理的对象是同一景物的多光谱图像。众所周知,计算机显示器的彩色显示系统是根据三原色加色法合成原理,即由3个电子枪分别在屏幕上形成红、绿、蓝3个原色像而合成彩色图像的,因此,对于多波段遥感图像,选择其中的某3个波段,分别赋予红、绿、蓝3种原色,即可在屏幕上合成彩色图像。由于3个波段原色的选择是根据增强目的决定的,与原来波段的真实颜色不同,因此合成的彩色图像并不表示地物真实的颜色,这种合成称为假彩色合成。

3）彩色变换

计算机彩色显示器的显示系统采用的是 RGB 色彩模型,即图像中的每个像素通过红、绿、蓝3种色光,由多光谱图像的3个波段合成的彩色图像实际上只显示在 R、G、B 空间中。除此之外,遥感图像处理系统中还经常会采用 IHS 模型。亮度(intensity,I)、色度(hue,H)、饱和度(saturation,S)称为色彩的三要素,IHS 模型不是基于色光混合来再现颜色的,但它表示的彩色与人眼看到的颜色更为接近。RGB 和 IHS 两种色彩模式可以相互转换,有些处理在某个彩色系统中可能更方便。把 RGB 系统变换为 IHS 系统称为 IHS 正变换;IHS 系统变换为 RGB 系统称为 IHS 逆变换。

4. 图像运算

对于数字图像,可以进行一系列的代数运算,从而达到某种增强的目的。

1）加法运算

加法运算是指两幅同样大小的图像对应像元的灰度值相加。相加后像元的值若超出显示设备允许的动态范围(一般为0~255),则需乘一个正数 a,以确保数据值在设备的动态范围之内。

设加法运算后的图像为 $f_C(x,y)$,两幅图像为 $f_1(x,y)$ 和 $f_2(x,y)$,则加法运算公式为

$$f_C(x,y) = a[f_1(x,y) + f_2(x,y)] \qquad (8-8)$$

加法运算主要用于对同一区域的多幅图像求平均,可以有效地减少图像的加性随机噪声。

2）差值运算

差值运算是指两幅同样大小的图像对应像元的灰度值相减。相减后像元的值有可能出现负值,找到绝对值量大的负值 $-b$,给每个像元的值都加上这个绝对值 b,使所有像元的值都为非负数;再乘以正数 a,以确保像元的值在显示设备的动态范围内。

设差值运算后的图像为 $f_D(x,y)$,两幅图像为 $f_1(x,y)$ 和 $f_2(x,y)$,则

$$f_D(x,y) = a[f_1(x,y) - f_2(x,y) + b] \qquad (8-9)$$

差值图像提供了不同波段或不同图像间的差异信息,能用在动态监测、运动目标检测与跟踪、图像背景消除及目标识别等处理中。

3）比值运算

比值运算是指两个不同波段的图像对应像元的灰度值相除（除数不能为0），是遥感图像处理中常用的方法。相除以后若出现小数，则必须取整，并乘以正数 d 将其值调整到显示设备的动态范围之内。

设比值运算后的图像为 $f_E(x,y)$，两幅图像为 $f_1(x,y)$ 和 $f_2(x,y)$，则

$$f_E(x,y) = \mathrm{Int}\left[a \cdot \frac{f_1(x,y)}{f_2(x,y)}\right] \qquad (8-10)$$

在比值图像上，像元的亮度反映两个波段光谱比值的差异。因此，这种算法对于增强和区分在不同波段的比值差异较大的地物有明显的效果。

8.3.2 图像去噪

图像在形成、传输、接收、处理过程中，由于通过的传输介质的性能和接收设备性能的限制，不可避免地存在着外部干扰和内部干扰，因此会产生各种各样的噪声，导致图像呈现出随机分布的黑白相间的噪点。滤除噪声要求既要滤除图像中的噪声，又要尽量保留图像的细节。常用的滤波算法有很多，但这些算法在平滑噪声点的同时也导致了图像模糊，损失了图像细节信息。传统的图像滤波算法有：邻域平均法、中值滤波、高斯滤波。

1. 邻域平均法

邻域平均法是一种空间域局部处理方法。对于位置 (i,j) 处的像素点，其灰度值为 $f(i,j)$，平滑后的灰度值为 $g(i,j)$，则 $g(i,j)$ 由包含 (i,j) 邻域的若干像素的灰度平均值所决定，即用式（8-11）得到平滑像素的灰度值

$$g(i,j) = \frac{1}{M}\sum_{(x,y)\in A} f(x,y), \quad x,y = 0,1,2,\cdots,N-1 \qquad (8-11)$$

式中：A 为以 (i,j) 为中心的邻域点的集合，M 为 A 中像素点的总数，N 为图像的长度或宽度（以像素为单位，且认为长宽相同）。

邻域平均法的平滑效果与所使用的邻域半径有关。半径越大，平滑效果越好，但平滑图像的模糊程度也越大。

邻域平均法的优点在于算法简单，计算速度快，主要缺点是在降低噪声的同时使图像产生模糊，特别是在边缘和细节处，邻域越大，模糊程度越厉害。

2. 中值滤波

中值滤波也是一种局部平均平滑技术，它是一种非线性滤波。由于它在实际运算过程中并不需要图像的统计特性，所以使用起来比较方便。

中值滤波采用一个含有奇数个点的滑动窗口，用窗口中各点灰度值的中值来替代窗口中心像素点的灰度值。这里将一个含奇数个点的窗口中的所有像素点排成一个序列 $f_1,f_2,\cdots,f_{2n+1}$，用式（8-12）求它们的中值：

$$g_i = \mathrm{Med}\{f_1,f_2,f_3,\cdots,f_{2n+1}\} \qquad (8-12)$$

式中：$\mathrm{Med}\{\cdots\}$ 表示取各参数排序后的中值。

中值滤波的优点是可以克服线性滤波器所带来的图像细节模糊,而且对于滤除脉冲干扰即颗粒噪声最有效。但是对于一些细节多,特别是点、线、尖顶等细节多的图像不适宜采用中值滤波的方法。

3. 高斯滤波

高斯滤波是用式(8 – 13)所示的模板对原图像进行卷积运算达到滤波的目的:

$$h = \frac{1}{16}\begin{bmatrix} 1 & 2 & 1 \\ 2 & 4 & 2 \\ 1 & 2 & 1 \end{bmatrix} \quad (8-13)$$

由式(8 – 13)可知,由于待检测点像素所对应的权值为4,大于它的邻域像素点所对应的权值,待检测像素点所起的作用大,所以它的去噪效果不是很好。

8.3.3 图像配准

随着科学技术的发展,图像配准技术已成为近代信息处理领域中一项极为重要的技术,它的应用范围相当广泛,其中包括:计算机视觉和模式识别,服务于目标识别、形状重建、运动监测和特征识别等;医学图像分析,如肿瘤检测、病变定位、大脑或血管造影、血细胞显微图像分类等;遥感图像分析,使用于农业、地理、海洋、石油、地矿勘探、污染、城市森林等;军事上,可用于导弹的地形和地图匹配制导,飞航导弹、武器投射系统的末制导和寻踪,光学和雷达的目标跟踪;资源分析,气象预报,景物分析中的变换检测等各个方面。

配准,即对同一个景物在不同时间、用不同探测器、从不同视角获得的图像,利用图像中公有的景物,通过比较和匹配,找出图像之间的相对位置关系。更准确地说,图像配准的目标就是找到把一幅图像中的点映射到另一幅图像中对应点的最佳变换。由于图像成像条件不同,即使是包含了同一个物体,在图像中物体所表现出来的光学特性(灰度值、颜色值)、几何特性(外形、大小等)及空间位置(图像中位置、方向等)都会有很大的变化。加之噪声、干扰物体等因素的存在,使得图像有很大的差异。总的来说,同一场景的多幅图像的差别可以表现在不同的分辨率、不同的灰度属性、不同的位置(平移和旋转)、不同的比例尺不同的非线性变形等方面。为了对场景进行深入分析,需要把两个或者多个图像数据融合起来。实现这些,图像的配准,则是最基本的一步。

一般而言,图像配准方法由以下 3 个部分组成,即特征空间、搜索策略和相似性准则。特征空间从图像中提取用于配准的信息,搜索策略从图像转换集中选择用于匹配的转换方式,相似性准则决定配准的相对数值,然后基于这一结果继续搜索,直到找到能使相似性度量有令人满意结果的图像转换方式。根据图像配准的这 3 个基本元素选择的不同,也产生了对各种具体的图像配准技术的不同的分类方法。

图像配准技术经过多年的研究,每种方法都包含了不同的具体实现方法以适应具体问题。下面分别介绍图像配准方法的 3 个基本类别,即基于灰度信息的方法、基于变换域的方法和基于特征的方法。

1. 图像配准的数学模型

图像配准定义为两幅图像在空间位置和灰度上的双重映射。如果用二维矩阵 I_1 和 I_2 表示两幅图像,$I_1(x,y)$ 和 $I_2(x,y)$ 分别表示相应位置 (x,y) 上的灰度值,则图像间的映射可表示为

$$I_2(x,y) = g(I_1(f(x,y))) \qquad (8-14)$$

式中:f 为一个二维空间坐标变换,即 $(x',y') = f(x,y)$;g 为一维灰度或辐射变换。

配准就是要找到最优的空间和灰度变换,使得在此变换下两幅图像达到最大程度的对齐。通常灰度变换 g 是不需要的,所以寻找空间或几何变换是解决配准问题的关键。式(8-14)可以改写为

$$I_2(x,y) = I_1(f(x,y)) \qquad (8-15)$$

2. 基于灰度信息的图像配准

基于灰度信息的图像配准方法一般不需要对图像进行复杂的预处理,而是利用图像本身具有灰度的一些统计信息来度量图像的相似程度。这种方法的优点是算法简单易行,精度高,相似性度量值能够很好地表示两幅图像相像的程度,但缺点是计算量很大,对噪声很敏感。它的基本思想是:首先,对待匹配图像做几何变换;然后,根据灰度信息的统计特性定义一个目标函数,作为参考图像与待配准图像之间的相似性度量,使得配准参数在目标函数的极值处取得,并以此作为配准的判决准则和配准参数最优化的目标函数,将配准问题转化为多元函数的极值问题;最后通过一定的最优方法求得正确的几何变换参数。经过几十年的发展,人们提出了许多基于灰度信息的图像配准方法,大致可以分为互相关法、序贯相似度检测匹配法和交互信息法3类。

互相关法是最基本的基于灰度信息的图像配准方法,通常被用于进行模板匹配和模式识别。

互相关匹配要求参考图像和待配准图像具有相似的尺度和灰度信息。以参考图像为模板窗口在待配准图像上进行遍历搜索,计算每个位置处参考图像相对应的位置,对一幅图像 I 和一个尺寸小于 I 的模板 T,归一化二维交叉相关函数定义为

$$C(u,v) = \frac{\sum_x \sum_y T(x,y) I(x-u,y-v)}{\left[\sum_x \sum_y I^2(x-u,y-v)\right]^{\frac{1}{2}}} \qquad (8-16)$$

式中:$C(u,v)$ 表示模板在图像上位移 (u,v) 位置的相似程度。如果模板能够和图像恰当地匹配,除了一个灰度比例因子,在正好匹配的位移点 (i,j) 上,交叉相关将会出现它的峰值 $C(i,j)$。应该注意到必须对交叉相关进行归一化,否则局部灰度将影响相似度的度量。

另一个类似的度量,是相关系数,在某些情况下具有更好的效果,其形式为

$$\frac{\text{coraviance}(I,T)}{\delta_I \delta_T} = \frac{\sum_x \sum_y [T(x,y) - \mu_T][I(x,y) - \mu_I]}{\left[\sum_x \sum_y (I(x,y) - \mu_I)^2 \sum_x \sum_y (T(x,y) - \mu_T)^2\right]^{\frac{1}{2}}} \qquad (8-17)$$

式中:μ_T, δ_T 分别为模板 T 的均值和方差,μ_I, δ_I 分别为图像 I 的均值和方差。

相关系数的特点是在一个绝对的尺度范围[-1,1]内计算相关性,并且在适当的假设下,相关系数的值与两图像间的相似性呈线性关系。根据卷积定理,相关可以通过快速傅里叶变换计算,使得大尺度图像下相关的计算效率大大提高。

3. 基于变换域的图像配准方法

将傅里叶变换用于图像配准,有以下几个优点:图像间的平移、旋转和尺度等变换在频域均有对应量;对抗与频域不相关或独立的噪声,有很好的鲁棒性;用 FFT 可以快速实现。

相位相关是用于配准两幅图像的平移变化的典型方法,其依据是傅里叶变换的平移特性。设 $f_1(x,y)$ 和 $f_2(x,y)$ 是两幅图像,(x_0,y_0) 是两图像间的平移量,则有

$$f_2(x,y) = f_1(x-x_0, y-y_0) \tag{8-18}$$

则它们之间的傅里叶变换 $F_1(u,v)$ 和 $F_2(u,v)$ 满足下式

$$F_2(u,v) = \exp(-j2\pi(ux_0+vy_0)) \cdot F_1(u,v) \tag{8-19}$$

这就是说,两幅图像具有相同的傅里叶变换和不同的相位关系,而相位关系是由两者之间的平移直接决定的。

定义两幅图像的互能量谱如下:设 $G(u,v)$ 是 $f_1(x,y)$ 和 $f_2(x,y)$ 的互能量谱

$$G(u,v) = \frac{F_1(u,v) \cdot F_2^*(u,v)}{|F_1(u,v) \cdot F_2^*(u,v)|} \tag{8-20}$$

$F^*(u,v)$ 是 $F(u,v)$ 的共轭。如果两图像间仅有平移变化,则

$$G(u,v) = \exp(j2\pi(ux_0+vy_0)) \tag{8-21}$$

对式(8-21)取傅里叶逆变换,得到一个脉冲函数,该函数在其他各处为零,只在平移的位置上不为零。这个位置就是两图像间的平移量。

旋转在傅里叶变换中是一个不变量。根据傅里叶变换的旋转性质,旋转一幅图像,在频域相当于对其傅里叶变换做相同角度的旋转。如果两幅图像 $f_1(x,y)$ 和 $f_2(x,y)$ 间有平移、旋转和尺度变换,设平移量为 (x_0,y_0),旋转角度为 θ(θ 一般较小),尺度变换为 r,则有

$$f_2(x,y) = f_1(xr\cos\theta + yr\sin\theta - x_0, -xr\sin\theta + yr\cos\theta - y_0) \tag{8-22}$$

则它们的傅里叶变换满足:

$$F_2(u,v) = F_1(ur\cos\theta + vr\sin\theta, -ur\sin\theta + vr\cos\theta) \cdot \exp(-j2\pi(ux_0+vy_0)) \tag{8-23}$$

令 M_1 和 M_2 分别为 $F_1(u,v)$ 和 $F_2(u,v)$ 的模,对上式取模得到:

$$M_2(u,v) = M_1(ur\cos\theta + vr\sin\theta, -ur\sin\theta + vr\cos\theta) \tag{8-24}$$

当 $r=1$ 时,两图像间仅有平移和旋转变换。此时可以看出两个频谱的幅度是一样的,只是有一个旋转关系。通过对其中一个频谱幅度进行旋转,用最优化方法寻找最匹配的旋转角度就可以确定。

当 $r \neq 1$ 时,对式(8-24)进行极坐标变换,可以得到

$$M_2(\rho,\varphi) = M_1(r\rho, \varphi - \theta) \tag{8-25}$$

对第一个坐标进行对数变换,得

$$M_2(\lg\rho, \varphi) = M_1(\lg r + \lg\rho, \varphi - \theta) \tag{8-26}$$

变量代换后写为

$$M_2(\omega,\varphi) = M_1(\omega + c\rho, \varphi - \theta) \quad (8-27)$$

式中：$\omega = \lg\rho, c = \lg r$。

这样，通过相位相关技术，可以一次求得尺度因子 r 和旋转角度 θ，然后根据 r 和 θ 对原图像进行缩放和旋转校正，再利用相位相关技术求得平移量。

4. 基于特征的图像配准方法

基于灰度和变换域的配准方法受光照影响大，对灰度变换敏感；在搜索空间会出现很多的局部极值点；处理的信息量大，计算复杂度高；对旋转、尺度变换以及遮掩等极为敏感。而基于特征的方法能够避免这些缺点，而且图像中特征数目比较少，特征间的匹配度量随位置变动很大，可以利用图像轮廓特征间的几何约束关系，对干扰变形等有较强的适应能力，所以基于特征的方法得到广泛的研究和应用。对于不同特性的图像，选择图像中容易提取并且能够在一定程度上代表待配准图像相似性的特征作为配准依据。基于特征的图像配准方法的基本步骤如图 8-10 所示，包括：

(1) 图像预处理。用来消除或减小图像之间的灰度偏差和几何变形，使图像配准过程能够顺利进行。

(2) 特征提取。在参考图像与待配准图像上，人为选择边界、线状物交叉点、区域轮廓线等明显的特征，或者利用特征提取算子自动提取特征，根据图像性质提取适用于图像配准的几何或灰度特征。

(3) 特征匹配。采用一定的匹配算法，实现两幅图像上对应的明显特征点的匹配，将匹配后的特征点作为控制点或同名点。控制点的选择应注意以下几方面：一是分布尽量均匀；二是在相应图像上有明显的识别标志；三是要有一定的数量特征。然后将两幅待配准图像中提取的特征一一对应，删除没有对应的特征。

(4) 图像转换。利用匹配好的特征代入符合图像形变性质的图像转换（仿射、多项式等）以最终配准两幅图像。

(5) 重采样。通过灰度变换，对空间变换后的待配准图像的灰度值进行重新赋值。

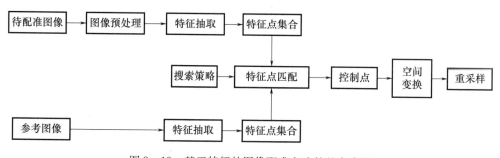

图 8-10 基于特征的图像配准方法的基本步骤

由于图像中存在很多种可以利用的特征，因而产生了多种基于特征的方法，常用的图像特征有点特征（包括角点、高曲率点等）、直线段、边缘、轮廓、闭合区域特征结构以及统计特征（如矩不变量、重心）等。

点特征是图像配准中常用到的图像特征之一，其中主要应用的是图像的角点。角点是图像上灰度变换剧烈且和周围的邻点有着显著差异的像素点。角点检测算法主要分为两大类：一类是基于边缘图像的角点检测算法，这类算法需要对图像边缘进行编码，这在很大程度上依赖于图像的分割和边缘提取，而图像的分割和边缘提取本身具有相当大的难度和计算量，况且一旦边缘线发生中断（在实际中经常会遇到这种情况），则会对角点的提取结果造成较大的影响。所以，这类算法有一定的局限性。第二类是基于图像灰度的角点检测，避开了上述的缺陷，直接考虑像素点邻域的灰度变化，而不是整个目标的边缘轮廓。这类算法主要通过计算曲率及梯度来达到检测角点的目的，如 Movarac 兴趣算子、Beaudet 算子、Plessey 算子、Susan 算子、MIC 算子等。当角点提取以后，如何建立两幅图像之间同名角点的对应也是一个难点。获取匹配同名点对的方法主要有松弛迭代算法、聚类法、图匹配法、Hausdorff 距离和相关方法以及遗传算法。

随着小波理论的提出和研究的深入，在图像配准领域里出现了采用小波提取特征点以及匹配的方法，如用小波变换模数、局部最大能量量度作为特征点，配准过程中采用互相关系数等局部灰度准则作为相似度的量度。其优点在于特征点提取及匹配可由低分辨率向高分辨率逐级迭代进行，从而减小运算量并达到较高配准精度。

直线段是图像中另一个易于提取的特征。Hough 变换是提取图像中直线的有效方法。它将原始图像中给定形状的曲线或直线上所有的点都集中到变换域上的某一个点位置从而形成峰值。这样，原图像中的直线或曲线的检测问题就变成寻找变换空间中的峰点问题。正确地考虑直线段的斜率和端点的位置关系，可以构造一个指示这些信息的直方图，通过寻找直方图的聚集束达到直线段的匹配。

图像配准方法经过多年的研究，已经取得了很多研究成果。但是由于图像数据获取的多样性，不同的应用对图像配准的要求各不相同，以及图像配准问题的复杂性，并没有一种具有普适性的图像配准方法。也就是说，不同的配准方法都是针对不同类型的图像的配准问题的。因此，图像配准研究两个重要的目标是：一方面提高其对于适用图像的算法的有效性、准确性和鲁棒性；另一方面也力求能扩展其适用性和应用领域。

5. 图像重采样

在图像配准中，首先根据参考图像与待配准图像对应的点特征，求解两幅图像之间的变换参数；然后将待配准图像作相应的空间变换，使两幅图像处于同一坐标系下；最后，通过灰度变换，对空间变换后的待配准图像的灰度值进行重新赋值，即重采样。常用的重采样方法有最近邻法、双线性插值法、双三次卷积法。

1）最近邻法

最近邻法是将距(u_0,v_0)点最近的整数坐标(u,v)点的灰度值取为(u_0,v_0)点的灰度值，如图 8-11 所示。

最近邻法简单直观，易于实现，适合实时处理场合，但当(u_0,v_0)点相邻像素间灰度差很大时，这种灰度估值方法会产生较大的误差，使得像素不连续，出现锯齿现象。

2）双线性插值法

双线性插值法是对最近邻法的一种改进，即用线性内插方法，根据(u_0,v_0)点的 4 个相邻点的灰度值，插值计算出$f(u_0,v_0)$值，如图 8-12 所示。

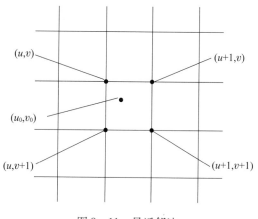

图 8-11 最近邻法

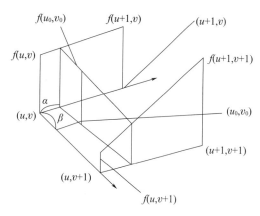

图 8-12 双线性插值法

双线性插值法的具体过程如下。

(1) 根据 $f(u,v)$ 及 $f(u+1,v)$ 插值求 $f(u_0,v)$：

$$f(u_0,v) = f(u,v) + \alpha[f(u+1,v) - f(u,v)] \tag{8-28}$$

(2) 根据 $f(u,v+1)$ 及 $f(u+1,v+1)$ 插值求 $f(u_0,v+1)$：

$$f(u_0,v+1) = f(u,v+1) + \alpha[f(u+1,v+1) - f(u,v+1)] \tag{8-29}$$

(3) 根据 $f(u_0,v)$ 及 $f(u_0,v+1)$ 插值求 $f(u_0,v_0)$：

$$\begin{aligned} f(u_0,v_0) &= f(u_0,v) + \beta[f(u_0,v+1) - f(u_0,v)] \\ &= (1-\alpha)(1-\beta)f(u,v) + \alpha(1-\beta)f(u+1,v) \\ &\quad + (1-\alpha)\beta f(u,v+1) + \alpha\beta f(u+1,v+1) \end{aligned} \tag{8-30}$$

$f(u_0,v_0)$ 的计算过程是根据 $f(u_0,v_0)$ 邻近的 4 个点的灰度值做两次线性插值得到的。$f(u_0,v_0)$ 的计算方程可以改写为

$$\begin{aligned} f(u_0,v_0) &= [f(u+1,v) - f(u,v)]\alpha + [f(u,v+1) - f(u,v)]\beta \\ &\quad + [f(u+1,v+1) + f(u,v) - f(u,v+1) - f(u+1,v)]\alpha\beta + f(u,v) \end{aligned} \tag{8-31}$$

双线性插值法计算量大，缩放后图像质量高，不会出现图像像素不连续的情况。双线性插值法具有低通滤波器的特性，使高频分量受损，所以图像的边缘变得模糊。

3) 双三次卷积法

为了得到点 (u_0,v_0) 更精确的灰度值，不仅要考虑与点 (u_0,v_0) 直接相邻的 4 个点，还要考虑该点周围 12 个间接邻点的灰度值对它的影响，此时可采用双三次卷积法。双三次卷积法实质上是利用一个三次多项式来近似理论上的最佳插值函数 $\text{sinc}(x)$，如图 8-13 所示。

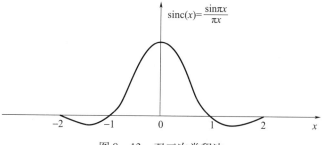

图 8-13 双三次卷积法

双三次多项式的表达式为

$$s(x) = \begin{cases} W(x) = 1 - 2x^2 + |x|^3, & 0 \leqslant |x| \leqslant 1 \\ W(x) = 4 - 8|x| + 5x^2 - |x|^3, & 1 \leqslant |x| \leqslant 2 \\ W(x) = 0, & 2 \leqslant |x| \end{cases} \quad (8-32)$$

利用上述插值函数,采用下述步骤插值计算出 $f(u_0, v_0)$。

(1) 计算 α 和 β。

$$\alpha = u_0 - [u_0] \quad (8-33)$$

$$\beta = v_0 - [v_0] \quad (8-34)$$

(2) 根据 $f(u-1,v), f(u,v), f(u+1,v), f(u+2,v)$ 计算 $f(u_0,v)$。

$$f(u_0, v) = s(1+\alpha)f(u-1,v) + s(\alpha)f(u,v) \\ + s(1-\alpha)f(u+1,v) + s(2-\alpha)f(u+2,v) \quad (8-35)$$

同理可得 $f(u_0, v-1), f(u_0, v+1), f(u_0, v+2)$。

(3) 根据 $f(u_0, v-1), f(u_0, v), f(u_0, v+1), f(u_0, v+2)$ 计算 $f(u_0, v_0)$

$$f(u_0, v_0) = s(1+\beta)f(u_0, v-1) + s(\alpha)f(u_0, v) \\ + s(1-\beta)f(u_0, v+1) + s(2-\beta)f(u_0, v+2) \quad (8-36)$$

上述计算过程用矩阵表示为

$$f(u_0, v_0) = \boldsymbol{ABC} \quad (8-37)$$

$$\boldsymbol{A} = [s(1+\alpha), s(\alpha), s(1-\alpha), s(2-\alpha)] \quad (8-38)$$

$$\boldsymbol{C} = [s(1+\beta), s(\beta), s(1-\beta), s(2-\beta)]^T \quad (8-39)$$

$$\boldsymbol{B} = \begin{bmatrix} f(u-1,v-1) & f(u-1,v) & f(u-1,v+1) & f(u-1,v+2) \\ f(u,v-1) & f(u,v) & f(u,v+1) & f(u,v+2) \\ f(u+1,v-1) & f(u+1,v) & f(u+1,v+1) & f(u+1,v+2) \\ f(u+2,v-1) & f(u+2,v) & f(u+2,v+1) & f(u+2,v+2) \end{bmatrix} \quad (8-40)$$

与前面两种方法比较,双三次卷积函数重采样能够保持灰度连续和保留高频信息,其误差约为双线性插值法的 1/3,精度高,能够得到较高的图像质量,特别是能保持较好的图像细节,但其计算量较大。表 8-2 所列为几种插值算法的性能比较。

表 8-2 几种插值算法的性能比较

方法	优点	缺点	建议
最近邻法	简单易用,计算量小	处理后的图像亮度具有不连续性,精度不高	最大可能产生 0.5 个像素的位置误差,虽然精度不高但却易实现,适合于实时处理场合
双线性插值法	精度明显提高,特别是对亮度不连续现象有明显地改善	计算量增加,且对图像起到平滑作用,从而使对比度明显的分界线变得模糊	此方法的计算量和精度适中,只要不影响所需的精度,便可作为使用方法
双三次卷积法	拥有更好的图像质量,细节表现得更清楚	涉及矩阵间的卷积运算,计算量很大	此方法要求位置校正过程更精确,即对控制点选取的均匀性要求更高

8.4 图像融合效果评价

客观地评价图像融合效果的方法,可以使计算机能够自动选取适合当前图像的、效果最佳的算法,为不同场合下选择不同算法提供依据,也为一些融合算法的研究提供理论基础。

1. 基于信息量的评价

1) 信息熵

图像的熵是衡量图像信息丰富程度的一个重要指标,融合图像的熵越大,说明融合图像的信息量越大。对于一幅单独的图像 p 可以认为其各元素的灰度值是相互独立的样本,则这幅图像的灰度分布为 $p = \{p_0, p_1, p_2, \cdots, p_{l-1}\}$,$p_i$ 为灰度值等于 i 的像素数与图像总像素数之比,n 为灰度级总数。融合图像的熵的公式为

$$H(p) = -\sum_{i=1}^{n} p_i \log_2 p_i \tag{8-41}$$

2) 交叉熵

交叉熵直接反映了两幅图像对应像素的差异,是对两幅图像所含信息的相对衡量,计算公式为

单一交叉熵 $$H(p,r) = \sum_{i=1}^{n} p_i \log_2 \frac{p_i}{r_i} \tag{8-42}$$

总体均方根交叉熵 $$H_\alpha(p,q,r) = \sqrt{\frac{H^2(p,r) + H^2(q,r)}{2}} \tag{8-43}$$

总体算术平均交叉熵 $$H_\beta(p,q,r) = \frac{H(p,r) + H(q,r)}{2} \tag{8-44}$$

总体几何平均交叉熵 $$H_x(p,q,r) = \sqrt{H(p,r) \times H(q,r)} \tag{8-45}$$

总体调和平均交叉熵 $$H_\delta(p,q,r) = \frac{2}{\frac{1}{H(p,r)} + \frac{1}{H(q,r)}} \tag{8-46}$$

式中:p_i, q_i 为原始图像的灰度分布,r_i 为融合图像的灰度分布;$H(p,r), H(q,r)$ 为原始图像与融合图像的交叉熵。

这里利用了平方平均、算术平均、几何平均、调和平均,使多幅图像与标准图像熵的比较有一个统一的量。

3) 相关熵

相关熵是信息论中的一个重要的基本概念,它可作为两个变量之间相关性的量度,或一个变量包含另一个变量的信息量的量度,因此,融合图像与原始图像的相关熵越大越好,公式为

$$\mathrm{MI}(p,q,r) = \sum_{i=1}^{n} \sum_{j=1}^{n} \sum_{k=1}^{n} p_{pqr}(i,j,k) \log_2 \frac{p_{pqr}(i,j,k)}{p_{pq}(i,j) r(k)} \tag{8-47}$$

式中:$p_{pqr}(i,j,k)$,$p_{pq}(i,j)$分别为融合图像与原始图像之间、两幅原始图像之间的联合灰度分布,$r(k)$为融合图像的灰度分布。

4)偏差熵。

在交叉熵、相关熵的计算中,当概率分布值为0时,将不能进行计算,这里引入偏差熵的概念解决此问题。偏差熵反映了两幅图像像素的偏差程度,同时也反映了两幅图像信息量的偏差度,公式为

单一偏差熵 $$H_c(p,r) = -\sum_{i=1}^{n} p_i \log_2[1 - (p_i - r_i)^2] \quad (8-48)$$

总体均方根偏差熵 $$H_{c\alpha} = \sqrt{\frac{H_c^2(p,r) + H_c^2(q,r)}{2}} \quad (8-49)$$

总体算术平均偏差熵 $$H_{c\beta} = \frac{H_c(p,r) + H_c(q,r)}{2} \quad (8-50)$$

总体几何平均偏差熵 $$H_{c\chi} = \sqrt{H_c(p,r) \times H_c(q,r)} \quad (8-51)$$

总体调和平均偏差熵 $$H_{c\delta} = \frac{2}{\frac{1}{H_c(p,r)} + \frac{1}{H_c(q,r)}} \quad (8-52)$$

式中:$H_c(p,r)$,$H_c(q,r)$分别为融合图像与两幅原始图像的偏差熵。

偏差熵越小,说明融合图像和原始图像之间的熵差越小,图像融合效果越好。

5)联合熵

联合熵是信息论中的一个重要的基本概念,它可作为3幅图像之间相关性的量度,同时也反映了3幅图像之间的联合信息,因此,融合图像与原始图像的联合熵越大越好,其公式为

$$H(p,q,r) = -\sum_{i=1}^{n} \log_2(p_i \times q_i \times r_i) \quad (8-53)$$

2. 基于统计特性的评价

1)均值

均值为像素的灰度平均值,对人眼反应为平均亮度,其公式为

$$\mu = \frac{1}{M \times N} \sum_{i=1}^{M} \sum_{j=1}^{N} p(i,j) \quad (8-54)$$

式中:M,N分别为图像p的长、宽。

2)标准偏差

标准偏差反映了灰度相对于灰度均值的离散情况,标准偏差越大,则灰度分布越分散,其公式为

标准偏差 $$\sigma = \sqrt{\frac{\sum_{i=1}^{M}\sum_{j=1}^{N}[p(i,j)-\mu]^2}{M \times N}} \quad (8-55)$$

对数标准偏差 $$\sigma_1 = -\lg\sqrt{\frac{\sum_{i=1}^{M}\sum_{j=1}^{N}[p(i,j)-\mu]^2}{M \times N}} \quad (8-56)$$

一般地,当标准偏差小于2时,可采用对数标准偏差。

3) 偏差度

偏差度用来反映融合图像与原始图像在光谱信息上的匹配程度,如果偏差度较小,那么说明融合后的图像较好地保留了原始图像的光谱信息,其公式为

绝对偏差度
$$D_A = \frac{1}{MN}\sum_{i=1}^{M}\sum_{j=1}^{N}|R(i,j) - p(i,j)| \quad (8-57)$$

相对偏差度
$$D_C = \frac{1}{MN}\sum_{i=1}^{M}\sum_{j=1}^{N}\frac{|R(i,j) - p(i,j)|}{p(i,j)} \quad (8-58)$$

4) 均方差

均方差越小,说明融合图像与原始图像越接近,融合图像 R 与原始图像 p 的均方差为

$$\text{MSE} = \frac{\sum_{i=1}^{M}\sum_{j=1}^{N}[R(i,j) - p(i,j)]^2}{\sum_{i=1}^{M}\sum_{j=1}^{N}R^2(i,j)} \quad (8-59)$$

5) 平均等效视数

平均等效视数可以用来衡量噪声的抑制效果、边缘的清晰度和图像的保持性,其公式为

$$\text{ENL} = \frac{\mu}{\text{MSE}} \quad (8-60)$$

式中:μ,MSE 见式(8-54)和式(8-59)。

6) 协方差

融合图像 R 和原始图像 p 的协方差越大,两幅图像越相近,图像融合效果越好,协方差的公式为

$$\text{Cov}(R,p) = \frac{1}{MN}\sum_{i=1}^{M}\sum_{j=1}^{N}[R(i,j) - \mu_R][p(i,j) - \mu_p] \quad (8-61)$$

式中:μ_R,μ_p 分别为融合图像和原始图像的均值。

7) 相关系数

融合图像 R 和原始图像 p 的相关系数越大,说明两幅图像越相似,图像融合效果越好,相关系数的公式为

$$\rho(R,p) = \frac{\sum_{i=1}^{M}\sum_{j=1}^{N}[R(i,j) - \mu_R][p(i,j) - \mu_p]}{\sqrt{\sum_{i=1}^{M}\sum_{j=1}^{N}[R(i,j) - \mu_R]^2 \sum_{i=1}^{M}\sum_{j=1}^{N}[p(i,j) - \mu_p]^2}} \quad (8-62)$$

式中:μ_R,μ_p 分别为融合图像和原始图像的均值。

3. 基于信噪比的评价

图像融合后的去噪效果取决于信息量是否提高、噪声是否得到抑制、均匀区域噪声的抑制是否得到加强、边缘信息是否得到保留等,因此可以从以下几个方面评价融合效果。

1) 信噪比

$$\text{SNR} = 10\lg\frac{\sum_{i=1}^{M}\sum_{j=1}^{N}p^2(i,j)}{\sum_{i=1}^{M}\sum_{j=1}^{N}[R(i,j) - p(i,j)]^2} \quad (8-63)$$

注意,此处将融合图像与原始图像的差异作为噪声。

2)峰值信噪比

$$\mathrm{PSNR} = 10\lg\left(\frac{M \times N \times \max^2(p)}{\sum_{i=1}^{M}\sum_{j=1}^{N}[R(i,j) - p(i,j)]^2}\right) \tag{8-64}$$

当图像的灰度级为 255 时,$\max(p) = 255$。信噪比和峰值信噪比越高,说明融合效果和质量越好。

3)斑点噪声抑制衡量参数

$$\alpha = \left(\frac{\mu}{\sigma}\right)^2 \tag{8-65}$$

式中:μ,σ 见式(8-54)和式(8-55)。

4)边缘保持衡量参数

$$\mathrm{ESI} = \frac{\sum_{i=1}^{m}|\mathrm{DN}_{R_1} - \mathrm{DN}_{R_2}|}{\sum_{i=1}^{m}|\mathrm{DN}_{p_1} - \mathrm{DN}_{p_2}|} \tag{8-66}$$

式中:m 为检验样本的个数,DN_{R_1}、DN_{R_2}、DN_{p_1}、DN_{p_2} 分别为融合前和融合后的边缘交界处附近的相邻像素的值。

4. 基于梯度值的评价

1)清晰度

清晰度反映的是图像质量的改进,同时还反映图像中微小细节反差和纹理变换特征,其公式为

$$\nabla\overline{G} = \frac{1}{MN}\sum_{i=1}^{M}\sum_{j=1}^{N}\sqrt{[\Delta p_x(i,j)]^2 + [\Delta p_y(i,j)]^2} \tag{8-67}$$

式中:$\Delta p_x(x,y)$,$\Delta p_y(x,y)$ 分别为沿 x 方向和 y 方向的差分。

2)空间频率

空间频率反映的是一幅图像空间域的总体活跃程度,其公式为

空间行频率 $\quad \mathrm{RF} = \sqrt{\dfrac{1}{MN}\sum_{i=1}^{M}\sum_{j=2}^{N}[p(i,j+1) - p(i,j)]^2} \tag{8-68}$

空间列频率 $\quad \mathrm{CF} = \sqrt{\dfrac{1}{MN}\sum_{j=1}^{N}\sum_{i=2}^{M}[p(i+1,j) - p(i,j)]^2} \tag{8-69}$

空间频率 $\quad \mathrm{SF} = \sqrt{\mathrm{RF}^2 + \mathrm{CF}^2} \tag{8-70}$

5. 基于光谱信息的评价

前面的指标都是用来对图像的空间分辨率进行分析的,光谱信息的评价,是指基于图像光谱分辨率而言的分析方法,光谱信息评价是对小波分解后的图像在水平、垂直、对角方向的空间分辨率的综合评价,其公式为

$$I_s = \frac{\rho(P^h, Q^h) + \rho(P^v, Q^v) + \rho(P^d, Q^d)}{3} \tag{8-71}$$

式中:$\rho(x,y)$表示x、y的相关系数,上标 h、v、d 分别表示水平、垂直、对角 3 个方向,P^h,P^v,P^d,Q^h,Q^v,Q^d分别为原始图像经小波分解后的系数矩阵。

6. 基于小波能量的评价

在对图像进行小波分解后,应对小波系数进行处理,然后重构得到融合图像。用这种方法得到的融合图像的效果可以用小波系数平均能量来评价,有时它比平均梯度更能反映图像的分辨率及清晰度,其公式为

$$E = \frac{\sum_{i=1}^{M}\sum_{j=1}^{N}W^2(i,j)}{M \times N} \tag{8-72}$$

式中:M,N为图像的大小;$W(i,j)$为该图像的小波分解高频系数。

7. 定性描述

定性描述的主观性比较强,但在对一些明显的图像信息进行评价时,其优点是直观、快捷、方便;对一些暂无较好客观评价指标的现象,可以进行定性的说明,其主要用于判断融合图像是否配准:如果配准得不好,那么图像就会出现重影,反过来通过图像融合也可以检查配准精度;判断色彩是否一致;判断融合图像的整体亮度、色彩反差是否合适,是否有蒙雾或马赛克现象;判断融合图像的清晰度是否降低、图像边缘是否清晰;判断融合图像的纹理及色彩信息是否丰富、光谱与空间信息是否丢失等。主观评价受不同的观察者、图像的类型、应用场合和环境条件的影响较大。主观评价的尺度往往根据应用场合等因素来选择,国际上规定了 5 级质量尺度和妨碍尺度。一般人员多采用质量尺度,专业人员多采用妨碍尺度,图像主观评价尺度评分表如表 8-3 所列。一般来说,在主观评价时应需要较多的评价者,以保证评价结果有统计意义。

表 8-3 图像主观评价尺度评分表

分数	质量尺度	妨碍尺度
5	非常好	丝毫看不出图像质量变坏
4	好	能看出图像质量变坏,不妨碍观看
3	一般	清楚地看出图像质量变坏,对观看稍有妨碍
2	差	对观看有妨碍
1	非常差	非常严重地妨碍观看

8. 图像融合效果评价方法的选取

评价方法的选取与图像融合的目的紧密相关。图像融合的目的不同,评价方法也不同,主要有以下几个方面。

(1)降噪处理。一般而言,从传感器得到的图像都是有噪声的图像,而后续的图像处理一般要求噪声在一定范围内,因此可以采用融合的方法来降低噪声,提高信噪比。对于这种情况,一般采用基于信噪比的评价方法。

(2)提高分辨率。提高分辨率是图像融合的一个重要目的,有时从卫星得到的红外图像的分辨率不高,这就要求将其他传感器得到的图像(如光学图像、合成孔径图像等)

与红外图像进行融合来提高分辨率。对于这种方法的融合效果评价,可以结合主观评价,采用基于统计特性及光谱信息的评价方法。

(3)提高信息熵。在图像传输、图像特征提取等方面需要提高图像的信息熵。图像融合是提高信息熵的一种重要手段。融合图像的信息熵是否提高,可采用基于信息量的评价方法。为了评价融合图像与原始图像之间的熵差异,可以用偏差熵、交叉熵等。

(4)提高清晰度。在图像处理中,往往需要在保持原有信息不丢失的情况下,提高图像的质量、增强图像的背景细节信息和纹理特征、保持边缘细节及能量,这用一般的图像增强方法很难做到,因此需要采用图像融合的方法。这时,对融合效果的评价可采用基于梯度值的方法、基于小波能量的方法。

(5)研究数据的统计分布变化。基于统计特性的评价方法是研究数据统计分布变化的首选方法,在许多数据处理中都有应用。其中,评价参量的变化常被作为数据处理方法的出发点和目标。

(6)特殊要求。在有些方面,融合的目的既不是提高信息量,也不是提高分辨率和降低噪声,这就需要根据特殊的要求来加以衡量。

需要说明的是,交叉熵、互信息、信噪比、均方偏差等评价参量在有原始图像的情况下非常能够说明问题,然而在实际应用场合中,得到原始图像比较困难。所以,一方面应尽可能取得相对标准的原始图像,能说明研究方法的效果即可;另一方面,尽可能采用较多的其他评价参量。因此,图像融合效果的评价是一个比较复杂的问题,要根据具体融合的目的来确定相应的方法。

8.5 常用图像融合方法

多源图像像素级融合可大致分为两大类,即基于空间域的图像融合和基于变换域的图像融合。基于空间域的图像融合一般是直接在图像的像素灰度空间上进行融合;而基于变换域的图像融合是先对待融合的多源图像进行图像变换(如金字塔变换、小波变换),融合处理是对变换后的系数进行组合。这两类方法不是完全独立的关系,在许多算法中两者相互结合。目前,基于变换域的图像融合算法是研究热点。

8.5.1 常用的基于空间域的图像融合算法

1. 加权融合

最直接的融合方法就是对原图像进行加权平均。加权平均运算提高了融合图像的信噪比,但削弱了图像的对比度,在一定程度上使得图像中的边缘变模糊。

设微光图像为$f_l(x,y)$,红外图像为$f_s(x,y)$,其具体步骤如下。

(1)在$f_l(x,y)$中选择感兴趣的区域。

(2) 对该区域的各波段图像通过重采样扩展成高分辨率的图像。
(3) 选择对应同一区域的 $f_s(x,y)$，并将其与 $f_t(x,y)$ 配准。
(4) 按下式进行代数运算以得到加权平均的融合图像。

$$g(x,y) = \omega_s f_s(x,y) + \omega_t f_t(x,y) \qquad (8-73)$$

式中：ω_t, ω_s 分别为对 $f_t(x,y)$ 和 $f_s(x,y)$ 的加权值。若 $\omega_t = \omega_s = 0.5$，则为平均融合。权值的确定也可以通过计算两幅源图像的相关系数来确定。相关系数的定义为

$$C(A,B) = \frac{\sum_{m=1}^{M}\sum_{n=1}^{N}(A-\overline{A})(B-\overline{B})}{\sqrt{\sum_{m=1}^{M}\sum_{n=1}^{N}(A-\overline{A})\sum_{m=1}^{M}\sum_{n=1}^{N}(B-\overline{B})^2}} \qquad (8-74)$$

式中：$C(A,B)$ 为两幅图像的相关系数，$\overline{A}$ 为源图像 $f_s(x,y)$ 的平均灰度值，$\overline{B}$ 为源图像 $f_t(x,y)$ 的平均灰度值，则权值由下式确定：

$$\omega_s = \frac{1}{2}(1 - |C(A,B)|) \qquad \omega_t = 1 - \omega_s \qquad (8-75)$$

加权平均融合方法的特点在于简单直观，适合实时处理，当用于多幅图像的融合处理时，可以提高融合图像的信噪比，抑制源图像中的噪声。但是，这种平均融合实际上是对像素的一种平滑处理，这种平滑处理在减少图像中噪声的同时，往往在一定程度上也抑制了图像中的显著部分，降低了合成图像的对比度，使图像中的边缘，轮廓变得模糊了。而且，当融合图像的灰度差异很大时，就会出现明显的拼接痕迹，不利于人眼识别和后续的目标识别过程。这使得加权平均法在实际的应用中受到限制。

2. 假彩色图像融合

就目前的硬件技术条件而言，假彩色图像融合处理可以说是较容易实现的图像融合算法，并且人类视觉系统对融合结果也较容易分辨。假彩色图像融合算法是在人眼对颜色的敏感程度远超过对灰度等级的敏感程度这一视觉特性的基础上提出的融合算法。如果通过某种彩色化处理技术将蕴藏在原始图像灰度等级中的细节信息以彩色的方式来表征，可以使人类视觉系统对图像的细节信息有更丰富的认识。其关键是要融合图像的可视效果尽可能符合人的视觉习惯，一般是通过彩色映射的方法将输入图像映射到一个彩色空间中，得到一幅假彩色的融合图像。假彩色融合算法一般可分为基于 RGB 彩色空间的图像融合算法和基于 IHS 彩色空间的图像融合算法。

3. 基于调制的图像融合

调制是通信技术术语，指一种信号的某项参数（如强度、频率等）随另一种信号变化而变化。借助通信技术的思想，调制技术在图像融合领域也有着相当广泛的应用，并在某些方面具有较好的效果。用于图像融合中的调制手段一般适用于两幅图像的融合处理，具体操作一般是将一幅图像进行归一化处理，然后将归一化的结果与另一图像相乘，最后重新量化后进行显示。这种处理方式相当于无线电技术中的调幅。用于图像融合中的调制技术一般可分为对比度调制技术和灰度调制技术。

设微光图像为 A，红外图像为 B，要获取图像的对比度信息，必须得到图像的高频和低

频分量。通过低通滤波器可以得到图像的低频分量 A_L,然后定义图像的局域对比度 C:

$$C(i,j) = \frac{A(i,j) - A_L(i,j)}{A_L(i,j)} \quad (8-76)$$

式中:(i,j) 是像素坐标,将 $C(i,j)$ 归一化,归一化对比度 C' 为

$$C'(i,j) = \frac{C(i,j) - \min(C(i,j))}{\max(C(i,j)) - \min(C(i,j))} \quad (8-77)$$

再进行调制,把 $C'(i,j)$ 与图像 B 相乘

$$F(i,j) = C'(i,j) \times B(i,j) \quad (8-78)$$

$F(i,j)$ 是融合后图像,再进行量化与显示设备匹配,灰度动态范围 0~255,量化方法为

$$F'(i,j) = 256 \times \frac{F(i,j) - \min(F(i,j))}{\max(F(i,j)) - \min(F(i,j))} \quad (8-79)$$

$F'(i,j)$ 是最终的对比度调制融合图像。采用微光图像调制红外图像的融合结果和采用红外图像调制微光图像的融合结果都能使融合后的图像在细节上和对比度上比融合前好,利于目标识别。

4. 基于统计的图像融合

当采用统计方法进行图像融合时,它是从信号与噪声的角度考虑图像融合问题。首先在建立成像传感器统计模型的基础上,确定出融合优化函数,进行参数估计。R. Sharama 和 M. Pavel 提出了一种自适应统计图像融合算法,该算法建立了传感器模型,通过估计传感器特性和传感器之间的关系来进行图像融合;J. M. Lafert 等将基于统计的图像融合算法与基于多尺度分解的图像融合算法相结合,提出了系统的统计融合模型;Xia Y. 等在建立系统统计模型的基础上,通过融合处理来降低或消除融合图像中的噪声成分。基于统计的图像融合算法能够降低噪声对融合结果的影响,增强融合图像的信噪比。

5. 基于神经网络的图像融合

人工神经网络是一种试图仿效生物神经系统信息处理方式的新型计算处理模型。一个神经网络由多层处理单元或节点组成,可以采用各种方法进行互联。有些学者已应用人工神经网络来进行多源图像融合。神经网络的输入向量经过数据的映射,从而使神经网络能够把多个传感器数据变换为一个数据来进行一个非线性变换,可得到一个输出向量,这样的变换能够产生从输入数据到输出数据的映射模型。从而使神经网络能够把多个传感器数据变换为一个数据来进行说明表示。由此可见,神经网络以其特有的并行性和学习方式,提供了一种完全不同的数据融合方法。然而,要将神经网络方法应用到实际的融合系统中,无论是网络结构设计还是算法规则方面,许多基础工作有待解决,如网络模型、网络的层次和每一层的节点数、网络学习策略、神经网络方法与传统的分类方法的关系和综合应用等。

8.5.2 常用基于变换域的图像融合算法

基本思想是先对待融合的图像进行图像变换(如 DCT 变换、小波变换)以得到各图像

分解后的系数表示,然后对这组系数表示按一定的融合规则进行融合处理得到一个融合后的系数表示,最后经过图像逆变换获得融合后图像。基于变换域的图像融合研究中,大部分是基于多尺度分解的图像融合算法,基于多尺度分解的图像融合过程如图8-14所示。

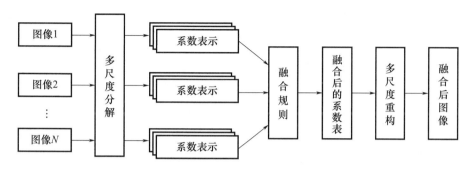

图 8-14 基于多尺度分解的图像融合结构图

多尺度分解来源于计算机视觉研究中对人眼感知过程的模拟。多尺度分解结构中的各级系数相继表示分辨率逐级降低的输入图像信息。此种结构描述了图像中的特征信息,其相继各级系数是用来粗略地表示这些特征。多尺度分解结构的这种特性,使它被当作神经视觉中某种初级处理形式的模拟。多尺度分解可以有效地执行许多基本的图像运算,可以产生一组低通或带通图像。通过级与级的互联,多尺度分解提供了局部处理与全局处理之间的联系。

1. 基于金字塔变换的图像融合算法

1) 基于拉普拉斯金字塔变换的图像融合算法

基于拉普拉斯塔形分解的图像融合结构如图8-15所示。以两幅图像的融合为例,对于多幅图像的融合方法可以由此类推。设 A 为微光图像、B 为红外图像,F 为微光与红外融合后的图像。融合基本步骤为:首先,对每一幅源图像分别进行拉普拉斯塔形分解,建立各图像的拉普拉斯金字塔;其次,对图像金字塔的各分解层分别进行融合处理。不同的分解层采用不同的融合算子进行融合处理,最终得到融合后图像的拉普拉斯金字塔;最后,对融合后所得拉普拉斯金字塔进行逆塔形变换(图像重构),所得到的重构图像即为融合图像。

图像拉普拉斯塔形分解的目的是将原始图像分别分解到不同的空间频带上,利用其分解后的塔形结构,对具有不同空间分辨率的不同分解层分别采用不同的融合算子进行融合处理,可有效地将来自不同图像的特征与细节融合在一起。Campbell、Robson 和 Wilson 的实验与研究表明,人的视觉系统呈现多频道性,每个频道对应不同的空间频率调制。视觉系统的这种带通特性,并不是眼球的屈光系统,而是由视网膜形成的。其中视网膜中 Y 型神经节细胞对空间频率呈低通特性;X 型神经节细胞也呈低通特性。大脑视区中简单细胞呈窄带通特性,复杂细胞呈宽带通特性,即人的视网膜图像就是在不同的频率通道中进行处理的。基于拉普拉斯塔形分解的图像融合恰恰是在不同的空间频带上进行融合处理的,因而可能获得与人的视觉特性更为接近的融合效果。

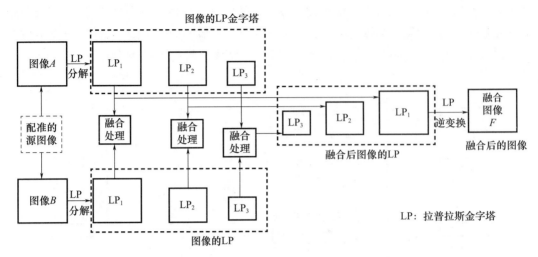

图 8-15 基于拉普拉斯塔形分解的图像融合结构

要建立图像的拉普拉斯塔形分解首先要进行高斯塔形分解,其建立步骤如下。

(1) 建立图像的高斯塔形分解。

设原图像为 G_0,以 G_0 作为高斯金字塔的底层,高斯金字塔的第 l 层图像 G_l 这样构造:

先将 $l-1$ 层图像 G_{l-1} 和一个具有低通特性的窗口函数 $\omega(m,n)$ 进行卷积,再把卷积结果做隔行隔列的降采样,即

$$G_l = \sum_{m=-2}^{2}\sum_{n=-2}^{2}\omega(m,n)G_{l-1}(2i+m,2j+n),0<l\leq N,0\leq i<C_l,0\leq j<R_l \quad (8-80)$$

式中:N 为高斯金字塔顶层的层号;C_l 为高斯金字塔第 l 层图像的列数;R_l 为高斯金字塔第 l 层图像的行数;$\omega(m,n)$ 为 5×5 的窗口函数。

引入缩小算子 Reduce,则式(8-80)可记为

$$G_l = \text{Reduce}(G_{l-1}) \quad (8-81)$$

由 $G_0,G_1,\cdots,G_N$ 就构成了高斯金字塔,其中,G_0 为金字塔的底层,G_N 为金字塔的顶层,高斯金字塔的总层数为 $N+1$。可见,图像的高斯金字塔形分解是通过依次对低层图像与具有低通特性的窗口函数 $\omega(m,n)$ 进行卷积,再把卷积结果做隔行隔列的降 2 采样来实现的。由于窗口权函数 $\omega(m,n)$ 形状类似于高斯分布函数,因此 $\omega(m,n)$ 也可称为高斯权矩阵,同时,由此得到的图像金字塔就称为高斯金字塔。

(2) 由高斯金字塔建立图像的拉普拉斯金字塔。

先将 G_l 内插放大,得到放大图像 G_l^*,使 G_l^* 的尺寸与 G_{l-1} 的尺寸相同。为此引入放大算子 Expand,即

$$G_l^* = \text{Expand}(G_l) \quad (8-82)$$

Expand 算子定义为

$$G_l^* = 4\sum_{m=-2}^{2}\sum_{n=-2}^{2}\omega(m,n)G'_l\left(\frac{i+m}{2},\frac{j+n}{2}\right),0<l\leq N,0\leq i<C_l,0\leq j<R_l \quad (8-83)$$

式中

$$G'_l\left(\frac{i+m}{2},\frac{j+n}{2}\right) = \begin{cases} G_l\left(\frac{i+m}{2},\frac{j+n}{2}\right), & \frac{i+m}{2},\frac{j+n}{2}\text{为整数} \\ 0, & \text{其他} \end{cases} \quad (8-84)$$

Expand 算子是 Reduce 算子的逆算子。从式(8-83)可以看出,在原有像素间内插的新像素的灰度值是通过对原有像素灰度值的加权平均确定的。由于 G_l 是对 G_{l-1} 进行低通滤波得到的,即 G_l 是模糊化、降采样的 G_{l-1},所以 G_l^* 所包含的细节信息少于 G_{l-1},即 G_l^* 的尺寸与 G_{l-1} 相同,但 G_l^* 并不等于 G_{l-1}。下面考察 G_l^* 和 G_{l-1} 间的差别。

$$\diamondsuit \begin{cases} \text{LP}_l = G_l - \text{Expand}(G_{l+1}), & 0 \leq l < N \\ \text{LP}_N = G_N, & l = N \end{cases} \quad (8-85)$$

式中:N 为拉普拉斯金字塔顶层的层号;LP_l 为拉普拉斯金字塔分解的第 l 层图像。

由 $\text{LP}_0,\text{LP}_1,\cdots,\text{LP}_N$ 构成的金字塔即为拉普拉斯金字塔,它的每一层图像是高斯金字塔本层图像与其高一层图像经放大算子放大后图像的差,此过程相当于带通滤波。因此,拉普拉斯金字塔也可称为带通塔形分解。

概括地讲,建立图像的拉普拉斯塔形分解有 4 个基本步骤,即低通滤波、降采样(缩小尺寸)、内插(放大尺寸)和带通滤波。

(3)由拉普拉斯金字塔重建原图像。
由式(8-85),得

$$\begin{cases} G_N = \text{LP}_N, & l = N \\ G_l = \text{LP}_l + \text{Expand}(G_{l+1}), & 0 \leq l < N \end{cases} \quad (8-86)$$

上式说明,从拉普拉斯金字塔的顶层开始逐层由上至下,按照上式进行递推,可以恢复其对应的高斯金字塔,并最终得到原图像 G_0。若令

$$G_{N,k} = \underbrace{\text{Expand}[\text{Expand}\cdots[\text{Expand}(G_N)]]}_{\text{共}k\text{个Expand}}$$

$$LP_{l,k} = \underbrace{\text{Expand}[\text{Expand}\cdots[\text{Expand}(LP_l)]]}_{\text{共}k\text{个Expand}}$$

由式(8-86)可递推得到

$$G_0 = G_{N,N} + \sum_{l=0}^{N-1} \text{LP}_{l,l} \quad (8-87)$$

因 $\text{LP}_N = G_N$,所以可以记 $\text{LP}_{N,N} = G_{N,N}$,于是式(8-87)变为

$$G_0 = \sum_{l=0}^{N} \text{LP}_{l,l} \quad (8-88)$$

式(8-88)表明,将拉普拉斯金字塔的各层图像经 Expand 算子逐步内插放大到与原图像一样大,然后再相加,即可精确重建原图像 G_0。这说明图像的拉普拉斯塔形分解是原图像的完整表示,这是拉普拉斯塔形分解的重要特征之一。

2)基于对比度金字塔变换的图像融合算法

基于对比度金字塔变换的图像融合结构如图 8-16 所示。以两幅图像的融合为例,多幅图像的融合方法以此类推。设 A 为微光图像、B 为红外图像、F 为融合后图像。其融合基本步骤为:首先,对每一个源图像分别进行对比度塔形分解,建立各图像的对比度金字塔;其次,对图像对比度金字塔的各分解层分别进行融合处理,不同的分解层可采用不

同的融合算子进行融合处理,得到融合后图像的对比度金字塔。最后,对融合后所得对比度金字塔进行逆塔形变换(进行图像重构),所得到的重构图像即为融合图像。

基于对比度塔形分解的图像融合算法的物理意义如下。

(1)对比度塔形分解是将原始图像分别分解到具有不同分辨率、不同空间频率的一系列分解层上(从底层到顶层,空间频率依次降低),同时,每一分解层均反映了相应空间频率上图像的对比度信息。

(2)融合过程是在各空间频率层上分别进行的,这样就可能针对不同分解层的不同频带上的特征与细节,采用不同的融合算子,以达到突出特定频带上特征与细节的目的。基于对比度塔形分解的图像融合同样是在不同的空间频带上进行融合处理的,因而可能获得与人的视觉特性更为接近的融合效果。

(3)为了获得更好的融合效果并突出重要的特征细节信息,在融合时,同一分解层上的不同局部区域采用的融合算子可能不同,这样就可能充分挖掘被融合图像的互补及冗余信息。

(4)人眼的视觉系统对于图像的对比度变化十分敏感,因此,基于对比度塔形分解的融合算法可有选择地突出被融合图像的对比度信息,以求达到良好的视觉效果。

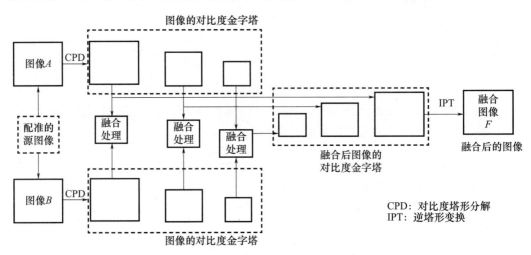

图8-16 基于对比度金字塔变换的图像融合结构

图像的对比度塔形分解的建立步骤如下。

(1)建立图像的高斯塔形分解。

设原图像为 G_0,以 G_0 作为高斯金字塔的底层,高斯金字塔的第 l 层图像 G_l 这样构造:

先将 $l-1$ 层图像 G_{l-1} 和一个具有低通特性的窗口函数 $\omega(m,n)$ 进行卷积,再把卷积结果做隔行隔列的降采样,即

$$G_l = \sum_{m=-2}^{2}\sum_{n=-2}^{2}\omega(m,n)G_{l-1}(2i+m,2j+n), 0<l\leq N, 0\leq i<C_l, 0\leq j<R_l \quad (8-89)$$

式中:N 为高斯金字塔顶层的层号;C_l 为高斯金字塔第 l 层图像的列数;R_l 为高斯金字塔第 l 层图像的行数;$\omega(m,n)$ 为 5×5 的窗口函数。

由 $G_0, G_1, \cdots, G_N$ 就构成了高斯金字塔,其中,G_0 为金字塔的底层,G_N 为金字塔的顶层,高斯金字塔的总层数为 $N+1$。

(2)由图像的高斯金字塔建立对比度塔形分解。

先将 G_l 内插放大,得到放大图像 G_l^*,使 G_l^* 的尺寸与 G_{l-1} 的尺寸相同。为此引入放大算子 Expand,即

$$G_l^* = \text{Expand}(G_l) \tag{8-90}$$

Expand 算子定义为

$$G_l^* = 4\sum_{m=-2}^{2}\sum_{n=-2}^{2}\omega(m,n)G_l'\left(\frac{i+m}{2},\frac{j+n}{2}\right), 0 < l \leq N, 0 \leq i < C_l, 0 \leq j < R_l \tag{8-91}$$

式中

$$G_l'\left(\frac{i+m}{2},\frac{j+n}{2}\right) = \begin{cases} G_l\left(\frac{i+m}{2},\frac{j+n}{2}\right) & ,\frac{i+m}{2},\frac{j+n}{2} 为整数 \\ 0 & ,其他 \end{cases}$$

图像的对比度定义为

$$C = \frac{g-g_b}{g_b} = \frac{g}{g_b} - I \tag{8-92}$$

式中:g 为图像某位置处的灰度值;g_b 为该位置处的背景灰度值;I 为单位灰度值图像。

因窗口函数 $\omega(m,n)$ 具有低通滤波特性,所以 G_{l+1}^* 可以看作是 G_l 的背景,定义图像的对比度金字塔为

$$\begin{cases} \text{CP}_l = \dfrac{G_l}{G_{l+1}^*} - I = \dfrac{G_l}{\text{Expand}(G_{l+1})} - I & ,0 \leq l \leq N-1 \\ \text{CP}_N = G_N & ,l = N \end{cases} \tag{8-93}$$

式中:CP_l 为对比度金字塔的第 l 层图像;G_l 为高斯金字塔的第 l 层图像,I 为单位灰度值图像。

这样,由 $\text{CP}_0, \text{CP}_1, \cdots, \text{CP}_l, \cdots, \text{CP}_N$ 就构成了图像的对比度金字塔形分解。由此看来,图像的对比度塔形分解不仅是图像的多尺度、多分辨率塔形分解,更重要的是其每一分解层图像均反映了图像在相应尺度、相应分辨力上的对比度信息。

(3)重构原图像。

由式(8-93)变换,得

$$\begin{cases} G_N = \text{CP}_N & ,l = N \\ G_l = (\text{CP}_l + I) * \text{Expand}(G_{l+1}) & ,0 \leq l \leq N-1 \end{cases} \tag{8-94}$$

式(8-94)表明,从图像的对比度金字塔的顶层开始,按照式(8-94)递推,依次令 $l = N, N-1, \cdots, 0$,逐层由上至下,可以依次得到高斯金字塔的各层 $G_N, G_{N-1}, \cdots, G_0$,最终可以精确地重构被分解的原始图像。

3)基于梯度金字塔变换的图像融合算法

基于梯度塔形分解的图像融合结构如图 8-17 所示。同样以两幅图像的融合为例,设 A 为微光图像,B 为红外图像,F 为融合后的图像。图 8-17 中,仅示意性地对图像 A、B 均进行 3 层的梯度塔形分解,每一分解层(最高层除外)均由同样大小的 4 个分解图像构

成(它们分别包含了4个方向的边缘和细节信息)。在实际融合过程中,可根据需要对源图像进行3~6层的塔形分解。基于梯度塔形分解的图像融合的基本步骤为:首先,对每一源图像分别进行梯度塔形分解,建立图像的梯度金字塔;其次,对图像梯度金字塔的各分解层分别进行融合处理,不同的分解层、不同方向细节图像可采用不同的融合算子进行融合处理,得到融合后图像的梯度金字塔;最后,对融合后所得梯度金字塔进行逆塔形变换(进行图像重构),所得到的重构图像即为融合图像。

图像梯度塔形分解不仅可将原始图像分别分解到不同的空间频带上,而且可分别对4个方向的边缘和细节信息进行分解。利用分解后的塔形结构,对具有不同空间分辨率的不同分解层及其各方向细节图像,分别采用不同的融合算子进行融合处理,可有效地将来自不同图像的特征与细节融合在一起,并可有选择地突出不同图像分解层上、不同方向上的边缘和特征信息。

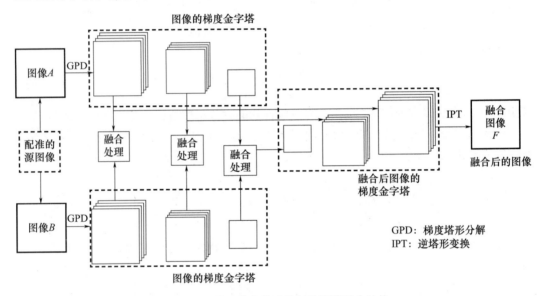

图8-17 基于梯度塔形分解的图像融合结构

图像的梯度塔形分解的建立步骤如下。

(1)建立图像的高斯塔形分解。

设原图像为 G_0,以 G_0 作为高斯金字塔的底层,高斯金字塔的第 l 层图像 G_l 这样构造:

先将 $l-1$ 层图像 G_{l-1} 和一个具有低通特性的窗口函数 $\omega(m,n)$ 进行卷积,再把卷积结果做隔行隔列的降采样,即

$$G_l = \sum_{m=-2}^{2}\sum_{n=-2}^{2}\omega(m,n)G_{l-1}(2i+m,2j+n), 0<l\leq N, 0\leq i<C_l, 0\leq j<R_l \quad (8-95)$$

式中: N 为高斯金字塔顶层的层号; C_l 为高斯金字塔第 l 层图像的列数; R_l 为高斯金字塔第 l 层图像的行数; $\omega(m,n)$ 为 5×5 的窗口函数。

由 $G_0, G_1, \cdots, G_N$ 就构成了高斯金字塔,其中, G_0 为金字塔的底层, G_N 为金字塔的顶层,高斯金字塔的总层数为 $N+1$。

(2) 建立图像的梯度金字塔形分解。

对图像高斯金字塔的各分解层(最高层除外)分别进行 4 个方向的梯度方向滤波,可得到其梯度塔形分解:

$$\mathrm{GP}_{lk} = d_k * (G_l + \dot{\omega} * G_l), 0 \leq l < N, k = 1, 2, 3, 4 \qquad (8-96)$$

式中:GP_{lk} 为第 l 层第 k 方向梯度塔形图像;G_l 为图像高斯金字塔的第 l 层图像;d_k 为第 k 方向上的梯度滤波算子;k 为方向梯度滤波下标,$k = 1, 2, 3, 4$ 分别对应水平、45°对角线、垂直、135°对角线 4 个方向;$\dot{\omega}$ 为 3×3 的核;$*$ 为卷积运算。

方向梯度滤波算子 d_k 的定义为

$$\begin{cases} d_1 = \begin{bmatrix} 1 & -1 \end{bmatrix} \\ d_2 = \begin{bmatrix} 0 & -1 \\ 1 & 0 \end{bmatrix} \dfrac{1}{\sqrt{2}} \\ d_3 = \begin{bmatrix} -1 \\ 1 \end{bmatrix} \\ d_4 = \begin{bmatrix} -1 & 0 \\ 0 & 1 \end{bmatrix} \dfrac{1}{\sqrt{2}} \end{cases} \qquad (8-97)$$

$\dot{\omega}$ 满足以下关系式:

$$\omega = \dot{\omega} * \dot{\omega} \qquad (8-98)$$

若 $\dot{\omega}$ 定义为

$$\dot{\omega} = \begin{bmatrix} 1 & 2 & 1 \\ 2 & 4 & 2 \\ 1 & 2 & 1 \end{bmatrix} \dfrac{1}{16} \qquad (8-99)$$

可得到如下的窗口函数

$$\omega = \dfrac{1}{256} \begin{bmatrix} 1 & 4 & 6 & 4 & 1 \\ 4 & 16 & 24 & 16 & 4 \\ 6 & 24 & 36 & 24 & 6 \\ 4 & 16 & 24 & 16 & 4 \\ 1 & 4 & 6 & 4 & 1 \end{bmatrix} \qquad (8-100)$$

经过 d_1、d_2、d_3、d_4 对高斯金字塔各分解层(最高层除外,最高层为低频信息)的方向梯度滤波,在每一分解层上均可得到包含水平、垂直以及两个对角线方向细节和边缘信息的 4 个分解图像。

(3) 由梯度塔形分解图像重构原图像。

重构原图像步骤如下。

由方向梯度塔形图像建立方向拉普拉斯塔形图像:

$$\overrightarrow{\mathrm{LP}}_{lk} = -\dfrac{1}{8} d_k * \mathrm{GP}_{lk} \qquad (8-101)$$

式中:$\overrightarrow{\mathrm{LP}}_{lk}$ 为第 l 层、k 方向的拉普拉斯塔形图像。

将方向拉普拉斯塔形图像变换为 FSD(Filter - Subtract - Decimate)拉普拉斯塔形图像,即

$$\hat{L}_l = \sum_{k=1}^{4} \overrightarrow{LP}_{lk} \qquad (8-102)$$

式中:$\hat{L}_l$ 为第 l 层 FSD 拉普拉斯塔形图像。

将 FSD 拉普拉斯塔形图像变换为拉普拉斯塔形图像:

$$LP_l \approx [1+\omega] * \hat{L}_l \qquad (8-103)$$

式中:LP_l 为第 l 层拉普拉斯塔形图像。

由拉普拉斯塔形图像重构原图像,得

$$\begin{cases} G_N = LP_N & ,l=N \\ G_l = LP_l + \text{Expand}(G_{l+1}) & ,0 \leqslant l < N \end{cases} \qquad (8-104)$$

式(8-104)说明,从拉普拉斯金字塔的顶层开始逐层由上至下,按照上式进行递推,可以恢复其对应的高斯金字塔,并最终得到原分解图像。

2. 基于小波变换的图像融合算法

人眼视觉的生理和心理实验表明图像的小波多分辨分解与人眼视觉的多通道分解规律一致。同时,小波多通道模型也揭示了图像内在的统计特性。

基于小波变换的图像融合,就是对原始图像进行小波变换,将其分解在不同频段的不同特征域上,然后在不同的特征域内进行融合,构成新的小波金字塔结构,再用小波逆变换得到合成图像的过程。根据分解形式的不同又可分为金字塔形小波融合技术和树状小波融合技术。金字塔形小波分解是利用正交小波变换对原图像进行正交小波分解,得到表示低频信息、水平方向变化信息、垂直方向变化信息和对角方向变化信息的 4 个子图像,再将低频子图像进一步分解成 4 个子图像。树状小波分解与传统的金字塔形小波分解的不同之处在于它不仅仅将低频信息进行分解,而是根据图像的特征,按子带图像的能量自适应地对各个子带信息进行分解。

小波变换的多分辨结构可解决图像灰度特性不同给图像融合带来的困难。正交小波变换去除了两相邻尺度上图像信息差的相关性,所以基于小波变换的图像融合技术能克服拉普拉斯金字塔的不稳定性。在小波分解过程中,由于图像的数据量不变,同时各层的融合可并行进行,所以其计算速度和所需的存储量都要优于拉普拉斯金字塔。

小波变换的图像融合的一种简单算法可以表述如下。

设 A,B 两幅图像已经过配准。设经过融合后的图像记为 F,则基于小波变换的图像融合步骤如下:首先,对每一幅源图像分别进行小波分解;其次,对各分解层分别用不同的融合算子和规则进行处理;最后,对融合后的图像数据进行小波变换,即可得到融合图像 F。

由此可知,在图像融合过程中,算子和规则的选择对于融合的质量至关重要,不同的融合算子和规则得到不同的融合结果。这里采用的融合算子和规则如下。

(1)图像经过 k 层分解,则对分解后图像的低频部分可以用两种方法处理:

一是采用平均算子,即

$$C_{k,F} = (C_{k,A} + C_{k,B})/2 \qquad (8-105)$$

二是采用基于区域的算子,以低频部分的每一像素点为区域中心,分别计算两幅图像中与该像素点对应局部区域(大小一般取为 $3 \times 3, 5 \times 5$)的方差 $V_{k,A}$ 和 $V_{k,B}$,则有

$$\begin{cases} C_{k,F} = C_{k,A} &, V_{k,A} > V_{k,B} \\ C_{k,F} = C_{k,B} &, V_{k,A} < V_{k,B} \end{cases} \quad (8-106)$$

（2）对于高频部分,采用基于区域的算子,同样也有两种方法对 3 个方向的高频部分进行处理：

一种方法是基于区域能量法。分别计算不同分辨率下两幅图像对应局部区域的能量 $E_{j,A}^{(\varepsilon)}$ 及 $E_{j,B}^{(\varepsilon)}$，$\phi\varepsilon = 1,2,3$，即

$$E_j^{(\varepsilon)} = \sum_{m' \in l}\sum_{n' \in p} W(m',n') [D_j^{(\varepsilon)}(m+m'),(n+n')]^2 \quad (8-107)$$

式中:$W(m',n')$ 为加权系数；l,p 定义了局部区域大小。

下面计算两幅图像对应区域的匹配度,即

$$M_{j,AB}^{(\varepsilon)} = \frac{2\sum_{m' \in l}\sum_{n' \in p} W(m',n') D_{j,A}^{(\varepsilon)}(m+m'),(n+n') D_{j,B}^{(\varepsilon)}(m+m'),(n+n')}{E_{j,A}^{(\varepsilon)} + E_{j,B}^{(\varepsilon)}} \quad (8-108)$$

定义一个匹配度阈值 α（α 通常取 $0.5 \sim 1.0$）,如果 $M_{j,AB}^{(\varepsilon)} < \alpha$，则

$$\begin{cases} D_{j,F}^{(\varepsilon)} = D_{j,A}^{(\varepsilon)} &, E_{j,A}^{(\varepsilon)} \geq E_{j,B}^{(\varepsilon)} \\ D_{j,F}^{(\varepsilon)} = D_{j,B}^{(\varepsilon)} &, E_{j,A}^{(\varepsilon)} < E_{j,B}^{(\varepsilon)} \end{cases} \quad (8-109)$$

如果 $M_{j,AB}^{(\varepsilon)} \geq \alpha$，则

$$\begin{cases} D_{j,F}^{(\varepsilon)} = W_{j,L}^{(\varepsilon)} W_{j,A}^{(\varepsilon)} + W_{j,S}^{(\varepsilon)} W_{j,B}^{(\varepsilon)} &, E_{j,A}^{(\varepsilon)} \geq E_{j,B}^{(\varepsilon)} \\ D_{j,F}^{(\varepsilon)} = W_{j,S}^{(\varepsilon)} W_{j,A}^{(\varepsilon)} + W_{j,L}^{(\varepsilon)} W_{j,B}^{(\varepsilon)} &, E_{j,A}^{(\varepsilon)} < E_{j,B}^{(\varepsilon)} \end{cases} \quad (8-110)$$

其中

$$W_{j,S}^{(\varepsilon)} = \frac{1}{2} - \frac{1}{2}\left(\frac{1 - M_{j,AB}^{(\varepsilon)}}{1 - \alpha}\right) \quad (8-111)$$

$$W_{j,L}^{(\varepsilon)} = 1 - W_{j,S}^{(\varepsilon)} \quad (8-112)$$

另一种方法是基于区域方差法。分别计算不同分辨率下两幅图像对应局部区域的方差 $V_{j,A}^{(\varepsilon)}$ 和 $V_{j,B}^{(\varepsilon)}$，即

$$\begin{cases} D_{j,F}^{(\varepsilon)} = D_{j,A}^{(\varepsilon)} &, V_{j,A}^{(\varepsilon)} \geq V_{j,B}^{(\varepsilon)} \\ D_{j,F}^{(\varepsilon)} = D_{j,B}^{(\varepsilon)} &, V_{j,A}^{(\varepsilon)} < V_{j,B}^{(\varepsilon)} \end{cases} \quad (8-113)$$

在用小波变换进行融合时,小波分解的阶数对融合结果影响很大。在实际应用中,小波分解的阶数应选取一个合适的值,使融合后图像在空间细节信息的增强和多光谱信息的保持上达到一个折中的选择。一般来说小波分解的阶数为 3~5 层。

3. 基于其他图像变换的图像融合算法

除了以上介绍的一些基于变换域的图像融合算法外,还有少数的基于其他图像变换的图像融合算法。Tang J. S 提出了一种基于 DCT 变换的图像融合算法,融合策略是基于对比度量测的 DCT 系数组合过程,该算法适于对 JPEG 等压缩格式的图像进行融合,可以直接从 JPEG 格式的图像数据中获取图像的 DCT 变换系数。还有少量的文献采用了滤波器组进行图像融合,如 F. Blanc 等提出了基于两通道分数滤波器组的融合算法,H. Ghassemian 用多速率滤波器组来实现多传感器图像融合。

8.6 图像融合应用

1. 多聚焦图像的处理

当光学传感器(如数码相机)在某一场景中成像时,由于场景中的不同目标与传感器的距离可能不同甚至差异很大,因此不可能所有目标成像都清晰,而采用图像融合技术就能够实现。针对不同目标得到多幅图像,经过融合处理,提取各自的清晰信息综合成一幅新的图像,便于人眼观察或计算机处理。多聚焦图像融合技术能够有效地提高图像信息的利用率及系统对目标探测识别的可靠性。

2. 医疗诊断

在放射外科手术计划中,CT 图像具有很高的分辨率,对骨骼的成像非常清晰,为病灶的定位提供了良好的参照,但对病灶本身的显示较差。核磁共振成像(MRI)虽然空间分辨率不如 CT 图像,但是它对软组织成像清晰,有利于病灶的确定,但缺乏刚性的骨组织作为定位参照。可见,不同模态的医学图像具有各自的优点,如将它们之间的互补信息综合在一起,把它们作为一个整体来表达,就能为医学诊断、人体的功能和结构的研究提供更充分的信息。在临床上,CT 图像和 MRI 图像的融合已经应用于颅脑放射治疗、颅脑手术的可视化中。

3. 军事应用

多传感器图像融合在军事领域有大量的应用。例如在 NASA F/A-18 战斗攻击机上安装非实时彩色传感器融合系统,用来融合电荷耦合器件图像和红外长波图像。实验结果表明,该彩色传感器融合系统能够提高目标的检测能力。劳伦斯·利弗摩尔(Lawrence Livermore)国家实验室的研究人员开发了基于多传感器图像融合的地雷检测系统。

4. 隐匿武器检查

隐匿武器检查在司法和海关等部门是很重要的问题,多传感器图像技术为这一问题提供了很好的解决办法。目前使用的检查手段包括热红外成像、毫米波成像、X 射线成像和可见光成像等。例如,在红外图像中能够清晰地看见隐匿的枪支等,在可见光图像中可以看出人物的轮廓和相貌,融合这两种图像可以容易地看出枪支隐匿在哪个人身体的哪个部位。应该指出的是,上面列举的例子只是图像融合的一部分应用,还有许多其他应用,如产品质量和缺陷的检测、智能机器人和复杂工业过程的检测与控制等。随着图像融合技术的发展,其在各领域的应用将更加广泛。

习题及小组讨论

8-1 名词解释

图像融合、配准

8-2 填空题

(1) 红外热图像表征景物的_____,是_____图像。

(2) 信息融合分为 3 个层次,即_____融合、_____融合和_____融合。

(3) 图像增强的方法主要分为_____增强和_____增强两种。

(4) 多源图像像素级融合可大致分为:基于_____的图像融合和基于_____的图像融合两大类。

(5) _____用来反映融合图像与原始图像在光谱信息上的匹配程度。

8-3 问答题

(1) 简述微光图像与红外图像的特点。
(2) 对比微光图像与红外图像。
(3) 分析图像增强的目的。
(4) 分析微光图像与红外图像融合的意义。
(5) 分析基于对比度塔形分解的图像融合算法的物理意义。

8-4 知识总结及小组讨论

(1) 回顾、总结本章知识点,画出思维导图。
(2) 讨论图像融合技术的应用领域及其对国民经济发展和国防事业建设的重要意义。

第 9 章

红外技术应用

本章教学目标

知识目标：(1) 熟悉红外成像技术在军民领域的应用。
(2) 熟悉红外技术在成像跟踪、制导及对抗中的应用。
能力目标：能够根据实际需求，利用红外技术跟踪、捕获目标。
素质目标：培养学生理论联系实际，树立科技强军、人才强军的意识。

本章引言

红外技术在军用及民用领域都有着非常广泛的应用。本章主要介绍红外热成像技术在安防领域、军事领域及设备故障、医学诊断中的应用，探讨红外技术在成像跟踪、制导及对抗中的应用。

9.1 红外成像技术应用

9.1.1 红外成像技术在煤矿中的应用

在自然界中任何高于热力学零度的物体都是红外辐射源，具有辐射现象。通过红外探测器将物体辐射的功率信号转换成电信号后，成像装置的输出信号就可以完全一一对应地模拟扫描物体表面温度的空间分布，经电子系统处理，传至显示屏上，得到与物体表面热分布相应的热像图。运用这一方法，便能实现对目标进行远距离热状态成像和测温，并对被测物体的状态进行分析判断。

红外检测的基本理论是基于热辐射的普朗克定律和斯特藩-玻耳兹曼定律，即利用物体的辐射能与温度的关系进行检测的一种方法。其通过扫描、记录被测试件表面上由于缺陷和材料不同的热特性而引起的温度变化来进行红外检测。由斯特藩-玻耳兹曼定律可知,当一个物体表面的发射率不变时,该物体的辐射功率与其温度的四次方成正比。因此,对物体辐射功率的探测,实际上就形成了对物体表面温度的探测。

1. 矿用红外成像仪的选择

1)波段选择

被测物体的辐射能量必须经过大气才能到达仪器,因此正确选择仪器工作波段至关重要。地面大气中有 3 个红外透过的大气窗口,即 $1 \sim 2.5 \mu m$、$3 \sim 5 \mu m$、$8 \sim 14 \mu m$,但煤矿井下红外辐射受到不同气体、煤尘颗粒等影响而产生散射、吸收与辐射率起伏,使发光强度严重衰减和不稳定,对于准确测量温度产生直接的影响。波长在 $2.7 \sim 3.2 \mu m$ 段是最不适宜使用的。此外,井下空气中还有水蒸气、二氧化碳、甲烷等气体,这些气体都有一个或者几个吸收峰,因此在选择工作波段时必须综合考虑各种因素。权衡后,如果在掘进和回采工作面条件下若测量距离超过 8m 宜采用 $3.5 \sim 6.0 \mu m$ 波段,如测量距离小于 5m 可选用 $8 \sim 14 \mu m$ 波段。

2)煤体辐射率的确定

严格讲辐射率不是一个常数,其与物体表面性质、温度、辐射波长以及观察条件都有关系。所以,要对煤炭的辐射率进行测定。比较简单和准确的方法是用点测仪或热电偶测定煤炭的表面温度,用红外热像仪再测时,不断调节辐射率 ε 值,使其显示温度为点测值,此时的 ε 就是该被测物体的辐射率。前人经过大量的工作取得了各种常见材料的辐射率,如煤矿井下煤壁为 0.95 大巷喷浆壁和岩巷为 $0.92 \sim 0.94$,顶板一般为 $0.93 \sim 0.95$。

3)误差分析真实温度的计算

考虑到环境及仪器自身误差的影响。需要对仪器显示温度进行计算,在 $2 \sim 5 \mu m$ 波段,当大气吸收率达到 20% 时测温误差为 5.3% 左右,在 $8 \sim 13 \mu m$ 波段,当大气吸收率达到 20% 时,测温误差只有 4.5% 左右。当辐射率测量误差为 20% 时,短波热像仪的测温误差为 6.5% 左右,而长波热像仪的测温误差则可达到 9.5% 左右。因此,对 $8 \sim 13 \mu m$ 工作波段的热像仪辐射率的测定要尽可能地准确。

2. 井下实际应用

红外探测法主要是探测红外能量场,通过能量场可综合判断煤的自燃区域。红外探测法简单、迅速、精确,是目前探测领域的高新技术设备,是煤炭自燃高温火源点区域探测的发展方向,所使用的仪器主要有红外探测仪和红外成像仪。

在国内,红外探测仪和红外成像仪主要用于煤炭地质调查、地质构造判断、地震预报、地下水探测、岩突、岩爆等方面。美国采用红外探测仪和成像仪探测煤壁和煤柱自燃温度和位置。国内采用红外探测仪在煤矿火源位置的判断方面在兖州矿区得到了应用,取得了良好的效果。但由于红外测温仪仅能实现红外能量的点监测,要精确地确定火区范围,需布置很多测点,且要进行长时间的观测,不易确定火区的温度和深度。

针对目前的研究现状,采用红外成像仪实现红外能量场的二维监测,探测火区的位置、范围和煤柱自燃温度。对兖矿集团东滩143下08工作面进回风巷进行了观测。该巷道壁面煤体破碎严重,且大部分未进行喷浆处理,造成漏风比较严重。致使壁面顶部或肩窝部多处出现温度异常情况,其中尤以巷道末端100m的温度异常最为明显。内外帮温度异常区域都较正常偏高2℃左右,最大温差达到7.8℃,如图9-1所示。

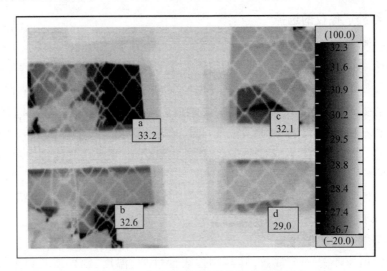

图9-1　内外帮顶破碎煤体温度异常区

此次观测发现巷道温度异常集中在巷道顶部及肩窝部分,如图9-2所示,尤其是煤体破碎比较严重的区域。建议矿方对巷道壁面尽快进行喷浆处理,并对3处严重区域进行填注高分子胶体处理。

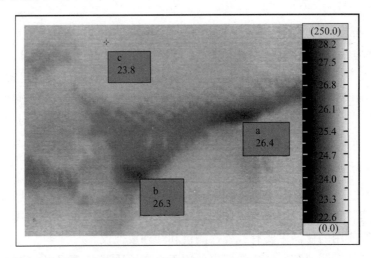

图9-2　肩窝部温度异常区域

对1302工作面进行了观测。现场发现此巷道的喷浆面已与内部松散煤体分离,且喷浆面存在大量大小不一的深度裂隙,使风流可以通过这些裂隙进入喷浆面内部造成松散煤体的氧化。进风端风流带走热量使裂隙口周围温度明显低于其他区域。如图9-3所示,为入风口。

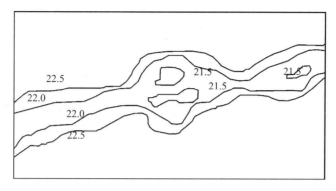

图 9-3 进风口温度等值线图

出风端风流通过正发生氧化的松散煤体内部,温度升高。裂隙口温度明显高于周围温度其他区域。如图 9-4 所示,为出风口。

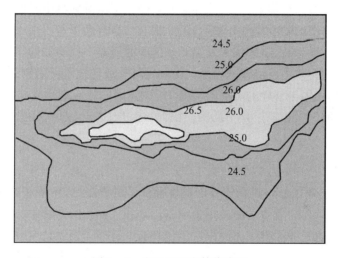

图 9-4 出风口温度等值线图

从现场观测中可以发现,温度异常区往往发生在壁面煤体比较破碎、煤壁凸凹不齐、喷浆层脱落等区域。所以在进行日常的安全检查时以上部分应该是检查的重点。从现场应用效果来看,红外成像仪比起矿方普遍应用的红外点测温仪有明显的优势,首先面成像减少了排查的工作量并降低了漏报的可能性,其次可以直观地看到区域的温度情况,便于对实际情况进行判断。

9.1.2　红外成像技术在安防领域的应用

大气、烟云等吸收可见光和近红外线,但是对 3～5μm 和 8～14μm 的红外线却是透明的。因此,这两个波段被称为红外的"大气窗口"。利用这两个窗口,可以在完全无光的夜晚,或是在烟云密布的恶劣环境,能够清晰地观察到前方的情况。正是由于这个特点,红外成像技术在安全防范领域将大有作为。

1. 可实现夜间及恶劣气候条件下目标的监控

夜晚,可见光器材已经不能正常工作,如果采用人工照明等手段,则容易暴露目标。若采用微光夜视设备,同样也工作在可见光波段,依然需要外界光照明。而红外热成像仪是被动接收目标自身的红外热辐射,无论白天黑夜均可以正常工作,并且不会暴露自己。同样在雨、雾等恶劣的气候条件下,由于可见光的波长短,克服障碍的能力差,因而观测效果差,但红外线的波长较长,特别是工作在 $8\sim14\mu m$ 的热像仪,穿透雨、雾的能力较强,因而仍可以正常观测目标。因此,在夜间及恶劣气候条件下,采用红外热成像监控设备可以对各种目标,如人员、车辆等进行监控。

2. 能对伪装及隐蔽的目标进行智能视频监控与识别

一般地,伪装主要是防可见光观测。因此,犯罪分子作案通常隐蔽在草丛及树林中,因为野外环境的恶劣及人的视觉错觉,容易产生错误判断而识别不出来。而红外热像仪是被动接收目标自身的热辐射,当人体和车辆隐蔽在草丛及树林中时,它的温度及红外辐射一般都远大于草木的温度及红外辐射,因此很容易被自动识别出来。

此外,普通监视摄像头是无法看到发光物体表面掩盖下所隐藏的物体的,如对被埋藏的盗窃物品就不能有效地检测识别出来。而利用红外成像技术所研制的红外热像仪则可以检测识别出来,因为当某处的表面被弄乱时,该表面的热轮廓也会被破坏,如翻过的土壤热辐射和压实的土壤热辐射是不同的。因此,通过红外热成像仪的这种功能可以找到被埋藏的物品等。

3. 防火监控

由于红外热成像仪是反映物体表面温度而成像的设备,因此除了夜间可以作为现场监控使用外,还可以作为有效的防火报警设备。如在大面积的森林中,火灾往往是由不明显的隐火引发的,这是毁灭性火灾的根源。用现有的普通监视系统,很难发现这种隐性火灾苗头。然而用飞机巡逻,采用红外热成像仪,则可准确判定火灾的地点和范围,即可通过烟雾发现火点,把火灾消灭在萌芽阶段。

谷物粮仓往往会发生自然现象,过去一般采用温度计测量其温度变化。而采用红外热像仪可以准确判定这些火灾的地点和范围,从而做到早知道、早预防、早扑灭。

4. 能对被遗弃的行李包裹等遗留物体进行有效的检测与识别

对于被遗弃的行李包裹等遗留物体,普通监控摄像头由于受自然光成像的局限,只能看到行李包裹的外部特征,很难观察到行李包裹内所装的物品,因而无法对其进行分析。但是,由于物体产生的热量在发出红外辐射的同时,还在物体周围形成了一定的表面温度分布场,而不同物体的发热功率也不尽相同,因而不同的物体内部所发出的热扩散和物体表面温度是不同的。因此,利用红外成像技术,可以轻而易举地对行李包裹的内部物品进行透视和分析。

因为通过红外成像技术所观察到的行李包裹的红外热图像,必然会呈现出其不同的表面温度特征。通过智能分析行李包裹的红外热图像的特征,即可推论出其内部物品的特征,从而就可对其进行适当的处理。如可检测分析识别出被遗弃的行李包裹等遗留物体内部的可燃物与爆炸物等。

5. 红外热成像设备可作为生命探测仪

利用红外热成像原理可制作成红外热成像式生命探测仪,搜索废墟、瓦砾中的生还人员。生还人员体温,可以用热像仪找到。利用红外热成像原理,通过侦测受伤者或遇难者与周围温度及热量的差异,形成人体图像,如图9-5所示,帮助救援队员在废墟灾区或其周围定位遇难者的位置。热成像探测仪能够探测并且显示出遇难者身体的热量,从而帮助救援队员快速确定被埋在废墟底下或隐藏在尘雾后面的遇难者的位置。在汶川地震中,红外热像仪作为生命探测仪在寻找、搜救瓦砾下的幸存者发挥了重要作用。

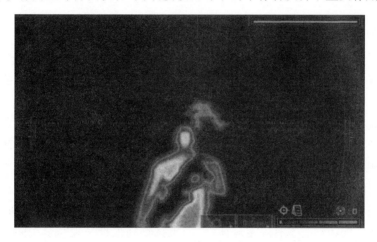

图9-5 人体红外图像

9.1.3 红外热成像系统在军事领域中的应用

近年来,随着红外成像技术的不断成熟和工程化、实用化发展,红外成像制导已成为精确制导技术研究领域的新热点。其优点是隐蔽性好、能昼夜工作、穿透烟雾能力强,是一种准全天候的制导方式,具有在各种复杂战术环境下自主搜索、识别和跟踪目标的能力,可实现自主式"智能"导引。

1. 制导用红外成像系统

红外成像导引头主要由红外成像系统、信号处理器和跟踪伺服系统构成。红外成像系统用来获取目标与背景的红外图像信息并以视频信号输出。信号处理部分对视频信号进行处理,完成对目标的识别和定位,将目标位置信息输送到位置处理器,求解出弹体的导航和寻的矢量,并向红外成像器反馈信息,以控制它的增益和偏置。跟踪伺服系统隔离弹体的角运动,稳定光学轴,为提取目标视线角提供参考系,对锁定后的目标进行自动跟踪并实时输出弹轴与光轴的框架角信号。

红外成像系统是红外成像导引头的核心,直接决定着整个导引头的作用距离、制导精度、体积、重量和成本。近年来,凝视焦平面器件实用化水平不断提高,以其为核心的凝视红外成像技术不断完善,将其应用于高精度制导系统也已成为国内外研究重点。

与扫描成像相比,凝视工作方式不需光机扫描装置,整个红外成像系统结构更简单,体积更小,耗电更少,质量更轻。凝视工作方式可增大积分时间,有利于探测器在远距离观测目标和消除图像的运动模糊。反应速度更快,对探测高速、高机动目标有利。具有高的空间分辨率和热灵敏度,动态范围大,信息采集率高,对目标识别能力强,更适合于探测弱信号目标和跟踪复杂背景中的目标。

凝视红外成像系统本身由光学系统、红外探测器、制冷器以及成像处理电路等组成。光学系统接受目标及背景红外辐射并成像于红外探测器上,凝视焦平面器件将光学信号转变成电信号,经成像处理电路处理,输出标准视频信号,制冷器为探测器提供低温工作环境。

2. 实战对军用红外成像装置的需求

1)在各种实战距离下的侦察、探测能力

航天遥感器能在100km以上空间高度上观察地面目标,预警探测系统的工作距离在数千米至数十千米之间;导弹制导距离为数十千米至数千千米之间;等等。因此,军用红外成像系统应有相应的大视场(如±30°~近半球的观察空间)、高灵敏度(如NETD值为0.05~0.10mK)、高空间分辨率(如0.1~0.5mrad)及高帧频(如高达100~200帧/秒)。

2)自动识别、跟踪及抗干扰能力

空中及空间目标、地面目标、海上目标有各自独特的辐射特征(光谱特征和辐射强度及形状特征);背景及干扰物的辐射特征(光谱和辐射强度及形状)又会有所差异;各类目标在作战状态下的运动姿态有一定规律性,而干扰物则很难呈现完全相同的相对运动规律。双色及多色监测及融合、高清晰度及高空间分辨率以获取物体辐射及形状特征并实时检测物体的运动姿态是目标自动识别、跟踪及抗干扰能力的必要基础。

3)在各种气象及复杂环境条件下的工作能力

红外成像系统应具备多波段切换及自适应滤波的功能。

4)高可靠性及低成本

凝视式面阵器件的灵敏度非一致性及盲元率较高是大问题,固然可以研究采用非均匀性校正的办法做适当解决,但总有一定的局限性。近年来,热点研究的量子阱探测器灵敏度一致性较高,盲元率较低,因而可提高系统工作可靠性,且探测器的成本较低。

3. 军用红外目标任务

对军用红外装置而言,能否摄取到所需的景物信息是关键的前段任务,而能否完成对目标(景物)的有效探测、识别、跟踪及其智能化则是后段的图像处理子系统通过对前段信号进一步处理运算来完成。

1)目标(景物)检测

红外成像系统在远距离状态下所能检测到的目标信息通常是非常微弱的,所观测的目标图像常成点状,目标在视场中常处于各种运动状态之中,目标所处的背景却又有千差万别,因此对处于复杂背景下的弱小运动目标的检测成为研究热点。

现代战争要求红外探测系统能远距离发现、跟踪威胁目标,为指挥系统决策和武器系统赢得时间。红外探测系统采用被动方式工作,具有较强的抗干扰能力,隐蔽性好,但作用距离短。由于光学系统的空间分辨率已做到或接近理论极限水平,比较实际的方法就是通过提高目标检测算法性能,尤其是弱小目标的检测性能,弥补红外探测系统作用距离短的不足。

"弱"和"小"指的是目标属性的两个方面,所谓"弱"是指目标红外辐射的强度,反映到图像上是指目标的灰度;所谓"小"是指目标的尺寸,反映到图像上是指目标所占的像素数。红外弱小目标检测识别难点是:对比度较低、边缘模糊、信号强度弱,缺乏纹理、形状、大小等结构信息,目标极易被噪声所淹没,单帧检测虚警率高,多帧处理增加了数据的存储量和计算量,固定的模板和算子很难有效检测弱小目标。

实战状况下的目标检测算法,大致有形态学算法、噪声过滤(小波变换,Contourlet 变换等)算法、多帧积累统计算法、自适应背景预测算法等几大类。算法的有效性往往只适用于特定的应用场景。

2)目标自动识别

首先应能检测出各类目标及干扰物的形状特征和辐射特征,并能判定各自的运动轨迹,然后再经过识别运算法则进行目标的自动识别判定。

3)目标精确跟踪

首先必须确定目标所处的方位及其运动状态。对成像目标而言,则需要确定根据目标的形心、质心或目标要害部位(如驾驶舱、油箱、战斗部)去估计目标方位。

由上可见,军用红外图像处理需要巨大的计算量,要求计算速度非常高。当前高速大容量计算机的研究新进展为军用红外成像装置的研制提供了现实可能,且由于采用 FPGA + DSP 方式则可大大提高研制效率。

随着大规模可编程器件的发展,采用 DSP + FPGA 结构的信号处理系统显示出了其优越性,正被逐步得到重视。现场可编程门阵列(FPGA)是在专用的集成电路芯片的基础上发展起来的,它克服了专用集成电路不够灵活的缺点。其优点在于它有很强的灵活性,即其内部的具体逻辑功能可以根据需要进行配置,对电路的修改和维护都很方便,目前 FPGA 的容量已经达到了几百万门级,使得 FPGA 成为解决系统级设计的重要选择方案。

9.1.4 红外成像技术在设备故障诊断中的应用

电力系统中存在大量具有电流、电压致热效应或其他致热效应的设备,如变压器、断路器、负荷闸刀、互感器、电容器、母线、导线、二次回路及电气连接点等。通过采用红外成像技术,能够及时发现电气设备发热缺陷,并及时进行合理处理,确保电气设备的安全稳定运行。

1. 红外成像原理

温度在热力学零度以上的物体,都会因自身的分子运动而辐射出红外线。通过红外探测器将物体辐射的功率信号转换为电信号后,成像装置的输出信号就可以完全一一对应地模拟扫描物体表面温度的空间分布,再经电子系统处理、传至显示屏上,得到与物体表面热分布相应的热像图。运用这一方法,能够实现对目标进行远距离热状态图像成像和测温,并可进行分析和判断。

红外热成像是通过测量红外辐射的变化来显示物体表面温度变化的成像方法,比接触式测温方法、红外检测法具有响应时间快、非接触、使用安全及使用寿命长等优点。

2. 诊断方法

1)表面温度判断法

对照有关规定,温度(或温升)超过标准的可根据设备温度超标的程度、设备负荷率的大小、设备的重要性及设备承受机械应力的大小来确定设备缺陷的性质。对在小负荷率下温升超标或承受机械应力较大的设备要从严定性。

2)相对温差判断法

对电流致热型设备,如果发现设备的导流部分热态异常。首先要计算出相对温差 Δt,有

$$\Delta t = (\tau_1 - \tau_2) \times 100\% / \tau_1 = (T_1 - T_2) \times 100\% / (T_1 - T_0) \qquad (9-1)$$

式中:τ_1, T_1 分别为发热点的温升和温度;τ_2, T_2 分别为正常相对应点的温升和温度;T_0 为环境温度参照体的温度。

然后根据相对温差 Δt 来判断缺陷性质,如表 9-1 所列。

表 9-1 相对温差与缺陷性质

Δt	≥35	≥80	≥95
缺陷性质	一般缺陷	严重缺陷	紧急缺陷

环境温度参照体是指采集环境温度的物体,它可能不具有当时的真实环境温度,但具有与被测物体相似的物理属性,并与被测物体处在相似的环境之中。

3)同类比较法

在同一电气回路中,当三相电流对称和三相设备相同时,要比较三相电流致热型设备对应部位的温升值,判断设备是否正常。若三相设备同时出现异常,可与同回路的同类设备进行比较,当三相负荷电流不对称时,需考虑负荷电流的影响。

3. 注意事项

1)对检测环境的要求

检测目标及环境的温度低于 5℃ 时,不宜进行测温。如果必须在低温下进行检测,应注意仪器自身的工作温度要求,测温时空气湿度不宜大于 85%,不能在有雷、雨、雾、雪及风速超过 0.5m/s 的环境下进行检测。室外检测应在日出之前、日落之后或阴天进行。室内检测宜闭灯进行,被测物应避免灯光直射。

2)使用正确的操作方法

针对不同的检测对象,要选择不同的环境温度参照体。测量设备发热点、正常相的对应点及环境温度参照体的温度值时,要使用同一仪器相续测量。作同类比较时,要注意保持仪器与各对应测点的距离一致、方位一致。并从不同的方位进行检测,求出最热点的温度值。

3）检测诊断周期

运行电气设备的红外检测和诊断周期,应根据电气设备的重要性、电压等级、负荷率及环境条件等因素确定。一般情况下,应对全部设备每年检测一次,重要的枢纽站、重负荷站及运行环境恶劣或设备老化的变电站可适当缩短检测周期。新建、扩改建或大修的电气设备在带负荷后一个月内(但最早不得少于24小时)应进行一次红外检测和诊断。

红外测温是一种有效的在线检测手段,能够快速、准确地确定故障点的位置,并测量出故障点的温度,为设备的正常运行和检修工作提供可靠的依据。在对设备的检测诊断方面,可建立设备热像图数据库,最大限度地发挥热像仪的作用,在新设备选型时,宜考虑进行红外检测的可能性,为企业的生产运行保驾护航。

9.1.5 红外成像技术在医学诊断中的应用

红外成像技术在医学临床上的应用始于20世纪50年代后期的乳腺肿瘤诊断。医用红外成像技术是医学技术、红外摄像技术和计算机多媒体技术结合的产物,是一种记录人体热场的影像装置,是现代医学影像的一个崭新分支。

医用红外成像技术利用红外扫描采集系统接收人体辐射的红外能量,经计算机智能分析和图像处理形成红外热图,以不同的色彩显示人体表面的温度分布,定量地分析温度变化,判断出某些病灶的性质、位置,达到诊断疾病的目的。该技术实现了人体机能与结构多元信息的转换和表达,为人们探索人体机能信息和结构信息的内在联系开辟了新的途径。

人体细胞的新陈代谢活动不断将化学能转换成热能。通过组织传导和血液对流换热,热能从体内传向体表,并通过导热、对流、辐射、蒸发等方式与环境进行热交换,即"人体体内的热一定会传到体表"。当体表温度变化达到热像仪的分辨率时,医用红外成像技术就可以检测和记录到这种变化,显示出异常高温或低温的部位。而磁共振(MRI)、X射线断层扫描(CT)等则只有在病灶发展至一定体积、一定密度时才能显示这种异常的结构变化。从疾病发生、发展的一般进程来看,组织性状或器官功能的改变往往先于其结构、形态的变异。因此,医用红外成像技术能够实现人体疾病的早期诊断,与以检查组织形态结构为主的医学影像技术相比,具有不可替代的互补作用。由于红外技术及现代高科技的发展和计算机二次处理软件的加强,红外成像技术在医学领域得到了迅速、深入的发展,其新的医学应用领域也随之不断涌现。

医用红外成像技术是通过红外热像仪被动接收人体发出的红外辐射信息的,因此凡能引起人体组织热变化的疾病都可以用它来进行检查,如癌前期预示、肿瘤的鉴别诊断及普查、心脑血管疾病、外科、皮肤科、妇科、五官科、人体健康状态的综合检查和评估以及对各类疾病的治疗和药物疗效过程及结果的观察、分析等。此外,医用红外热像技术在中医辨证、针灸原理、经络穴位温度特性和气功测试等方面的应用也受到国内外的关注,取得一些研究结果。表9-2所列为日本热像技术学会根据临床应用实践总结出来的红外热像技术的医用范围及诊断原理的标准。

表9-2 红外热像技术的医用范围及其诊断原理

适用范围	诊断原理
肿瘤	(1)根据代谢率异常进行鉴别诊断； (2)由动静脉吻合所造成的高温皮肤区
血行障碍	(1)组织血流量估计； (2)血流分布异常； (3)由异常血管所造成的温度分布异常
代谢异常	发现组织代谢异常部位
慢性疼痛	发现来自侵害性感受器的慢性疼痛与血管性疼痛及肌肉缺血性疼痛的存在部位的温度异常分布
自律性神经障碍	(1)根据自律性神经系统特别是交感神经系统的活动度的神经调节温度分布进行分析； (2)负荷反应分析
炎症	(1)发现炎症引起的高温； (2)基于指标定量的炎症判定
体温异常	体温异常及体温与末梢温度差异的监视

1. 肿瘤鉴别诊断

及早发现是肿瘤治疗的关键,对此医用红外热像技术具有明显的优势。肿瘤分恶性肿瘤和良性肿瘤两类,恶性肿瘤又分为癌瘤和肉瘤,有时人们把所有的恶性肿瘤统称为"癌症"。良性肿瘤由成熟细胞组成,生长缓慢,与周围皮肤的温差较小,大多在1℃以内；恶性肿瘤由不成熟细胞组成,血管丰富,代谢旺盛,生长迅速,特别是病变位于浅层者与近周皮肤的温差较大,可高达2~3℃。

当体表温度变化达到热像仪的分辨率时,热像仪就能够检测和记录到这种温度变化,显示出异常高温或低温的部位。而MRI、CT等则只有在病灶发展至一定体积和一定密度时才能显示这种异常的结构变化。肿瘤细胞的温度变化是由早期的代谢加速和血液循环增加而引起的,从最初的出现到CT、MRI足以能分辨,这里有一个时间差,一般来说起码需要2~3个月。

根据多数研究者的报告,乳腺癌热像图的显示效果最好,诊断准确率较高。根据Gershon-Cohen的资料,诊断率达94%,Williams报告的诊断率为95%,Notter报告的诊断率为90%,Hoffman报告的诊断率为91.6%,而日本川崎报告的局限性乳腺癌诊断率则达到100%。目前,有不少国家已将红外热像技术作为妇女普查乳腺癌的第一轮筛选手段。根据Hoffman等报告,在用热像图普查的1924人中有24例乳腺癌患者,检出22例,检出率达91.6%。Shawe在738名热像图普查患者中发现有22例乳房热像图异常,而其中4例被确诊为乳腺癌。

2. 炎症判定

炎症是一种常见的病理现象,红肿热痛是炎症的最常见表现。急性炎症局部充血,代谢旺盛,其病灶处温度一定是高温；慢性炎症病灶处,由于机化粘连,局部血液循环下降,其温度就会下降；若慢性炎症病灶急性发作,则会出现高低温交错的情况等。采用红外成像技术对炎症进行临床诊断可带来许多方便。

由于急性炎症也会使皮肤温度显著升高,在热像图诊断上要与肿瘤皮肤温度的升高加以鉴别。李惠军等评估了用红外热成像诊断增生、炎症和癌症的临床价值,结果表明增生性疾病、炎症和癌症的体表热辐射温度和热区均有独特的规律性变化。

专家对1194例炎症病例进行了对照、分析,其中胸部炎症261例、腹部851例、头面部51例、四肢7例、其他24例,体表温差为1.5~3.4℃,胸部温差为0.5~0.8℃,腹部温差为0.5~0.9℃,骨骼温差为0.8~2.8℃。胸部和骨骼用X射线进行辅助检查,腹部则用胃镜进行辅助检查。对于局部组织发炎,其热辐射温度大面积增高,较健康组织增高1~2.5℃,热区明显增多,面积增大,周围无冷热交叉。乳腺炎、静脉炎、关节炎、肌纤维质炎等的热成像图面积较大,但与周围组织的温差均不超过3.5℃。

3. 血管疾病诊治

红外热像技术在检测血管性病变,特别是肢体血管的供血和功能状态方面具有一定的优势。机体温度由血液循环状态决定,当血管发生病变时,血运有障碍,皮肤温度降低,热像图能清楚地显示出病变部位及其波及范围,特别是对闭塞性脉管炎、Barger氏病、Raynaud氏病和硬皮病等具有重要的诊断价值。

由于动、静脉血管瘤局部血流量的增加,皮肤温度会升高,小腿静脉曲张病人的热像图会呈现特有的索条,对于血栓性静脉炎、血管狭窄以及各种因素引起的机械压迫性血液循环障碍病变,热像图诊断都有一定的意义。

Raynaud氏病的热像图显示,指、趾的末梢温度明显比正常肢端的皮温低,热像图对判断病情及治疗进展情况很有帮助。虽然硬皮病的温差会变化但界限不清,此点可作为Raynaud氏病诊断的鉴别点。国外机构已经采用红外成像技术开展了有关雷诺现象和硬皮病的临床诊断研究,并取得了一些成果。

医用红外成像技术是一种新型医用技术,属于功能影像学范围,该技术与CT、MRI、B超等结构影像学结合,既能了解患者的组织结构情况,又能了解该组织的功能状态,是结构影像和功能影像的结合体,是理想的现代影像学,它使许多病变得到早期发现,疾病规律得到更全面的认识,疾病性质得到更准确的诊断。现有的医用红外成像技术通过人体表面温度分布的红外热像可以定性地对人体内部病变进行诊断,但不能判明人体内部病灶的部位和大小,无法对病灶进行准确的定位。另外,由于人体的复杂性以及目前在红外热像认知方面的局限性等,给诊断带来了一定的难度。人们可以通过研究生物传热及其医学应用,建立新型准确的人体传热模型来评价人体处于不同热环境下的红外图像,实现早期病变细胞和人体内部异常温度的定量诊断。

9.2 成像跟踪系统

9.2.1 成像跟踪系统的组成结构

成像跟踪系统的基本组成如图9-6所示,它由成像设备、跟踪机构、成像跟踪信息处理器、控制系统、监视器等部分构成。

通常成像设备安装在跟踪机构上，或随着跟踪机构运动；成像设备输出的视频信号送到成像跟踪信息处理器，成像跟踪信息处理器从视频信号中识别、提取出目标图像信号并解算出目标位置数据送到控制器；控制器输出控制信号加到跟踪机构的控制电动机或稳定陀螺上，使跟踪机构带动成像设备自动跟踪目标运动。

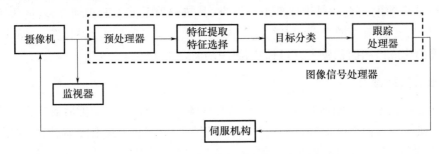

图 9-6　成像跟踪系统

如果把成像设备安装到导弹上，将成像跟踪信息处理器的输出加到控制导弹舵机的控制器上，就成了成像制导导弹。

在成像跟踪系统的组成部件中，成像跟踪信息处理器是核心部件，也是成像跟踪系统与其他控制系统相区别、特有的部件。

9.2.2　成像跟踪系统的工作原理

可以从不同的侧重点出发对成像跟踪系统进行分类。例如，从使用场合可分为火力控制、制导、港口管理系统等，从安装地点可分为陆基、车载、舰载、弹上系统等，从电路类型可分为数字式、模拟式、数模混合式系统等，但最常用的是按照成像跟踪信息处理器的工作原理进行分类。

按照成像跟踪信息处理器工作原理的不同，可以将成像跟踪系统分为两大类，即对比度跟踪系统和图像相关跟踪系统。对比度跟踪系统利用目标与背景景物在对比度上的差别来识别和提取目标信号，实现对目标的自动跟踪。按照工作参考点的不同，又可分为边缘跟踪、形心跟踪、矩心跟踪、峰值跟踪等。图像相关跟踪系统是把一个预先存储的目标图像样板作为识别和测定目标位置的依据，用目标样板与视频图像的各个子区域图像进行比较，算出相关函数值，找出与目标样板最相似的一个子图像位置，即认为是当前目标的位置，这种方法也称为"图像匹配"。

对比度对目标图像变化的适应性强，解算比较简单，容易实现高速运动目标的跟踪，但其识别能力较差，一般只适用于跟踪简单背景中的目标。因此，对比度跟踪法基本上只用于跟踪空中或水面目标，从运动载体上跟踪地面固定目标（机载、车载、舰载、弹载的跟踪系统）。

图像相关跟踪具有很好的识别能力，可以跟踪复杂背景中的目标，但它对目标姿态变化的适应能力较差，解算器的运算量大，一般用于跟踪低速运动的目标。

下面分别对成像跟踪信息处理器的两种不同工作原理进行分析。

1. 对比度跟踪

1) 边缘跟踪

边缘跟踪根据目标图像与背景图像亮度上的差异,抽取目标图像边缘的信息,以目标图像边缘作为跟踪参考点进行自动跟踪。边缘跟踪的跟踪点可以是边缘上的某一个拐角点或突出的端点,也可以取为两个边缘(左右边缘或上下边缘)之间的中间点。

边缘跟踪的坐标解算电路要实现 4 个功能:①提取目标的边缘信号;②在一场内锁存目标边缘左上角的边缘点坐标;③在一场内锁存目标边缘右下角的边缘点坐标;④目标坐标的计算与场同步。

边缘跟踪的坐标解算工作过程如下。

(1)通过微分电路获得目标的边缘信号脉冲,每一行的两个边缘分别为负脉冲和正脉冲。

(2)每场开始时,由场同步脉冲把触发器清零,输出端为高电平"1",加在与门上。

(3)目标信号的第一行视频信号的前沿微分脉冲经过倒相成为正脉冲,通过与门后开启锁存器使它们把目标轮廓左上角的坐标锁存下来;同时此微分脉冲也把触发器置"1"从而关闭与门,阻止以后的微分脉冲通过,保证本场内锁存器内容不再刷新。

(4)目标信号的后沿(目标轮廓右边缘)微分信号脉冲不断地使另一个锁存器的内容刷新,直到目标图像的最后一行过后才停止刷新,即在一场结束时,另一个锁存器中锁存的是目标轮廓右下角的坐标。

(5)在一场结束时,由 CPU 经数据总线把锁存器的内容取出,计算目标的中心坐标。

边缘跟踪电路原理简单,容易实现,但容易受到噪声的干扰。虽然通过电路改进可以减少噪声干扰,但边缘跟踪从实践上讲不是很好的跟踪方法,因为它要求目标轮廓比较明显、稳定,而且目标图像不要有孔洞、裂隙,否则就会引起跟踪点的跳动,以上因素均可引入噪声干扰脉冲。

为了提高跟踪精度,增强抗干扰能力,下面介绍另一种对比度跟踪方法——形心跟踪。

2) 形心跟踪

把目标图像看成是一块密度均匀的薄板,这样求出的重心称为目标图像的形心。形心的位置是目标图形上的一个确定的点,当目标姿态变化时,这个点的位置变动较小,所以用形心跟踪时跟踪比较平稳,而且抗杂波干扰能力强,它是图像跟踪系统中用得最多的一种方法。

形心跟踪导引系统的典型结构如图 9-7 所示。

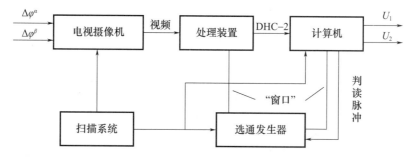

图 9-7 形心跟踪导引系统典型结构

导引头的工作分两个阶段,即目标指示阶段和独立跟踪阶段。

(1) 目标指示阶段。

导引头是根据目标的特征来记忆目标的,而作为操纵手,在显示器上发现目标后,通过操纵杆上的模球,选择目标(小十字线)压住目标。相应地,在两个小十字线接近、重合的过程中,导引头处于动态过程中。因此,操纵手须稳住模球 2~3s,使两个十字稳定重合。当两个十字重合后,操纵手须按"输入"按钮,产生一个判读脉冲,这样导引头就开始记忆目标亮度,完成目标指示。按完"输入"按钮后,操纵手应该通过大焦距小焦距电门,使摄像机的视场角减小,这样显示器上的目标图像变大,使得操纵手对目标的定位更加准确;如果原来未完全对准,此时可重新操纵模球,再按"输入"按钮,导引头再次对目标的亮度进行记忆,然后导引头可以独立跟踪目标。对模球的操纵、按"输入"按钮等动作,可重复多次,但在实际使用中要防止敌方防空武器的攻击。

(2) 独立跟踪阶段。

独立跟踪阶段的目的是使导引头光轴对准目标,即消除 $\Delta\varphi^\alpha$、$\Delta\varphi^\beta$,如图 9-8 所示。

$$\Delta\varphi^\alpha = \arctan\frac{y_M}{f}, \Delta\varphi^\beta = \arctan\frac{z_M}{f} \quad (9-2)$$

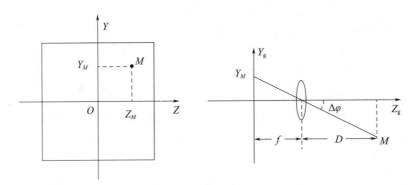

图 9-8 光轴与目标的空间关系

导引头的定位仪中的电视摄像机用来把光信号转换成电信号;处理装置按给定的电平要求,提取目标信号;选通发生器用来产生跟踪窗口信号,这样我们可以只处理窗口内的信号;判读脉冲确定目标中心点的位置;扫描系统从上到下、从左至右扫描 625 线/50Hz;计算机对信号进行综合处理计算、输出误差信号(失调信号)并送到陀螺稳定器上,驱动导引头跟踪目标。

形心的定义为

$$\bar{x} = \left(\frac{1}{M}\right)\iint_\Omega x \mathrm{d}x\mathrm{d}y \quad (9-3\mathrm{a})$$

$$\bar{y} = \left(\frac{1}{M}\right)\iint_\Omega y \mathrm{d}x\mathrm{d}y \quad (9-3\mathrm{b})$$

$$M = \iint_\Omega \mathrm{d}x\mathrm{d}y \quad (9-3\mathrm{c})$$

式中:$\bar{x},\bar{y}$ 为目标形心坐标,积分区域 Ω 为整个图像区。

图 9-9 所示为一个经二值化处理后的目标图像,它已被框在跟踪窗内。二值化处

理,是指图像检测时根据背景噪声电平规定一个门限电平值,凡是超过该门限电平的各像素的信号电平置为"1",不在规定范围内的像素的信号电平置为"0",如图 9 – 10 所示。

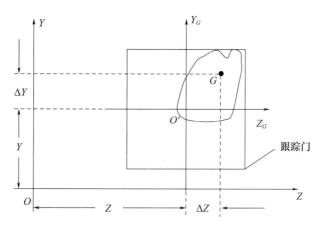

图 9 – 9　形心作为跟踪点的确定

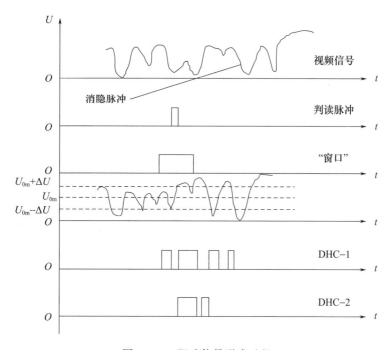

图 9 – 10　跟踪信号形成过程

二值化的结果就是目标图像 Ω 以内的信号幅度为"1",目标图像 Ω 以外的信号幅度为"0",这样,形心解算式改写为

$$\bar{x} = \left(\frac{1}{M}\right)\int_c^d \int_a^b V(x,y) x \mathrm{d}x \mathrm{d}y \tag{9-4a}$$

$$\bar{y} = \left(\frac{1}{M}\right)\int_c^d \int_a^b V(x,y) y \mathrm{d}x \mathrm{d}y \tag{9-4b}$$

$$M = \int_c^d \int_a^b V(x,y) \mathrm{d}x \mathrm{d}y \tag{9-4c}$$

其中,当(x,y)属于Ω区内时$V(x,y)=1$,不属于Ω区内时$V(x,y)=0$。

在数字化处理器中,坐标x、y都被量化,x、y只取整数,这样,又可把式(9-4)写为离散形式:

$$\bar{x} = \left(\frac{1}{M}\right)\sum_{y=c}^{d}\sum_{x=a}^{b}V(x,y)x = \left(\frac{1}{M}\right)Q_x \quad (9-5a)$$

$$\bar{y} = \left(\frac{1}{M}\right)\sum_{y=c}^{d}\sum_{x=a}^{b}V(x,y)y = \left(\frac{1}{M}\right)Q_y \quad (9-5b)$$

$$M = \sum_{y=c}^{d}\sum_{x=a}^{b}V(x,y) \quad (9-5c)$$

$$Q_x = \sum_{y=c}^{d}\sum_{x=a}^{b}V(x,y)x \quad (9-5d)$$

$$Q_y = \sum_{y=c}^{d}\sum_{x=a}^{b}V(x,y)y \quad (9-5e)$$

式(9-5)的含义如下。

① 求和是在跟踪窗口内进行的,属于目标上的点,令$V(x,y)=1$,即参加求和;不属于目标上的点,令$V(x,y)=0$,即不参加求和。

② Q_x是把目标图形上的像素点的x值累加得到的和。

③ Q_y是把目标图形上的像素点的y值累加得到的和。

④ M是目标图形上包含的像素点的总数,这样,先求得Q_x、Q_y、M之后,就容易按式(9-5a)、式(9-5b)算出形心坐标$\bar{x}$、$\bar{y}$。

3) 矩心跟踪

矩心也称为重心、质心,即物体对某轴的静力矩作用中心。为说明矩心的定义,设目标图像面积为A,位于坐标点(x,y)处的像素微面积$dA = dxdy$在该像素内的光能量密度为$\delta(x,y)$,那么在该像素微面内的光能应为$\delta(x,y)dxdy = \delta(x,y)dA$,在目标图像区$A$内的总能量为

$$M = \int_A \delta(x,y)dA \quad (9-6)$$

于是相对于x轴的能量矩M_x,有

$$M_x = \int_A y\delta(x,y)dA \quad (9-7)$$

相对于y轴的能量矩M_y,有

$$M_y = \int_A x\delta(x,y)dA \quad (9-8)$$

因此矩心的坐标$\bar{x}$、$\bar{y}$分别为

$$\bar{x} = \frac{M_y}{M} = \frac{\int_A x\delta(x,y)dA}{\int_A \delta(x,y)dA} \quad (9-9)$$

$$\bar{y} = \frac{M_x}{M} = \frac{\int_A y\delta(x,y)dA}{\int_A \delta(x,y)dA} \quad (9-10)$$

矩心跟踪系统误差信号可以用模拟方法,也可以用数字计算方法来获得。

2. 图像相关跟踪

图像跟踪的功能是自动跟踪指定的目标,这是通过跟踪所指定目标的图像来实现的。然而,由于目标运动,目标周围背景及光照条件发生改变,目标姿态也会改变,这些不确定因素使目标图像发生变化,给图像跟踪带来了很大困难。对于攻击地面目标的武器系统,这种困难更为突出。因此,仅仅依靠对比度跟踪是不能完成任务的。为了提高图像跟踪系统识别目标的能力,人们设计出了以图像匹配为基础的图像跟踪方法,习惯上称之为图像相关跟踪,或简称相关跟踪。

通过求得基准图像与实时图像之间的相关矩阵,来求得两幅图像之间的失配距离,以产生误差信号,驱动伺服机构,使摄像系统的光轴向基准图像中心靠拢,实现配准跟踪,这就是相关跟踪的过程。

相关跟踪的操作过程为:操纵员先用目标选择标志即"跟踪窗"套住目标,按下跟踪按钮,这时处理电路就把这一小块电视图像存储下来作为目标样板,在此后的跟踪过程中,电视处理电路就在电视图像中不断地查寻出与目标样板最相似的一块子图像的位置,以它作为目标的当前位置进行跟踪。

相关跟踪的制导是靠计算相关函数来获得目标位置误差信号的,相关函数的计算公式为

$$C(x,y) = \sum \sum s(u,v) r(u+x, v+y) \tag{9-11}$$

式中:$s(u,v)$,$r(u,v)$分别表示两幅图像即实时图像和目标模板的矩阵。

当计算出相关函数之后,需要做的就是如何利用相关函数求得目标的误差信息。根据数学知识,一个函数的导数等于零,对应的点就是该函数在该点处的极值位置。如果对相关函数$C(x,y)$在x和y方向上求偏导数$\frac{\partial C(x,y)}{\partial x}$、$\frac{\partial C(x,y)}{\partial y}$,则可以确定相关函数在这两个方向上的峰值,也就是两个图像(实时图像和目标模板)的配准点。再令$\frac{\partial C(x,y)}{\partial x}=0$,$\frac{\partial C(x,y)}{\partial y}=0$,求出的$x$、$y$值就是偏差量。

在实际设备的实现当中,导引头中的相关跟踪器先计算出实时图像和目标模板两个图像的互相关函数$C(x,y)$,然后按照下列关系式求出目标位置误差信号,经过功率放大之后,送给伺服机构驱动舵机,改变导弹的飞行路线,直到目标。

$$\varepsilon_{tx} = KC_x(0,0),\varepsilon_{ty} = KC_y(0,0) \tag{9-12}$$

式中:$C_x(0,0)$,$C_y(0,0)$为互相关函数$C(x,y)$在x、y方向上的偏导数在$x=0$、$y=0$处的值,K为一个比例系数,ε_{tx},ε_{ty}为目标的误差信号。

值得注意的是,由于导弹在飞向目标的过程中,包括目标在内的实时图像会越来越大,因此,作为参考的目标模板在整个运算过程中也应做相应的处理,比如应按一定的规律和比例进行放大之后,再作为模板与新的实时图像进行相关运算。如果投放时间为几十秒、投放距离为10km左右,则这个模板放大、重置过程大约要重复8~9次。电视制导炸弹常采用相关跟踪法进行制导,是因为制导炸弹的机动量要求不是特别高,前、后帧的目标变动量不是特别大,图像的相关计算量相对较小,计算时间比较短,容易达到实时计算。

9.3 红外制导

制导是指导弹、火箭、飞船等运动物体,依靠其上的仪器或人的控制自动奔向目标的过程,该过程是由制导装置来完成的,一般可分为自主制导、遥控制导、寻的制导、全球定位系统(GPS)制导、复合制导。按照制导时携带信息的载波可分为无线电制导、红外制导和激光制导等。

9.3.1 红外制导原理

利用活动目标本身的红外辐射信息确定飞弹和目标的相对位置,修正飞弹的弹道,使飞弹不断接近并命中目标,这就是红外制导。大多数红外制导系统采用被动式。红外制导具有制导精度高、抗干扰能力强、隐蔽性好、性价比高、结构紧凑、机动灵活等优点,已成为精确制导武器的重要技术手段。红外制导技术广泛用于反坦克导弹、空地导弹、地空导弹、末敏导弹及巡航导弹等。图9-11所示为被动式红外导弹制导系统原理图。导引头是导弹的重要部位,由它接收到目标的红外辐射,再转换为电信号,送入电子装置处理,经放大后带动控制系统,控制舵的转动方向,使导弹准确地飞向目标。

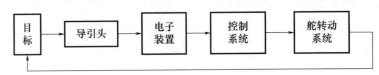

图9-11 被动式红外导弹制导系统原理图

9.3.2 红外末敏制导

1. 末敏弹

末敏弹是末端敏感弹药的简称。"末"是指弹道的末端,"敏感"是指弹药可以探测到目标的存在并被目标激活。所以,末敏弹就是在弹道末端能够探测出目标的方位并使战斗部朝着目标方向爆炸的炮弹。末敏弹通常采用子母弹结构,母弹内装多个子弹(火炮发射的末敏弹的母弹一般只含两枚子弹),母弹仅仅是载体,只有子弹才具有末端敏感的功能。末敏弹专门用于攻击集群坦克的顶部装甲以及敌方大面积目标如机场跑道等,是一种以多对多的反集群装甲的有效武器。末敏弹除了具有常规炮弹间瞄射击的优点以外,还能在目标区域上空自动探测、识别并攻击目标。

2. 末敏弹的作用原理

装有敏感子弹的母弹由火炮或火箭炮发射后按预定弹道以无控的方式飞向目标,在目标区域上空的预定高度,通过时间引信作用,点燃抛射药,将敏感子弹从弹体尾部抛出。敏感子弹被抛出后,靠减速和减旋装置达到预定的稳定状态。在子弹的降落过程中,弹上的扫描装置对地面做旋转状扫描。弹上还有距离敏感装置,当它测出预定的距地面的斜距时,即解除引爆机构的保险。随着子弹的下降,螺旋扫描的范围越来越小,一旦敏感装置在其视场范围内发现目标,弹上信号处理器就发出一个起爆自破片战斗部的信号,战斗部起爆后瞬时形成高度飞行的侵彻体去攻击装甲目标。如果敏感装置没有探测到目标,子弹便在着地时自毁。

3. 红外末敏系统

红外末敏系统在目标中距或远距时将目标作为红外源辐射体进行目标跟踪脱靶量计算,在子弹接近目标时,在弹载红外探测器上生成红外图像,而且随着弹目交会角的改变和距离的拉近,目标成像尺寸与辐射单元的变化剧烈,此时需要高速数字帧图像处理器的运算,以满足末敏制导时视线角速度、前向偏移信号和预定飞行轨迹的要求。

红外成像末敏器是红外末敏系统的制导部件,是红外末敏系统的最关键部分。红外成像末敏器通过光电转换作用,将接收的红外辐射能量转换为电信号,读出电路读出图像信号后,经非均匀性校正得到待处理的红外图像。敏感器和制导武器的导引头类似,但是功能上有所简化。

4. 影响红外末敏系统性能的因素

目标的红外辐射经过红外末敏成像系统探测获取相应的目标图像,再经图像处理可以测定目标在视场中的位置和偏离视场中心的偏移量。该偏移量作为误差信号输入,经信号变换和放大,驱动随动系统的方位和俯仰轴,使红外成像轴心始终对准目标。对于红外成像导引系统而言,影响子弹性能的主要指标是红外成像波段、信噪比、空间分辨率、数字图像帧频、有效作用距离等因素。对于红外末敏成像导引系统,目标和背景的反差是由温差来确定的;系统允许的最大噪声取决于噪声等效温差;系统的灵敏度是最小可探测的信号,以输入单位光功率时系统输出端的信噪比表征,灵敏度与光学系统的采光特性、探测器响应度和系统电噪声有关,受空间分辨率影响较小。

红外末敏系统面对的目标的背景可能是天空、地面或海洋等,背景辐射在红外探测器上所形成的辐照度在某种条件下有可能比目标在探测器上产生的辐照度高出几个数量级,并且变化复杂,而地面和海洋背景比天空背景的探测内容更复杂,对实战的意义更明显。同一型号的末敏子弹对目标背景为天空的靶试成功率远高于目标背景为地面的靶试。主要原因之一是地面各种物质如岩石、草地、植被、水域、房屋建筑等对天空辐射的反射率相差太大。

9.3.3 红外成像制导

红外成像制导系统一般由红外摄像头、图像处理电路、图像识别电路、跟踪处理器和摄像头跟踪系统等组成,如图 9-12 所示。

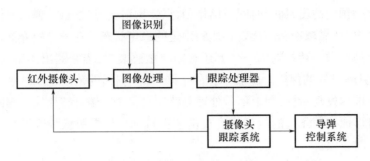

图 9-12 红外成像制导系统的基本组成

1. 红外成像制导工作原理

红外成像制导系统的工作原理为：发射导弹前，首先由控制站（如飞机上）红外前视装置搜索和捕获目标，依据视场内各种物体热辐射的微小差别在控制站显示器上显示出图像。一旦目标位置被确定，导引头便跟踪目标（可在发射前锁定目标或发射后通过数据链传输指令对目标锁定）。发射导弹后，摄像头摄取目标的红外图像并进行预处理以得到数字化目标图像，经图像处理和图像识别，区分出目标、背景信息，识别出真目标并抑制假目标。跟踪装置则按预定的跟踪方式跟踪目标图像，并送出摄像头的瞄准指令和引导指令信息，使导弹飞向选定的目标。

2. 红外成像制导技术的特点

红外成像制导技术有其突出的优点，具体表现如下。

(1)抗干扰能力强。红外成像制导系统的探测是靠目标和背景的辐射率不同，且制导信息源是热图像，因而要对其形成有效的干扰是很困难的。

(2)灵敏度和空间分辨率较高。红外成像系统一般采用二维扫描，数学分析表明，它比一维扫描的灵敏度和空间分辨率要高。

(3)探测距离较远。红外较易穿透雾、霾，与可见光相比，其探测距离可远 3~6 倍。

(4)命中精度高，能识别敌我目标。红外成像制导技术使用的信息源是目标的热图像，目标形态结构上的微小差异，都能从图像上显示出来。即使是隐蔽和伪装的目标，也由于各种物体的辐射特性不同，能在分辨率较好的热图像上识别出来。因而，红外成像技术识别目标的能力强。与弹载计算机的结合，使红外成像制导武器可以根据存储或锁定的目标热图像识别特征在目标群中自动搜索，跟踪所要攻击的目标。

(5)昼夜工作，穿透烟雾能力强，是一种准全天候系统。

9.4 红外对抗

红外对抗技术是随着红外制导技术的普遍使用而发展起来的，并在极短时间内得以迅速发展。红外对抗技术是战争中敌对双方在红外频段上进行的电磁斗争，一方面用多种手段破坏或削减对方红外设备;另一方面采取对抗措施诱骗对方,消除对方干扰,以保证己方红外装备即武器的正常工作。红外对抗技术包括红外有源干扰和红外无源干扰。具有隐蔽性好;抗干扰能力强;分辨力高;可昼夜工作;能识别伪装;在某些波段上观察距离受气象条件影响小的特点。

9.4.1 红外有源干扰

红外有源干扰包括红外干扰弹、红外干扰机和定向红外干扰。

1. 红外干扰弹

红外干扰弹又称为红外诱饵弹或红外曳光弹,是目前应用最广泛的红外干扰器材之一。红外干扰弹按其装备的作战平台可分为机载红外干扰弹和舰载红外干扰弹。按功能来分,又可分为普通红外干扰弹、气动红外干扰弹、微波和红外复合干扰弹、可燃箔条弹、无可见光红外干扰弹、红外和紫外双色干扰弹、快速充气的红外干扰气囊等具有特定或针对性干扰功能的红外干扰弹等。

红外干扰弹由弹壳、抛射管、活塞、药柱、安全点火装置和端盖等零部件组成。弹壳起到发射管的作用并在发射前对红外干扰弹提供环境保护。抛射管内装有火药,由电点火起爆,产生燃气压力以抛射红外诱饵。活塞用来密封火药气体,防止药柱被过早点燃。

红外干扰弹是一种具有一定辐射能量和红外光谱特性的干扰器材,用来欺骗或诱惑敌方的红外侦测系统或红外制导系统。投放后的红外干扰弹可使红外制导武器在锁定目标之前锁定红外干扰弹,致使其制导系统跟踪精度下降或被引离攻击目标。红外干扰弹被抛射后,点燃红外药柱,燃烧产生高温火焰,并在规定的光谱范围内产生强的红外辐射。普通红外干扰弹的药柱由镁粉、聚四氟乙烯树脂和黏合剂等组成,通过化学反应使化学能转变为辐射能,反应生成物主要有氟化镁、碳和氧化镁等,其燃烧反应温度高达 2000 ~ 2200K。典型红外干扰弹配方的辐射波段为 $1 \sim 5\mu m$,在真空中燃烧时产生的热量大约是 7500J/g。

红外诱饵弹大多数为投掷式燃烧型,燃烧时,能在红外寻的装置工作的 $1 \sim 3\mu m$ 和 $3 \sim 5\mu m$ 波段范围内产生强烈的红外辐射,其有效辐射强度比被保护目标的红外辐射至少大 2 倍。由于大多数红外制导导弹采用点源探测、质心跟踪的制导体制,当在其导引头视场内出现多个红外目标时,它将跟踪这些目标的等效辐射中心(质心)。被保护目标与红外诱饵同时处在来袭导弹的红外导引头视场内,诱饵的有效红外辐射强度比被保护目标的红外辐射强得多,因此等效辐射矩心偏向诱饵一边,导弹的跟踪也偏向诱饵。随着诱饵与目标之间距离的逐渐增大,目标越来越处于导引头视场的边缘,直至脱离导引头视场,导弹则丢失目标转为只跟踪诱饵。

2. 红外干扰机

红外干扰机是非消耗性干扰设备。它发送经调制的强红外辐射脉冲,以破坏和降低红外导引头截获目标的能力,并破坏其跟踪状态。其特点是:可以重复使用和连续工作;干扰视场宽;隐蔽性好,尤其是用于低辐射强度的目标,自卫效果更好。

红外干扰机可分为许多种类。按其干扰对象来分,可分为干扰红外侦察设备的干扰机和干扰红外制导导弹的干扰机两类。目前,各国装备的大都是干扰红外制导导弹的干扰机。按其采用的红外光源来分,可分为燃油加热陶瓷、电加热陶瓷、金属蒸气放电光源和激光器等几类。燃油加热陶瓷和电加热陶瓷光源干扰机一般都有很好的光谱特性,适合于干扰工作在 $1\sim3\mu m$ 和 $3\sim5\mu m$ 波段的红外制导导弹;而在载机电源功率有限的情况下,采用燃油加热可大大降低电力消耗。金属蒸气放电光源主要有氙灯、铯灯等,这种光源可以工作在脉冲方式下,在重新装定控制程序后能干扰更多新型的红外制导导弹。激光器光源的红外干扰机也称相干光源干扰机或定向干扰机,这种干扰机干扰功率大,干扰区域(或称发散角)在 10°以内,因而必须在引导系统作用下对目标进行定向辐射,形成压制性或摧毁性干扰。按干扰光源的调制方式来分,可分为热光源机械调制和电调制放电光源红外干扰机两种典型形式。前者采用电热光源或燃油加热陶瓷光源,红外辐射是连续的;而后者的光源通过高压脉冲来驱动。

9.4.2 红外无源干扰

红外无源干扰包括红外隐身和红外烟幕。

1. 红外隐身

红外隐身技术是通过降低或改变目标的红外辐射特征,实现对目标的低可探测性的。可通过改变结构设计和应用红外物理原理来衰减、吸收目标的红外辐射能量,使红外探测设备难以探测到目标。红外隐身技术于 20 世纪 70 年代末基本完成了基础研究和先期开发工作,并取得了突破性进展,已从基础理论研究阶段进入实用阶段。从 80 年代开始,国外研制的新式武器已广泛采用了红外隐身技术。

目前红外隐身技术主要采用以下 3 种途径来实现。

1) 降低目标的红外辐射强度

由于红外辐射强度与平均发射率和温度的 4 次方的乘积成正比,因此降低目标表面的辐射系数和表面温度是降低目标红外辐射强度的主要手段。它主要是通过在目标表面涂敷一种低发射系数的材料和覆盖一层绝热材料的方法来实现的,即包括隔热、吸热、散热和降热等技术,从而减小目标被发现和跟踪的概率。几何形状的设计对被动探测没有什么影响,但是红外吸波涂层对降低热发射率具有很大作用。

2) 改变目标红外辐射的大气窗口

主要改变目标的红外辐射波段。大气红外窗口有 3 个波段: $1\sim3\mu m$、$3\sim5\mu m$ 和 $8\sim14\mu m$。红外辐射在这 3 个波段外基本上是不透明的。根据这个特点,可采用改变己方的红外辐射波段至对方红外探测器的工作波段之外,使对方的红外探测器探测不到己方的红外辐射。具体做法是改变红外辐射波长的异型喷管或在燃料中加入特殊的添加剂;用红外变频材料制作有关的结构部件等。调节红外辐射的传输过程是改变目标红外辐射特性的手段之一,具体做法是在某些特定的结构上改变红外辐射的方向。例如在具有尾喷口的飞行器的发动机上安装特定的挡板来阻挡和吸收飞行器发出的红外辐射,或改变辐射方向。

3）采用光谱转换技术

将特定的高辐射率的涂料涂敷在飞行器的部件上,以改变飞行器的红外辐射的相对值和相对位置;或使飞行器的红外图像成为整个背景红外图像的一部分;或使飞行器的红外辐射位于大气窗口之外而被大气吸收,从而使对方无法识别,达到隐身的效果。

2. 红外烟幕

红外烟幕可分为散射型和吸收型两种。散射型烟幕是由无数个小灰体组成的固体悬浮微粒云,它们较长时间悬浮在空中,除了对入射光有少部分吸收外,大部分是把入射光散射到各个方向,导引头接收不到足够的能量,就不能探测和跟踪目标。吸收型烟幕相当于无数个直径 $3\sim10\mu m$ 的小黑体停留在大气中,这些小黑体对入射光有强烈的吸收作用,使小黑体温度升高,然后再辐射出去,但辐射出去的光波大于原来的入射波长,通过散射、吸收等方式衰减飞机红外辐射,使红外制导导弹难以探测和锁定目标。

烟幕是光电对抗无源干扰的重要手段,它不但是战时用于对抗导弹或观瞄设备的廉价且有效的手段,而且也是在和平时期干扰卫星、无人机等高空侦察的好办法。烟幕干扰的发展趋势包括以下几个方面:

1）多波段、宽波段烟幕

以往的烟幕主要遮蔽可见光、微光和 $1.06\mu m$ 激光,也有专用于遮蔽 $8\sim14\mu m$ 红外热像仪的烟云。随着现代战争的需要,对多波段同时干扰的呼声日益高涨,因此研制多波段、宽波段烟幕是今后发展的一个方向。

2）复合型烟幕

复合型烟幕,就是指一种烟幕可同时干扰两个或两个以上波段的烟幕。

3）二次成烟技术

烟幕弹或发烟罐是靠填装的发烟剂发烟的,但毕竟容量有限。人们在研制中发现烟幕剂成烟后的产物如果再与空气中的组分,例如水汽和氧进一步进行化学反应,反应后的生成物会对光有一定的衰减,这个过程称为二次成烟。例如:发烟剂赤磷燃烧后生成的烟是干扰可见光和 $1.06\mu m$ 激光的好材料,但对 $3\sim5\mu m$ 和 $8\sim14\mu m$ 热像仪没有遮蔽效果。由于这种烟的主要成分是 P_2O_5,它与空气中的水蒸气结合,可生成磷酸液滴(半径在微米量级),它的体积比烟粒子或水分子增加了 $2\sim3$ 个量级,足以遮蔽 $3\sim5\mu m$ 和 $8\sim14\mu m$ 热像仪。

4）特种烟幕

从作战需要出发,特种用途需要有特种烟幕。例如,高炮和地空导弹阵地作战时,希望己方对空监视完全透明清晰,可以发现敌机并向它射击或发射导弹,又不希望被敌方红外前视系统发现或红外成像制导导弹攻击。如果使用常规烟幕,固然可挡住敌方视线,但同时也挡住了己方视线。如果使用特种烟幕,它在空气中成烟后对可见光几乎完全透明,不影响人的视线,但对红外前视工作波段 $8\sim14\mu m$ 可强烈吸收,衰减系数很大。这就满足了上述作战需要。

随着光线侦察手段的不断发展和光电精确打击技术的不断更新和改进,为了提高己方目标在作战时的生存能力,烟幕这一廉价而有效的防御手段将得到越来越快的发展。

习题及小组讨论

9-1 问答题

(1) 列举红外热成像技术在军事中的应用。
(2) 列举红外热成像技术在民用中的应用。
(3) 如何实现军事目标的红外隐身?
(4) 试述红外成像制导技术的原理及特点。
(5) 分析影响红外末敏系统性能的因素。

9-2 知识总结及小组讨论

(1) 回顾、总结本章知识点,画出思维导图。
(2) 红外技术不仅提高了武器系统的命中精度,而且改善了武器系统抗干扰的能力。请你谈谈对科技强军、人才强军的理解。

参考文献

[1] 杨风暴. 红外物理与技术[M]. 北京:电子工业出版社,2020.
[2] 石晓光. 红外物理[M]. 杭州:浙江大学出版社,2012.
[3] 叶玉堂,刘爽. 红外与微光技术[M]. 北京:国防工业出版社,2010.
[4] 蒋先进. 微光电视[M]. 北京:国防工业出版社,1984.
[5] 张建奇. 红外物理[M]. 西安:西安电子科技大学出版社,2020.
[6] 王海晏. 红外辐射及应用[M]. 西安:西安电子科技大学出版社,2014.
[7] 冯鑫,胡开群. 红外与可见光图像融合算法分析与研究[M]. 长春:吉林大学出版社,2020.
[8] 苗启广,叶传奇,汤磊,等. 多传感器图像融合技术及应用[M]. 西安:西安电子科技大学出版社,2018.
[9] 付小宁,王炳健,王荻. 光电定位与光电对抗[M]. 2版. 北京:电子工业出版社,2018.
[10] 张建奇. 红外系统[M]. 西安:西安电子科技大学出版社,2018.
[11] 张建奇. 红外探测器[M]. 西安:西安电子科技大学出版社,2016.
[12] 敬忠良,肖刚,李振华,等. 图像融合理论与应用[M]. 北京:高等教育出版社,2007.
[13] 宋贵才,全薇,宦克为,等. 红外物理学[M]. 北京:清华大学出版社,2020.